全国高等职业教育规划教材

3G 基站建设与维护

姚 伟 主编

黄一平 张智慧 殷燕南 参编

机械工业出版社

本书主要介绍3G通信系统中的基站建设与维护，包括3G移动通信基础、移动通信工程勘察、基站设备硬件结构与安装、基站设备开通配置、基站设备维护等。全书充分体现任务引导、实践导向的思想，采用项目任务的学习模式，覆盖基站建设与维护相关知识，多项任务层层分解进行说明。

本书主要对中兴通讯股份有限公司和鼎桥通信技术有限公司的基站设备进行介绍，通过中兴TD-SCDMA设备ZXTR RNC和ZXTR B328、中兴CDMA 2000设备ZXC 10 BSC和ZXC 10 CBTS I2、鼎桥TD-SCDMA设备TRNC 810和Node B 610等实际设备全面介绍3G基站建设与维护的过程，并结合了中兴通讯股份有限公司提供的TD-SCDMA和CDMA 2000实验仿真教学软件进行说明。全书内容由浅入深，配合项目任务逐渐提高难度，提高读者对3G通信系统的认识，帮助读者认识3G基站设备，掌握基站设备操作维护的能力。

本书可作为高职高专院校的电子、通信及相关专业开展3G通信教学的专业课教材，同时可作为感兴趣的专业人士、工程技术人员的参考教程。

本书配套授课电子教案，需要的教师可登录www.cmpedu.com免费注册、审核通过后下载，或联系编辑索取（QQ：1239258369，电话：010-88379739）。

图书在版编目（CIP）数据

3G基站建设与维护/姚伟主编．—北京：机械工业出版社，2012.7
全国高等职业教育规划教材
ISBN 978-7-111-38698-8

Ⅰ.①3…　Ⅱ.①姚…　Ⅲ.①码分多址移动通信—通信设备—高等职业教育—教材　Ⅳ.①TN929.533

中国版本图书馆CIP数据核字（2012）第121589号

机械工业出版社（北京市百万庄大街22号　邮政编码100037）
责任编辑：王　颖　版式设计：纪　敬
责任校对：刘　岚　责任印制：乔　宇
三河市宏达印刷有限公司印刷
2012年8月第1版第1次印刷
184mm×260mm·16.25印张·399千字
0001—3000册
标准书号：ISBN 978-7-111-38698-8
定价：35.00元

凡购本书，如有缺页、倒页、脱页，由本社发行部调换

电话服务
社服务中心：(010)88361066
销售一部：(010)68326294
销售二部：(010)88379649
读者购书热线：(010)88379203

网络服务
门户网：http：//www.cmpbook.com
教材网：http：//www.cmpedu.com
封面无防伪标均为盗版

全国高等职业教育规划教材
电子类专业编委会成员名单

出版说明

根据《教育部关于以就业为导向深化高等职业教育改革的若干意见》中提出的高等职业院校必须把培养学生动手能力、实践能力和可持续发展能力放在突出的地位，促进学生技能的培养，以及教材内容要紧密结合生产实际，并注意及时跟踪先进技术的发展等指导精神，机械工业出版社组织全国近60所高等职业院校的骨干教师对在2001年出版的“面向21世纪高职高专系列教材”进行了全面的修订和增补，并更名为“全国高等职业教育规划教材”。

本系列教材是由高职高专计算机专业、电子技术专业和机电专业教材编委会分别会同各高职高专院校的一线骨干教师，针对相关专业的课程设置，融合教学中的实践经验，同时吸收高等职业教育改革的成果而编写完成的，具有“定位准确、注重能力、内容创新、结构合理和叙述通俗”的编写特色。在几年的教学实践中，本系列教材获得了较高的评价，并有多个品种被评为普通高等教育“十一五”国家级规划教材。在修订和增补过程中，除了保持原有特色外，针对课程的不同性质采取了不同的优化措施。其中，核心基础课的教材在保持扎实的理论基础的同时，增加实训和习题；实践性较强的课程强调理论与实训紧密结合；涉及实用技术的课程则在教材中引入了最新的知识、技术、工艺和方法。同时，根据实际教学的需要对部分课程进行了整合。

归纳起来，本系列教材具有以下特点：

1）围绕培养学生的职业技能这条主线来设计教材的结构、内容和形式。

2）合理安排基础知识和实践知识的比例。基础知识以“必需、够用”为度，强调专业技术应用能力的训练，适当增加实训环节。

3）符合高职学生的学习特点和认知规律。对基本理论和方法的论述要容易理解、清晰简洁，多用图表来表达信息；增加相关技术在生产中的应用实例，引导学生主动学习。

4）教材内容紧随技术和经济的发展而更新，及时将新知识、新技术、新工艺和新案例等引入教材。同时注重吸收最新的教学理念，并积极支持新专业的教材建设。

5）注重立体化教材建设。通过主教材、电子教案、配套素材光盘、实训指导和习题及解答等教学资源的有机结合，提高教学服务水平，为高素质技能型人才的培养创造良好的条件。

由于我国高等职业教育改革和发展的速度很快，加之我们的水平和经验有限，因此在教材的编写和出版过程中难免出现问题和错误。我们恳请使用这套教材的师生及时向我们反馈质量信息，以利于我们今后不断提高教材的出版质量，为广大师生提供更多、更适用的教材。

机械工业出版社

前　言

在通信发展史上，移动通信的发展非常迅猛。特别是近20年来，移动通信系统的发展及更新换代日新月异，让人眼花缭乱。从我国工业和信息化部正式发放第三代移动通信（3G）运营牌照开始，3G在中国的商用日益广泛，3G产业链日趋成熟。3G相关的技术人才已经成为我国通信市场紧缺的人才种类之一，为满足社会需求，高职高专院校纷纷开设3G移动通信相关的课程。但是3G移动通信是应用性很强的高新技术，如何通过工学结合的教学，使学生尽快适应工作岗位的要求，是高职高专院校教学改革的重点。基于这种背景，编者结合多年教科研经验和工程实践编写了该书。

本书在通俗易懂地介绍3G技术的基础上，着重介绍3G基站系统的建设与维护。3G技术知识内容以实操过程中所需理论够用为度。3G基站建设与维护的实践操作充分体现任务引导、实践导向的思想，采用项目任务的学习模式，覆盖相关知识，多项任务层层分解进行说明。

全书包括9个项目，主要针对中兴通讯股份有限公司和鼎桥通信技术有限公司的基站设备，通过中兴TD-SCDMA设备、中兴CDMA 2000设备、鼎桥TD-SCDMA设备等实际设备全面介绍3G基站建设与维护的过程，并结合了中兴通讯股份有限公司提供的TD-SCDMA和CDMA 2000实验仿真教学软件进行说明。

通过完成9个项目，读者能够对3G基站设备进行基本配置与维护，能完成移动通信工程勘察，设备的全面认识、安装与检测，基站设备的开通配置与测试，基站设备的维护等内容。9个项目分别为3G移动通信基础、移动通信工程勘察、中兴TD-SCDMA基站设备硬件结构与安装、中兴TD-SCDMA基站设备开通配置、中兴CDMA 2000基站设备硬件结构与安装、中兴CDMA 2000基站设备开通配置、鼎桥TD-SCDMA基站设备硬件结构、鼎桥TD-SCDMA基站设备开通配置和基站设备维护。学习完这9个项目，可以提高读者对3G通信系统的认识，帮助读者认识3G基站设备，掌握基站设备操作维护的能力。

本书由姚伟任主编，参加编写的还有黄一平、张智慧、殷燕南。其中，项目1由黄一平编写，项目2、3、4、9由姚伟编写，项目5、6由张智慧编写，项目7、8由殷燕南编写，金戈大通通信有限公司的李羿、杨传军对项目5、6、7、8的编写提供了技术支持。

本书可作为高职高专院校的电子、通信及相关专业开展3G通信教学的专业课教材，同时可作为感兴趣的专业人士、工程技术人员的参考教程，教学时数建议为90学时。

在本书的编写和修订过程中，得到中国电信北京分公司、金戈大通通信有限公司等多家企业的大力支持，另有一些专家学者对本书提出了许多宝贵的建议，编者在此向直接或间接为编写本书做出贡献的专家致意最真诚的谢意！

通信行业的技术是不断发展的，本书在内容上难免有疏漏之处，恳请读者批评指正。

编　者

目　录

项目1 3G移动通信基础

【背景】

在通信技术的发展历史上，移动通信的发展速度非常迅猛，特别是近20年来，移动通信系统的发展及更新换代让人眼花缭乱。移动通信的最终目标是实现任何人在任何地点、任何时间与其他人进行任何方式的通信，只有移动通信才能最大限度满足人们日益增长的随时随地进行信息交流的需求。当前，第三代移动通信系统（3G）在全世界得到广泛的应用。在介绍第三代移动通信系统的建设和维护之前，先让我们来简单回顾一下移动通信系统的发展历程和基本原理。

【目标】

1）了解移动通信的发展和分类。

2）了解3G主流国际标准。

3）熟悉TD-SCDMA通信系统的基本原理。

4）熟悉CDMA 2000通信系统的基本原理。

5）了解WCDMA通信系统。

1.1 移动通信的发展和分类

1.1.1 移动通信的发展

无线通信的概念最早出现在20世纪40年代。无线电台在第二次世界大战中的广泛应用开创了移动通信的第一步。到20世纪70年代，美国贝尔实验室提出蜂窝的概念，解决了频率复用的问题。20世纪80年代大规模集成电路技术及计算机技术突飞猛进的发展，使得长期困扰移动通信的终端小型化的问题得到了初步解决，给移动通信的发展打下了基础。

1. 第一代蜂窝移动通信系统

美国为了满足用户增长的需求，提出了建立在小区制的第一个蜂窝通信系统——AMPS（Advance Mobile Phone Service）系统。这也是世界上第一个现代意义的、可能商用的、能够满足随时随地通信的大容量移动通信系统。它主要建立在频率复用的技术上，较好地解决了频谱资源受限的问题，并拥有更大的容量和更好的话音质量。这在移动通信发展历史上具有里程碑的意义。随后，欧洲各国和日本都开发了自己的蜂窝移动通信网络，具有代表性的有欧洲的TACS（Total Access Communication System）系统、北欧的NMT（Nordic Mobile Telephone System）系统和日本的NTT（Nippon Telegraph and Telephone）系统等。这些系统都是基于频分多址（FDMA）的模拟制式的系统，统称为第一代蜂窝移动通信系统。第一代蜂窝移动通信系统是模拟系统，主要建立在频分多址接入和蜂窝频率复用的理论基础上，在商业上取得了巨大的成功。但随着技术和时间的发展，问题也逐渐暴露出来：所支持的业务（主要是话音）单一、频谱效率太低、保密性差等。模拟移动通信系统经过十余年的发展后，终于在20世纪90年代初逐步被更先进的数字蜂窝移动通信系统所代替。

2. 第二代蜂窝移动通信系统

推动第二代移动通信发展的主要动力是欧洲。欧洲从20世纪80年代初就开始研究数字蜂窝移动通信系统，一般称其为第二代移动通信系统。在20世纪80年代欧洲各国提出了多种方案，并在80年代中后期进行了这些方案的现场实验比较，最后集中为时分多址（TDMA）的数字移动通信系统，即GSM（Global System for Mobile Communications）系统。技术上的先进性和优越的性能使其成为目前世界上最大的蜂窝移动通信网络。GSM空中接口的基本原则包括：每载波8个时隙，载波带宽为200kHz，慢跳频。

与欧洲相比较，美国在第二代数字蜂窝移动系统方面的起步要迟一些。1988年，美国制定了基于TDMA技术的IS-54/IS-136标准。IS-136是一种模拟/数字双模标准，可以兼容AMPS。更值得一提的是美国Qualcomm公司在20世纪90年代初提出的CDMA技术，并在1993年由TIA完成标准化成为IS-95标准。IS-95引入了直接序列扩谱CDMA空中接口的概念。CDMA技术有其固有的很多优点，如比FDMA及TDMA系统高得多的容量（频谱效率）、良好的话音质量及保密性等，使其在移动通信领域备受瞩目。IS-95技术也在北美和韩国等地得到了大规模商用。

3. 第三代蜂窝移动通信系统

随着移动多媒体和高速数据业务的迅速发展，迫切需要设计和建设一种新的网络以提供更宽的工作频带、支持更加灵活的多种类业务（高速率数据、多媒体及对称或非对称业务等），并使移动终端能够在不同的网络间进行漫游。第三代移动通信系统（3G）的概念应运而生。第三代移动通信系统将形成一个对全球无缝覆盖的立体通信网络，是一个满足城市和偏远地区各种用户密度，支持高速移动环境，提供持话音、数据和多媒体等多种业务（最高速率可达2Mbit/s）的先进移动通信网，基本实现个人通信的要求。图1-1给出了移动通信发展历程。

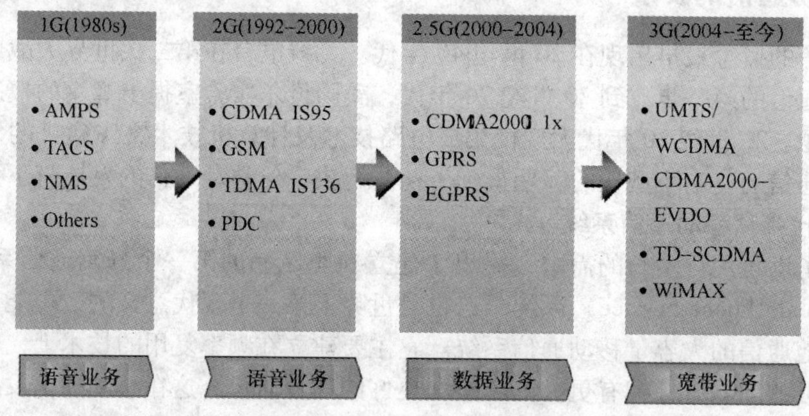

图1-1 移动通信发展历程

1.1.2 3G移动通信的分类

早在1985年国际电信联盟（ITU）就提出了第三代移动通信（3G）的概念。ITU于1996年确定了第三代移动通信（3G）的正式名称为IMT-2000（国际移动通信2000），其含义为该系统预期在2000年左右投入使用，工作于2000MHz频带，最高传输数据速率为

2000kbit/s。IMT-2000 的技术选取中最关键的是无线传输技术（RTT）。RTT 主要包括多址技术、调制解调技术、信道编解码与交织、双工技术、信道结构和复用、帧结构、RF 信道参数等。ITU 要求 IMT-2000 RTT 必须满足以下 3 种环境的要求，即：

1）快速移动环境，最高速率达 144kbit/s。

2）室外到室内或步行环境，最高速率达 384kbit/s。

3）室内环境，最高速率达 2Mbit/s。

另外，ITU 所定义的 IMT-2000 系统需要具有以下特性：

1）全球化：IMT-2000 是一个全球性的系统，各个地区多种系统组成了一个 IMT-2000 家族，各个系统间设计上具有高度的互通性，使用共同的频段，全球统一标准，能提供全球无缝漫游。

2）综合化：能够提供多种业务，特别能够支持多媒体业务和 Internet 业务，并有能力容纳新类型的业务。

3）个人化：全球唯一的个人号码，足够的系统容量，高保密性，高服务质量。

1999 年，中国提出的 TD-SCDMA（Time Division Duplex-Synchronous Code Division Multiple Access）建议标准与欧洲、日本提出的 W-CDMA 和美国提出的 CDMA 2000 标准一起列入该建议，成为世界三大主流标准之一。

WCDMA 主要采用了带宽为 5MHz 的宽带 CDMA 技术，具有上下行快速功率控制、下行发射分集、基站间可以异步操作等技术特点。CDMA 2000 是在 IS-95 系统的基础上发展而来，CDMA 2000 技术的选择和设计最大限度地考虑和 IS-95 系统的后向兼容，很多基本参数和特性都是相同的。并在无线接口进行了增强。WCDMA 和 CDMA 2000 都是采用 FDD 模式的技术。

TD-SCDMA 采用不需配对频率的 TDD（时分双工）工作方式，以及 FDMA/TDMA/CDMA相结合的多址接入方式。同时使用 1.28Mcps 的低码片速率，扩频带宽为 1.6MHz。TD-SCDMA 系统还采用了智能天线、联合检测、同步 CDMA、接力切换及自适应功率控制等诸多先进技术。

表 1-1 对 WCDMA、TD-SCDMA 和 CDMA 2000 三种主流标准的主要技术性能进行了比较。

表 1-1　三种主流 3G 标准主要技术性能的比较

	WCDMA	TD-SCDMA	CDMA 2000
载波间隔	5MHz	1.6MHz	1.25MHz
码片速率	3.84Mcps	1.28Mcps	1.2288Mcps
帧长	10ms	10ms（分为两个子帧）	20ms
基站同步	不需要	需要	需要：典型方法是 GPS
功率控制	快速功控：上、下行 1500Hz	0～200Hz	反向：800Hz 前向：慢速、快速功控
下行发射分集	支持	支持	支持
频率间切换	支持，可用压缩模式进行测量	支持，可用空闲时隙进行测量	支持
检测方式	相干解调	联合检测	相干解调
信道估计	公共导频	DwPCH、UpPCH、Midamble	前向、反向导频
编码方式	卷积码 Turbo 码	卷积码 Turbo 码	卷积码 Turbo 码

1.1.3 3G 移动通信的频谱规划

2000 年世界无线电大会针对未来数据发展需求问题，对 3G 频带作了扩展：806 ~ 960MHz、1710 ~ 1885MHz、2500 ~ 2690MHz。

2002 年 10 月，国家信息产业部下发《关于第三代公众移动通信系统频道规划问题的通知》，确定了第三代移动通信系统在中国的频段规划。中国 3G 频谱分配规划图如图 1-2 所示：

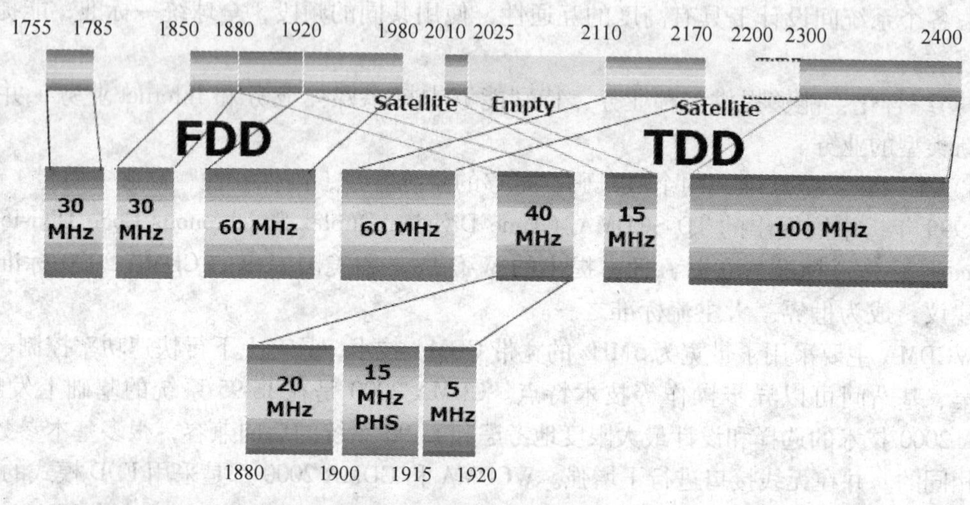

图 1-2 中国 3G 频谱分配图

主要工作频段中，FDD 方式占用 1920 ~ 1980MHz、2110 ~ 2170MHz；TDD 方式占用 1880 ~ 1920MHz、2010 ~ 2025MHz。补充工作频段中，FDD 方式占用 1755 ~ 1785MHz、1850 ~ 1880MHz；TDD 方式占用 2300 ~ 2400MHz，与无线电定位业务共用。从中可以看到 TDD 得到了 155MHz 的频段，而 FDD（包括 WCDMA FDD 和 CDMA 2000）共得到了 2 × 90MHz 的频段。

1.2 3G UMTS 网络结构和接口

1.2.1 UMTS 网络结构

UMTS（Universal Mobile Telecommunications System）即通用移动通信系统。UMTS 是国际标准化组织 3GPP 制定的全球 3G 标准之一。作为一个完整的 3G 移动通信技术标准，UMTS 并不仅限于定义空中接口。除 WCDMA 作为首选空中接口技术获得不断完善外，UMTS 还相继引入了 TD-SCDMA 和 HSDPA 技术。TD-SCDMA、WCDMA（依照 IMT-2000 的定义）只是一个空中接口，而 UMTS 才是一个用于 3G 全球移动通信的完整协议栈，可用来代替 GSM。然而，实际上也经常将 WCDMA 或 TD-SCDMA 作为所有采用该空中接口的 3G 标准族的总称。也就是说，WCDMA 或 TD-SCDMA 都应该是 UMTS 这个完整的 3G 移动通信技术标准的空中接口的一种，但是现在常用 WCDMA 或 TD-SCDMA 代称采用该空中接口的 3G 标准族。

UMTS 系统由核心网 CN、无线接入网 UTRAN 和手机终端 UE 三部分组成。UTRAN 由基站控制器 RNC 和基站 Node B 组成。

CN 通过 Iu 接口与 UTRAN 的 RNC 相连。其中 Iu 接口又被分为连接到电路交换域的 Iu-CS，分组交换域的 Iu-PS，广播控制域的 Iu-BC。Node B 与 RNC 之间的接口叫做 Iub 接口。在 UTRAN 内部，RNC 通过 Iur 接口进行信息交互。Iur 接口可以是 RNC 之间物理上的直接连接，也可以靠通过任何合适传输网络的虚拟连接来实现。Node B 与 UE 之间的接口叫 Uu 接口。图 1-3 给出了 UMTS 网络的简化结构与接口。

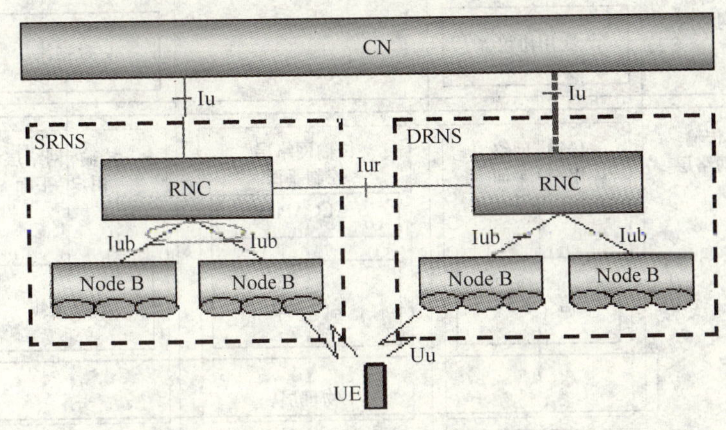

图 1-3　UMTS 网络的简化结构与接口

1.2.2　UTRAN 接入网结构与接口

UTRAN 是 3G 网络中的无线接入网部分。UTRAN 的基本功能包括：传输用户数据；系统消息调度；数据的加/解密和信令的完整性保护；切换、SRNS 重定位及终端定位等的移动性方面；整个接入网的无线资源管理；网络同步；广播/多播的消息调度及流控；业务量报告。

1. UTRAN 的网络元素

RNC（Radio Network Controller）无线网络控制器主要负责接入网无线资源的管理，包括接纳控制、功率控制、负载控制、切换和包调度等方面。通过 RRC（无线资源管理）协议执行的相应进程来完成这些功能。

节点 B（NodeB）的主要功能是进行空中接口的物理层处理，如信道交织和编码、速率匹配和扩频等。同时它也执行无线资源管理部分的内环功控。

2. UTRAN 接口类型

UTRAN 由一组 RNS（Radio Network Subsystems）组成，通过 Iu 接口和核心网相连。Iu 接口是一个开放的接口，它可以分为电路域的 Iu-CS 接口和分组域的 Iu-PS 接口。每一个 RNS 包括一个 RNC 和一个或多个 Node B，Node B 和 RNC 之间通过 Iub 接口进行通信，用来传输 RNC 和 Node B 之间的信令及无线接口的数据。

Iur 接口是两个 RNC 之间的逻辑接口。

Uu 空中接口（无线接口）主要用来建立、重配置和释放各种无线承载业务。和 Iu 接口一样，空中接口也是一个完全开放的接口。

1.2.3 UTRAN 通用协议模型

UTRAN 的协议结构设计是根据相同的通用协议模型进行的。图 1-4 为 UTRAN 协议模型的基本结构。

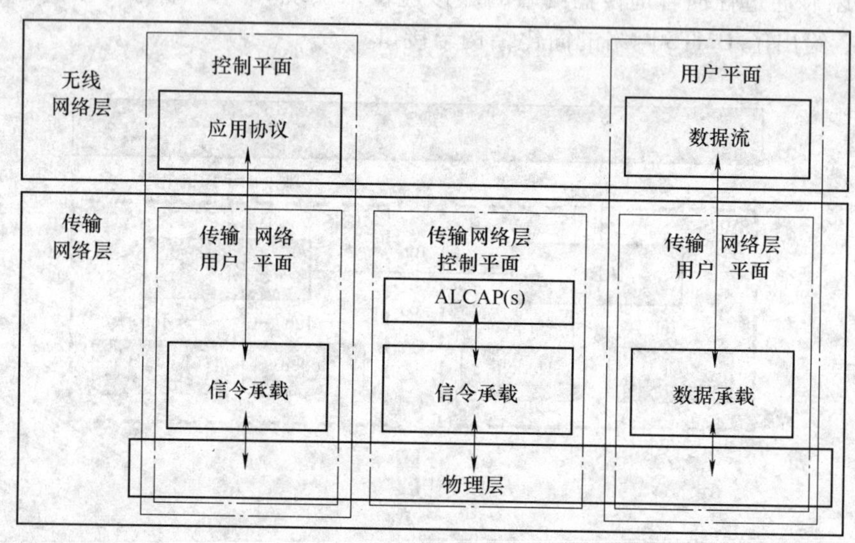

图 1-4 UTRAN 地面接口的通用协议模型

下面从水平和垂直两个方向对图 1-4 进一步说明：

水平方向上 UTRAN 从层次上可以分为无线网络层和传输网络层两部分。UTRAN 涉及的内容都是相关无线网络层的；传输网络层使用标准的传输技术，根据 UTRAN 的具体应用进行选择。

垂直方向上可分为控制平面、用户平面、传输网络层控制平面和传输网络层用户平面。

1. 控制平面

控制平面的功能是对无线接入承载及 UE 和网络之间的连接进行控制（包括业务请求、不同传输资源的控制和切换等）。另外，控制平面也提供了非接入层消息透明传输的机制。控制平面包含应用层协议（如 RANAP、RASAP、NBAP 和传输层应用协议）的信令承载。应用层协议和其他相关因素一起用于建立到 UE 的承载。

2. 用户平面

用户平面的功能是传输通过接入网的用户数据，执行实际无线接入承载服务。用户收发的所有信息（如话音和分组数据），都是经过用户平面传输。用户平面包括数据流和相应的承载，每个数据流的特征都由一个或多个接口的帧协议来描述。

3. 传输网络层控制平面

传输网络层控制平面为传输层内的所有控制信令服务，不包含任何无线网络层信息。它包括为用户平面建立传输承载（数据承载）的 ALCAP 协议，以及 ALCAP 需要的信令承载。ALCAP 是 Access Link Control Application Part 的缩写，表示传输网络层控制平面相应协议的集合。

4. 传输网络层用户平面

用户平面的数据承载和控制平面的信令承载都属于传输网络层的用户平面，传输网络层用户平面的数据承载由传输网络层控制平面直接控制。

1.2.4 Iu 接口

Iu 接口是连接 UTRAN 和 CN 之间的接口，同时也可以被看成是 RNS 和 CN 之间的一个参考点。Iu 也是一个开放接口，它将系统分成专用于无线通信的 UTRAN 与负责处理交换、路由和业务控制的 CN 两部分。

从结构上来看，一个 CN 可以和几个 RNC 相连，而任何一个 RNC 和 CN 之间的 Iu 接口可以分成三个域：Iu-CS（电路交换域）、Iu-PS（分组交换域）和 Iu-BC（广播域）。从功能上看，Iu 接口主要负责传递非接入层的控制消息、用户信息、广播信息及控制 Iu 接口上的数据传递等。图 1-5 说明了 Iu 接口的基本结构。

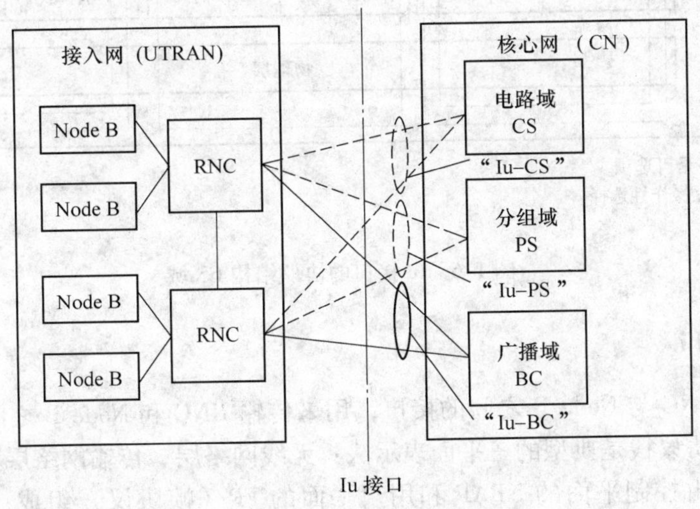

图 1-5　Iu 接口的基本结构

1. Iu-CS 协议结构

图 1-6 说明了 Iu 接口的协议结构 CS 域。

2. Iu-PS 协议结构

图 1-7 说明了 Iu 接口的协议结构 PS 域。

3. Iu-BC 及 SABP 协议

和 Iu-CS 和 Iu-PS 不同的是，Iu-BC 域协议栈只有一个平面，它既包含控制信息又包含用户信息，对应的协议为 SABP。图 1-8 表示 Iu 接口的协议结构 BC 域。

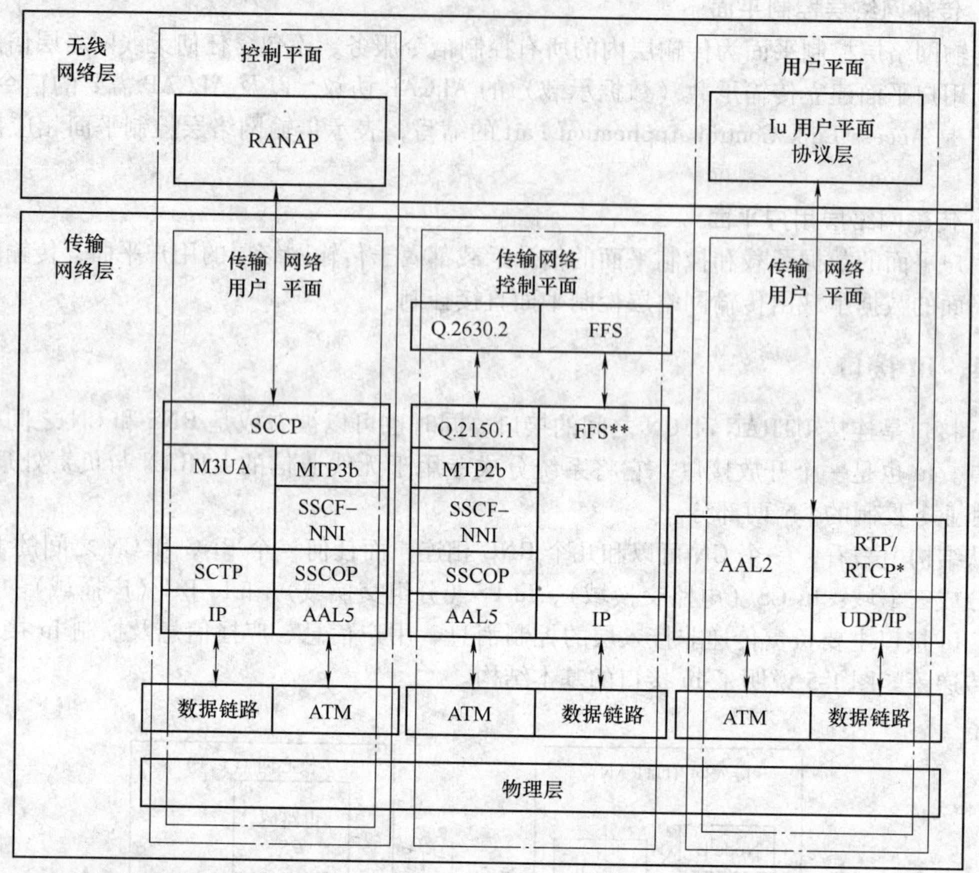

图 1-6 Iu 接口的协议结构 CS 域

1.2.5 Iub 接口

Iub 接口是 RNC 与 Node B 之间的接口，用来传输 RNC 和 Node B 之间的信令及无线接口的数据。它的协议栈是典型的三平面表示法：无线网络层、传输网络层和物理层。

无线网络层由控制平面的 NBAP 和用户平面的 FP（帧协议）组成；传输网络层采用 ATM 传输机制或 IP 传输机制；物理层可以使用 E1、T1、STM-1 等多种标准接口，目前常用的是 E1 和 STM-1。图 1-9 表示该接口的三平面。

Iub 接口主要完成以下功能：

1）管理 Iub 接口的传输资源。

2）Node B 逻辑 O&M 操作。

3）传输 O&M 信令。

4）系统信息管理。

5）专用信道控制。

6）公共信道控制。

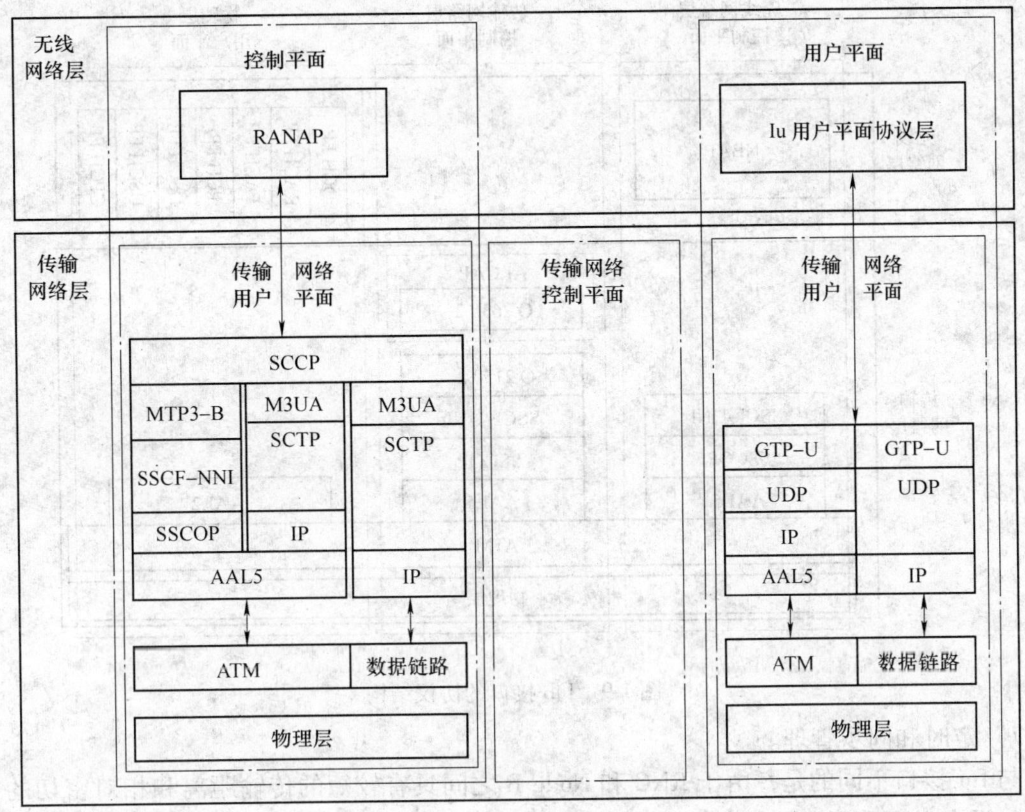

图 1-7　Iu 接口的协议结构 PS 域

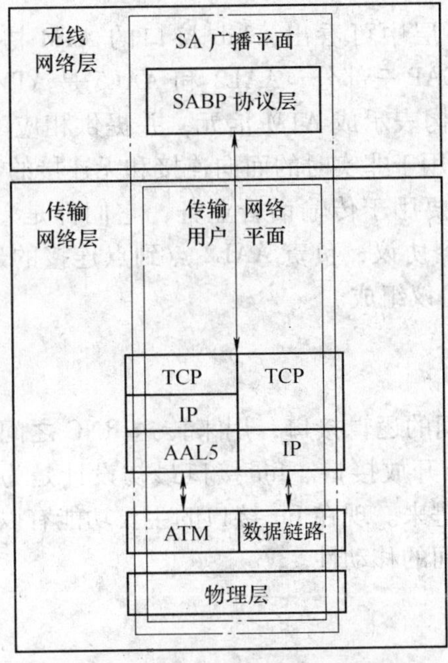

图 1-8　Iu 接口的协议结构 BC 域

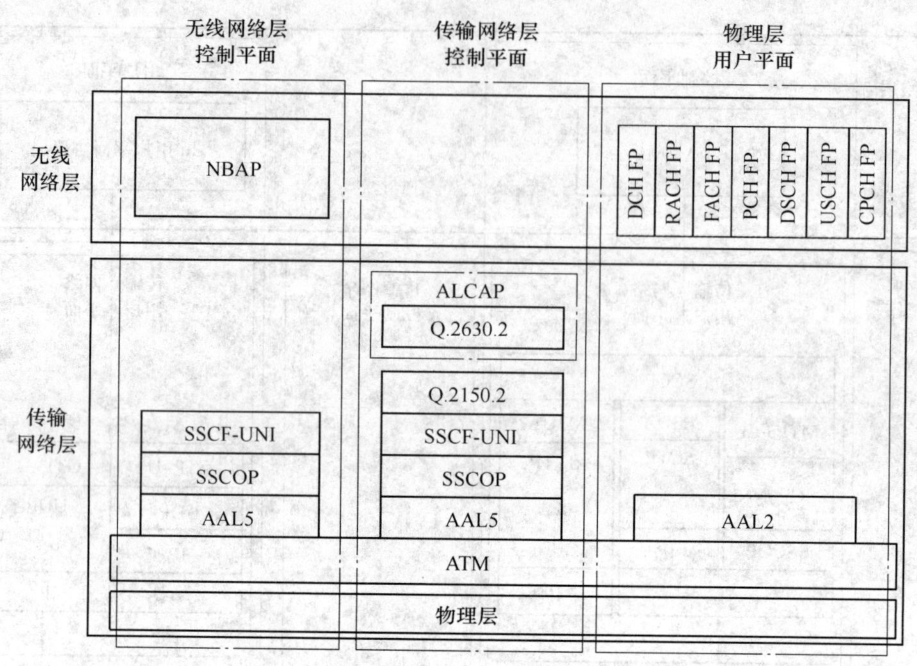

图 1-9　Iub 接口的协议结构

7）定时和同步管理。

与 Iur 接口不同的是，由于 RNC 和 Node B 之间具有较短的传输距离和相对密切的对应关系，没有必要采用七号信令传输网络。所以无线网络层和传输网络层控制平面中作为信令承载的 SS7 协议栈被更简单的 SAAL-UNI 所代替。另外应该注意的是，这里也没有引入 IP/SCTP。

从图 1-9 中的传输网络层中可看出，Iub 接口的 ATM 协议有 AAL2 和 AAL5、SAAL（SSCOP 和 SSCF-UNI）、ALCAP 三部分。AAL2 和 AAL5 是 ATM 适配层协议，完成数据适配的功能——把高层的数据结构表示成 ATM 信元，并提供相应的运行和管理功能。AAL2 和 AAL5 的主要区别是：AAL5 用于非实时的面向连接和无连接的数据传输；而 AAL2 是为可变比特数据传输而设计的，主要用于传输话音业务，它们都是采用 ITU-T 标准定义。ALCAP 是专门针对 AAL2 连接的信令协议，负责 AAL2 点到点连接的建立、释放和维护。SAAL 由 SSCOP 和 SSCF-UNI 两部分协议组成。

1.2.6　Iur 接口

Iur 接口是两个 RNC 之间的逻辑接口，用来传送 RNC 之间的控制信令和用户数据。同 Iu 接口一样，Iur 接口是一个开放接口。Iur 接口最初设计是为了支持 RNC 之间的软切换，但是后来其他的特性被加了进来。现在 Iur 接口的主要功能有以下几种：

1）支持基本的 RNC 之间的移动性。

2）支持公共信道业务。

3）支持专用信道业务。

4）支持全局管理过程。

同 Iub 接口类似，Iur 协议栈也是典型的三平面表示法：无线网络层、传输网络层和物理层。

无线网络层由控制平面的 RNSAP 和用户平面的 FP（帧协议）组成；传输网络层采用 ATM 传输机制或 IP 传输机制；在物理层实现中可以使用 E1、T1、STM-1 等多种标准接口，目前常用的是 E1 和 STM-1。图 1-10 说明了 Iur 接口的协议结构。

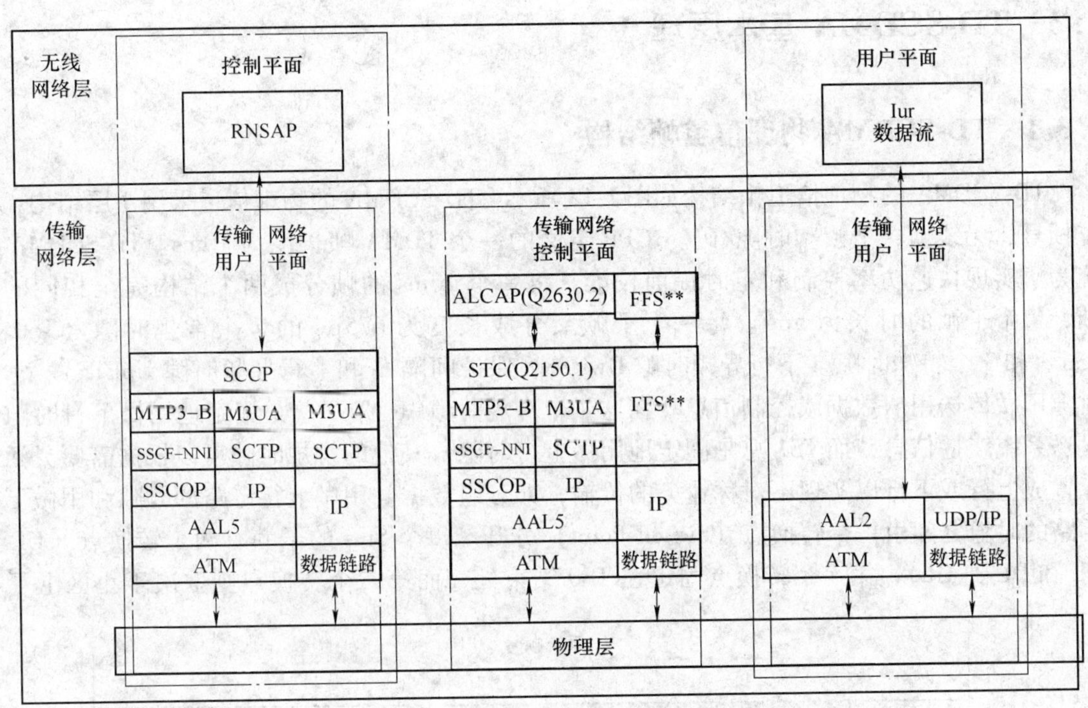

图 1-10　Iur 接口的协议结构

1.2.7　空中接口 Uu

空中接口即用户设备 UE 和网络之间的 Uu 接口，由物理层 L1、数据链路层 L2 和网络层 L3 组成，如图 1-11 所示。

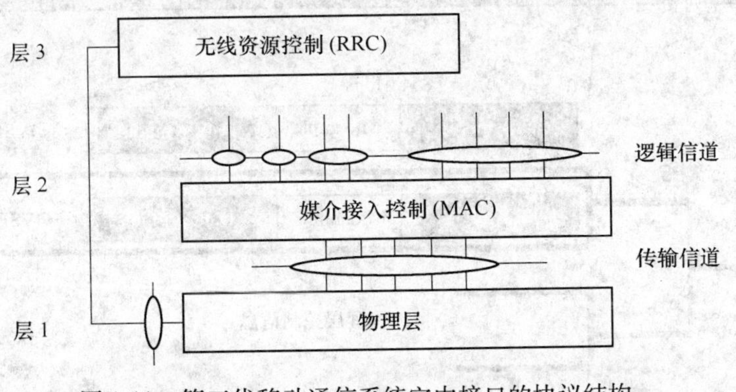

图 1-11　第三代移动通信系统空中接口的协议结构

物理层是空中接口的最底层，支持比特流在物理介质上的传输。物理层与层 2 的媒介接入控制 MAC 子层及层 3 的无线资源控制 RRC 子层相连。物理层向 MAC 层提供不同的传输信道，传输信道定义了信息是如何在空中接口上传输的。MAC 层向层 2 的无线链路控制（RLC）子层提供不同的逻辑信道，传输信息的类型决定了逻辑信道的特性。物理信道在物理层定义，物理层受 RRC 的控制。

1.3 TD-SCDMA 基本原理

1.3.1 TD-SCDMA 物理信道帧结构

TD-SCDMA 的物理信道帧结构如图 1-12 所示。TD-SCDMA 的物理信道采用 4 层结构：系统帧号、无线帧、子帧和时隙/码。3GPP 定义的一个 TDMA 帧长度为 10ms。TD-SCDMA 系统为了实现快速功率控制和定时提前校准，将一个 10ms 的帧分成两个结构完全相同的子帧，每个子帧的时长为 5ms。每一个子帧又分成长度为 675μs 的 7 个常规时隙（TS0 ~ TS6）和 3 个特殊时隙（下行导频时隙 DwPTS、保护间隔 G 和上行导频时隙 UpPTS）。常规时隙用做传送用户数据或控制信息。在这 7 个常规时隙中，TS0 总是固定地用做下行时隙来发送系统广播信息，而 TS1 总是固定地用做上行时隙。其他的常规时隙可以根据需要灵活地配置成上行或下行以实现不对称业务的传输，如分组数据。用做上行链路的时隙和用做下行链路的时隙之间由一个转换点（Switch Point）分开。每个 5ms 的子帧有两个转换点（UL 到 DL 和 DL 到 UL），第一个转换点固定在 TS0 结束处，而第二个转换点则取决于小区上下行

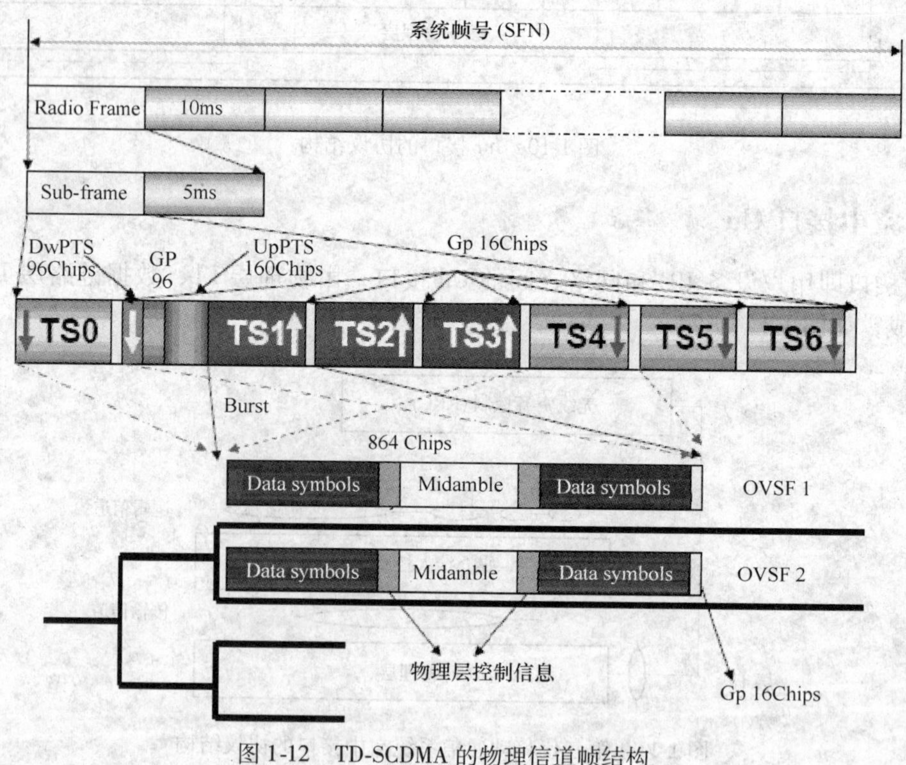

图 1-12 TD-SCDMA 的物理信道帧结构

时隙的配置。

时隙结构也就是突发的结构。TD-SCDMA 系统共定义了 4 种时隙类型，它们是下行道频时隙 DwPTS、上行道频时隙 UpPTS、保护时隙 GP 和常规时隙 TS0 ~ TS6。其中 DwPTS 和 UpPTS 分别用做上行同步和下行同步，不承载用户数据；GP 用做上行同步建立过程中的传播时延保护；TS0 ~ TS6 用于承载用户数据或控制信息。

下行导频设计的目的主要是为了同步和小区初步搜索。该时隙是由长为 64chips 的下行同步码 SYNC _ DL 序列和 32chips 的保护间隔组成，其结构如图 1-13 所示。

下行同步码 SYNC _ DL 是一组 PN 码，用于区分相邻小区，系统中定义了 32 个码组，每组对应一个下行同步码 SYNC-DL 序列，下行同步码 SYNC-DL 的 PN 码集在蜂窝网络中可以复用。

每个子帧中的上行导频时隙 UpPTS 是为建立上行同步而设计的。当用户设备 UE 处于空中登记和随机接入状态时，它将首先发射上行导频时隙 UpPTS，当得到网络的应答后，发送随机接入信道 RACH。这个时隙由长为 128chips 的上行同步码 SYNC _ UL 序列和 32chips 的保护间隔组成，其结构如图 1-14 所示。

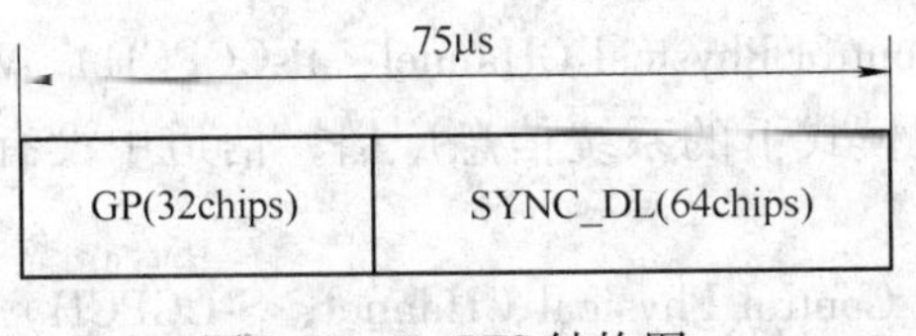

图 1-13 DwPTS 结构图

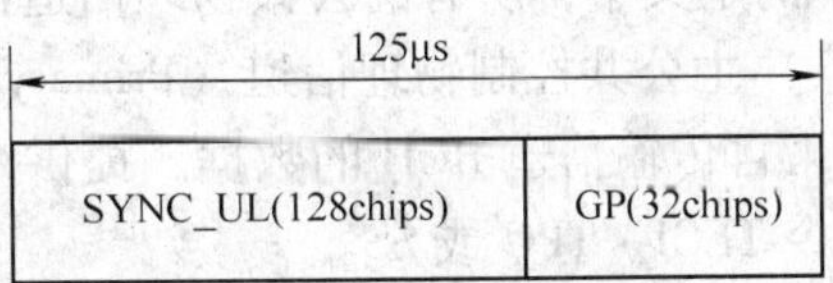

图 1-14 UpPTS 结构图

常规时隙结构如图 1-15 所示。TS0 ~ TS6 共 7 个常规时隙被用做用户数据或控制信息的传输，它们具有完全相同的时隙结构。每个时隙被分成了 4 个域：两个数据域、一个训练序列域（Midamble）和一个用做时隙保护的空域（GP）。数据域用于承载来自传输信道的用户数据或高层控制信息，除此之外，在专有信道和部分公共信道上，数据域的部分数据符号还被用来承载物理层信令。

864chips

数据域 (352 chips)	训练序列 (144 chips)	数据域 (352 chips)	GP 16chip

图 1-15 常规时隙结构

（GP 表示保护间隔，CP 表示码片长度）

1.3.2 TD-SCDMA 系统中的信道

在 TD-SCDMA 系统中存在 3 种信道模式：物理信道、传输信道和逻辑信道，逻辑信道是媒介接入控制 MAC 子层向上层无线链路控制 RLC 提供服务，它描述的是传送什么类型的信息。传输信道作为物理层向高层提供服务，它描述的是信息如何在空中接口上传输。在 TD-SCDMA 系统通过物理信道直接把需要传送的信息发送出去，也就是说在空中传输的都是物理信道承载的信息。

1. 物理信道及其分类

物理信道根据其承载的信息不同被分成了不同的类别，有的物理信道用于承载传输信道的数据，而有些物理信道仅用于承载物理层自身的信息。

（1）专用物理信道

专用物理信道 DPCH（Dedicated Physical CHannel）用于承载来自专用传输信道 DCH 的数据。物理层将根据需要把来自一条或多条 DCH 的层 2 数据组合在一条或多条编码组合传输信道 CCTrCH（Coded Composite Transport CHannel）内，然后再根据所配置物理信道的容量将 CCTrCH 数据映射到物理信道的数据域。DPCH 可以位于频带内的任意时隙和任意允许的信道码，信道的存在时间取决于承载业务类别和交织周期。一个 UE 可以在同一时刻被配置多条 DPCH，若 UE 允许多时隙能力，这些物理信道还可以位于不同的时隙。物理层信令主要用于 DPCH。

（2）公共物理信道

根据所承载传输信道的类型，公共物理信道可划分为一系列的控制信道和业务信道。在 3GPP 的定义中，所有的公共物理信道都是单向的（上行或下行）。

1）主公共控制物理信道（Primary Common Control Physical CHannel，P-CCPCH）仅用于承载来自传输信道 BCH 的数据，提供全小区覆盖模式下的系统信息广播，信道中没有物理层信令 TFCI、TPC 或 SS。

2）辅公共控制物理信道（Secondary Common Control Physical CHannel，S-CCPCH）用于承载来自传输信道 FACH 和 PCH 的数据。不使用物理层信令 SS 和 TPC，但可以使用 TFCI，S-CCPCH 所使用的码和时隙在小区中广播，信道的编码及交织周期为 20ms。

3）快速物理接入信道（Fast Physical Access CHannel，FPACH）不承载传输信道信息，因而与传输信道不存在映射关系。NODE B 使用 FPACH 来响应在 UpPTS 时隙收到的 UE 接入请求，调整 UE 的发送功率和同步偏移。数据域内不包含 SS 和 TPC 控制符号。因为 FPACH 不承载来自传输信道的数据，也就不需要使用 TFCI。

4）物理随机接入信道（Physiacal Random Access CHannel，PRACH）用于承载来自传输信道 RACH 的数据。传输信道 RACH 的数据不与来自其他传输信道的数据编码组合，因而 PRACH 信道上没有 TFCI，也不使用 SS 和 TPC 控制符号。

5）物理上行共享信道（Physical Uplink Shared CHannel，PUSCH）用于承载来自传输信道 USCH 的数据。所谓共享指的是同一物理信道可由多个用户分时使用，或者说信道具有较短的持续时间。由于一个 UE 可以并行存在多条 USCH，这些并行的 USCH 数据可以在物理层进行编码组合，因而 PUSCH 信道上可以存在 TFCI。但信道的多用户分时共享性使得闭环功率控制过程无法进行，因而信道上不使用 SS 和 TPC（上行方向 SS 本来就无意义，为上下行突发结构保持一致 SS 符号位置保留，以备将来使用）。

6）物理下行共享信道（Physical Downlink Shared CHannel，PDSCH）用于承载来自传输信道 DSCH 的数据。在下行方向，传输信道 DSCH 不能独立存在，只能与 FACH 或 DCH 相伴而存在，因此作为传输信道载体的 PDSCH 也不能独立存在。DSCH 数据可以在物理层进行编码组合，因而 PDSCH 上可以存在 TFCI，但一般不使用 SS 和 TPC。对 UE 的功率控制和定时提前量调整等信息都放在与之相伴的 PDCH 信道上。

7）寻呼指示信道（Paging Indicator Channel，PICH）不承载传输信道的数据，但与传输信道 PCH 配对使用，用以指示特定的 UE 是否需要解读跟随其后的 PCH 信道（映射在 S-CCPCH 上）。

2. 传输信道

传输信道作为物理层提供高层的服务，通常分为两类：一类为公共信道，此类信道上的信息是发送给所有用户或一组用户的，但在某一时刻，该信道上的信息也可以针对单一用户，这时需要 UE ID 进行识别；另一类为专业信道，此信道的信息在某一时刻只发送给单一的用户。表 1-2 是传输信道的名称。

表 1-2 传输信道的名称

	传输信道缩写	中文解释	上下行方向
公共传输信道	BCH	广播信道	下行
	PCH	寻呼信道	下行
	FACH	前向接入信道	下行
	RACH	随机接入信道	上行
	USCH	上行共享信道	上行
	DSCH	下行共享信道	下行
专业传输信道	DCH	专用信道	上行、下行

表 1-3 是传输信道的功能。

表 1-3 传输信道的功能

	传输信道缩写	传输信道功能
公共传输信道	广播信道 BCH	广播信道，用于广播系统和小区特有信息
	PCH	寻呼信道，当系统不知道移动台所在的小区位置时，承载发向移动台的控制信息
	FACH	前向接入信道（FACH）用于当系统知道移动台所在的小区位置时，承载发向移动台的控制信息。FACH 也可以承载一些短的用户信息数据包
	RACH	随机接入信道（RACH）用于承载来自移动台的控制信息。RACH 也可以承载一些短的用户信息数据包
	USCH	上行共享信道（USCH）是一种被几个用户设备 UE 共享的上行传输信道，用于承载专用控制数据或业务数据
	DSCH	下行共享信道（DSCH）是一种被几个用户设备 UE 共享的下行传输信道，用于承载专用控制数据或业务数据
专业传输信道	DCH	用于在无线接入网络 UTRAN 和用户设备 UE 之间承载的用户或控制信息的上/下行传输信道

3. 逻辑信道

媒质接入控制 MAC 子层通过逻辑信道为高层提供服务。逻辑信道的类型是根据媒质接入控制 MAC 子层提供不同类型的数据传输业务而定义。逻辑信道通常划分为两类：用来传输控制平面信息的控制信道和用来传输用户平面的业务信道。表 1-4 是逻辑信道的名称。

表 1-4 逻辑信道的名称

	逻辑信道缩写	中文解释	上下行方向
控制信道	BCCH	广播控制信道	下行
	PCCH	寻呼控制信道	下行
	CCCH	公共控制信道	下行、上行
	DCCH	专业控制信道	下行、上行
	SHCCH	共享控制信道	下行、上行
业务信道	CTCH	公共业务信道	下行
	DTCH	专业业务信道	下行、上行

表 1-5 是逻辑信道的功能。

表 1-5 逻辑信道的功能

	逻辑信道缩写	功　能
控制信道	BCCH	广播系统控制信息
	PCCH	传输寻呼信息
	CCCH	在网络和终端之间发送控制信息的双向通道，它总是映射到 FACH/RACH 上
	DCCH	在网络和终端之间传送专用控制信息的点对点的双向通道，该信道在用户设备 UE 与无线资源控制 RRC 连接过程中建立
	SHCCH	网络和终端之间传送控制信息的双向通道，用来对上行/下行共享信道进行控制
业务信道	CTCH	用来向全部或部分用户设备 UE 传输用户信息的点对多点信道
	DTCH	专门用于一个用户设备 UE 传输自身用户信息的点对点双向通信

1.3.3 逻辑信道、传输信道、物理信道映射关系

逻辑信道、传输信道、物理信道映射关系如图 1-16 所示。

1.3.4 TD-SCDMA 数据简要发送过程

TD-SCDMA 数据经过编码交织、数据调制、扩频、加扰、射频调制的过程发送出去，并通过反向的操作射频解调、解扰、解扩、数据解调、解码解交织得到原信息数据。图 1-17 给出了 TD-SCDMA 数据简要发送过程，下面将对发送过程的步骤简要说明。

1. 信道编码和复用

为了保证高层的信息数据在无线信道上可靠地传输，需要对来自 MAC 和高层的数据流（传输块/传输块集）进行编码/复用后在无线链路上发送，并且将无线链路上接收到的数据进行解码/解复用再送给 MAC 和高层。

2. 数据调制

来源于物理信道映射的比特流在进行扩频处理之前，先要经过数据调制。所谓数据调制

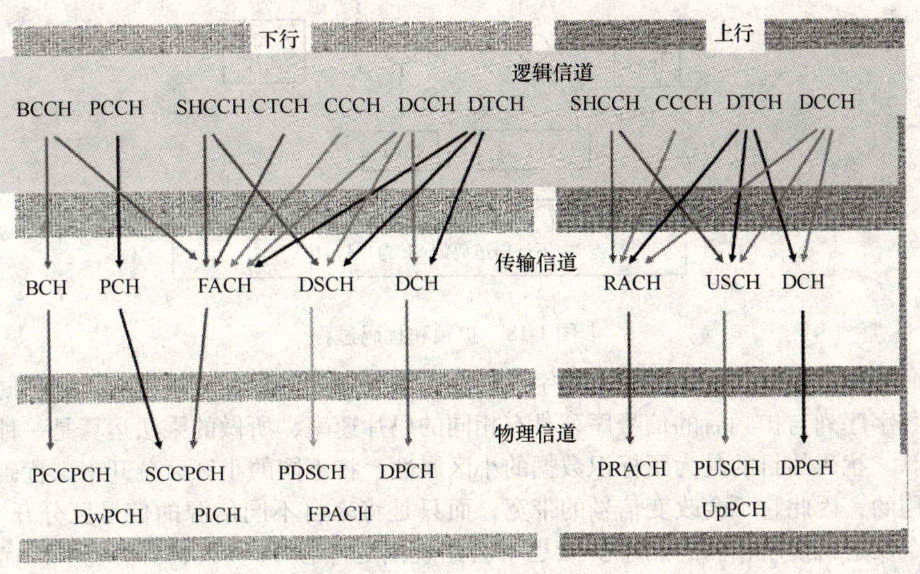

图 1-16 TD-SCDMA 信道的映射

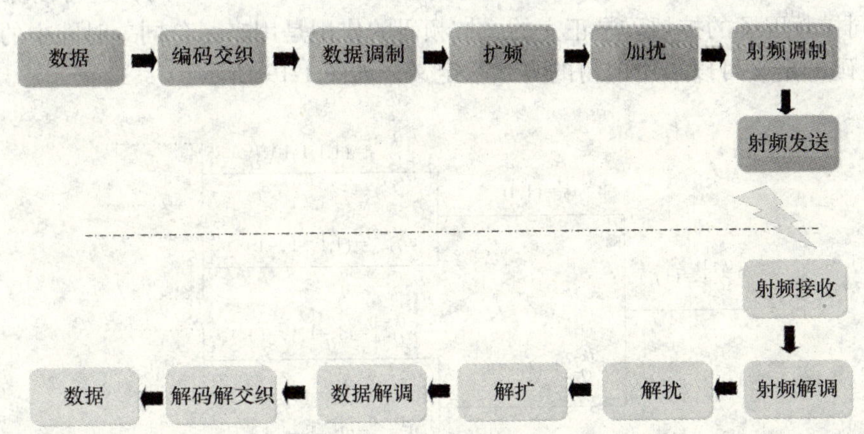

图 1-17 TD-SCDMA 数据的简要发送过程

就是把两个（QPSK 调制）或三个（8PSK 调制）连续的二进制数映射成一个复数值的数据符号。TD-SCDMA 系统的数据调制通常采用 QPSK，在提供 2Mbit/s 业务时采用了 8PSK 调制方式，为支持高速下行分组接入 HSDPA 下行可以用 16QAM。

3. 扩频和加扰

经过物理信道映射和数据调制后，信道上的数据将进行扩频和扰码处理。扩频和扰码过程如图 1-18 所示。

扩频，就是用于高于比特速率的数字序列与信道数据相乘，相乘的结果扩展了信号的宽度，将比特速率的数据流转换成具有码片速率的数据流。扩频处理通常也叫信道化操作，所使用的数字序列称为信道化码，这是一组长度可以不同但仍相互正交的码组。在 TD-SCDMA 系统中，使用 OVSF（正交可变扩频因子）作为扩频码，上行方向的扩频因子 1、2、4、8、16，下行方向的扩频因子为 1、16。

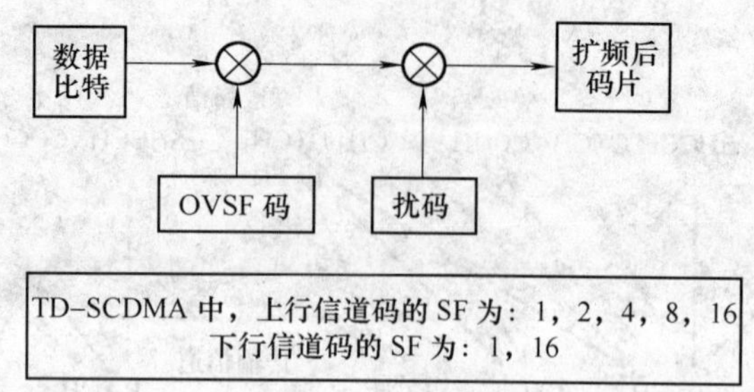

图 1-18　扩频和扰码过程

扰码与扩频类似，也是用一个数字序列与扩频处理后的数据相乘。与扩频不同的是，扰码用的数字序列与扩频后的信号序列具有相同的码片速率，所做的乘法运算是一种逐码片相乘的运算。扰码的目的是为了标识数据的小区属性，将不同的小区区分开来。扰码是在扩频之后使用的，因此它不会改变信号的带宽，而只是将来自不同信源的信号区分开来。这样，即使多个发射机使用相同的码字扩频也不会出现问题。在 TD-SCDMA 系统中，扰码序列的长度固定为 16，系统共定义了 128 个扰码，每个小区配置 4 个。

TD-SCDMA 采用的扩频码是一种正交可变扩频因子（OVSF）码，这可以保证在同一个时隙上不同扩频因子的扩频码是正交的。扩频码的作用是用来区分同一时隙中的不同用户。

OVSF 码的定义可以采用码树的方式来定义，如图 1-19 所示。

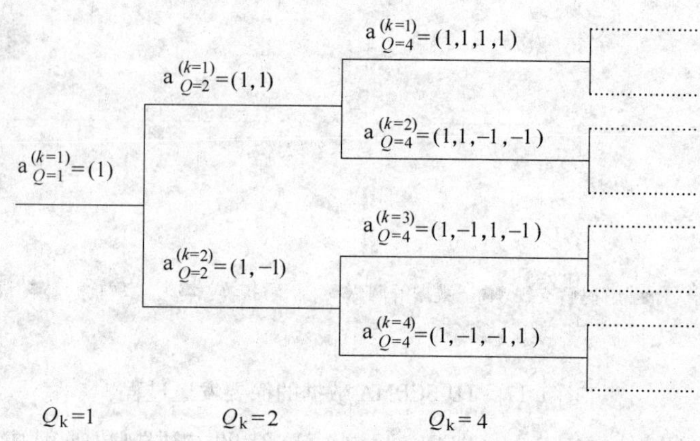

图 1-19　正交可变扩频因子（OVSF）码树

从这个码树的定义可以看出，码树的每一级都定义了扩频因子为 Q_k 的码。码的使用有一个要求，就是当一个码已经在一个时隙中采用，则其父系上的码和下级码树路径上的码就不能在同一时隙中使用。这也就意味着一个时隙可使用的码的数目是不固定的，而是与每个物理信道的数据速率和扩频因子有关。TD-SCDMA 系统中可用的扩频因子范围为 1 ~ 16。

1.4　CDMA 2000 基本原理

CDMA 2000 主要是由 IS-95 和 IS-41 标准发展而来。它与 AMPS、D-AMPS 和 IS-95 有较好的兼容性。CDMA 2000 在反向信道也使用了导频，同时也采用了新技术，使其满足 IMT-

2000 的要求。CDMA 2000 在标准研究的前期，为适应3G 的高速数据和多媒体业务，提出了 CDMA 2000-1x（单载波，1x 代表其载波 1 倍于 IS-95A 的带宽）和 CDMA 2000-3x 多载波（3x 代表 3 倍于 IS-95A 的带宽）两个发展策略。由于 CDMA 2000-3x 占用的频谱相对较宽，目前应用可能性较小。

CDMA 2000-1x 是 CDMA 2000 第三代无线通信系统的第一阶段，是 1999 年 6 月由 ITU 确立的标准，称为 2. 75G 移动通信系统。CDMA 2000-1x 与 IS-95A/B 完全兼容，并与 IS-95B 系统的频段共享或重叠。CDMA 2000-1x 网络部分引入了分组交换方式，支持移动 IP 业务，可以提供 144kbit/s 的数据业务，容量比 CDMA _ One（IS-95A/B 网络的简称）高 1 倍，增加了辅助码分信道等，可以对一个用户同时承载多个数据流和多种业务，为支持各种多媒体分组业务打下基础。

1x-EV 标准是在 CDMA 2000-1x 基础上制定的演进标准。1x-EV 的空中接口标准是对现有 CDMA 2000-1x 的一个扩展，用以支持至少 2Mbit/s 的高速数据和 1. 25MHz 的宽信道的更高话音容量。1x-EV 分为两个发展阶段：第一阶段 1x-EV-DO（Data Only）要求在标准的 1. 25MHz 专用信道中，下行分组数据业务达到 2. 4Mbit/s 的峰值速率。1x EV-DO 是一种专为高速分组数据传送而优化设计的 CDMA 2000 空中接口技术，是对 CDMA 2000 1x 网络在提供数据业务方面的一个有效的增强手段。已经发展出 Rev 0 和 Rev A 两个版本。其中，Rev 0版本可以支持非实时、非对称的高速分组数据业务；Rev A 版本可以同时支持实时、对称的高速分组数据业务传送。

1x EV-DO 组网非常灵活，对于那些只需要分组数据业务的用户，可以单独组网，此时的核心网配置不需要基于 ANSI-41 的复杂结构，而是基于 IP 的网络结构。对于那些同时需要语音、数据业务的用户，可以与 CDMA 2000 1x 联合组网，同时提供语音与高速分组数据业务，这样也可以解决不兼容所带来的问题。1x EV-DO 与 CDMA 2000 1x 分别在不同的载波上提供服务，当 1x EV-DO 与 CDMA 2000 1x 联合组网时，1x EV-DO 与 CDMA 2000 1x 彼此间几乎无任何影响。对于同时支持 CDMA 2000 1x/1x EV-DO 的双模终端，当其工作在 Hybrid 模式时，可以在两个系统间（CDMA 2000 1x、1x EV-DO）进行网络选择和切换。如果把 CDMA 无线网络看成交通网络，假设 IS-95 信号在一条马路上传输，增加 1x 功能后，等于在原有马路上划出公交专用道，公交车未换，增加 1x EV-DO 功能后，等于增加了一条专用高速数据路，且公交车换成高速汽车。

第二阶段 1x EV-DV（Data and Voice）目标是在一个载波的宽度（1. 25MHz）内，不仅实现高速的语音和非实时的分组数据业务，而且能够提供实时的多媒体业务，最高数据速率大于 5Mbit/s。CDMA 标准演进如图 1-20 所示。

CDMA 2000 1x EV-DO 的标准支持从 Band 0 ~ 7 的所有频段，包含 800MHz、1900MHz、450MHz、2100MHz 等。中国 CDMA 网 800MHz 一共有 7 个载波的宽带，根据原先联通 DO 技术体制，频率规划按照 1x 从频段高段往下走，DO 从低段开始往上走的原则进行。中国 CDMA 频点分布如图 1-21 所示。

1x EV-DO 系统与 IS-95/1x 使用不同的载频，但 1x EV-DO 系统的载频宽度仍为 1. 25MHz，与 IS-95/1x 系统相同。对现有的网络配置无需做任何改动。1x EV-DO 系统与 IS-95/1x 系统可共用现有的基站、铁塔和天线。

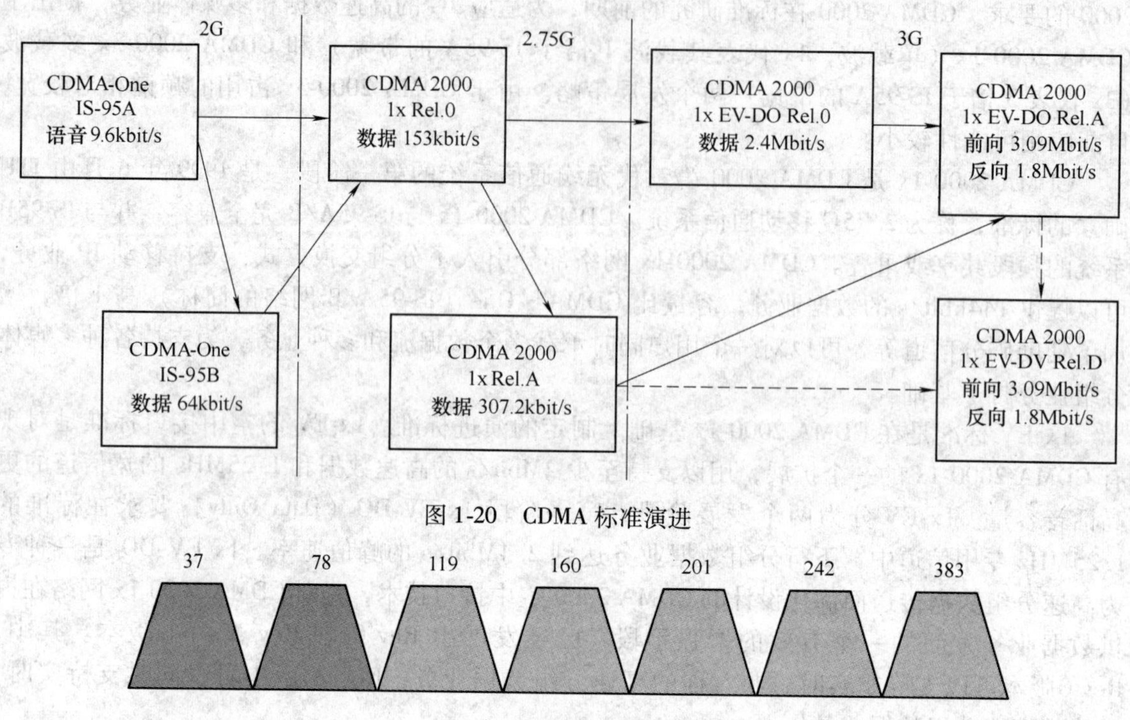

图 1-20　CDMA 标准演进

图 1-21　中国 CDMA 网频点分布

1.4.1　CDMA 2000 1x/1XEV-DO 网络架构

CDMA 2000 1x 网络系统架构如图 1-22 所示，网元与网元之间采用不同的协议及接口。

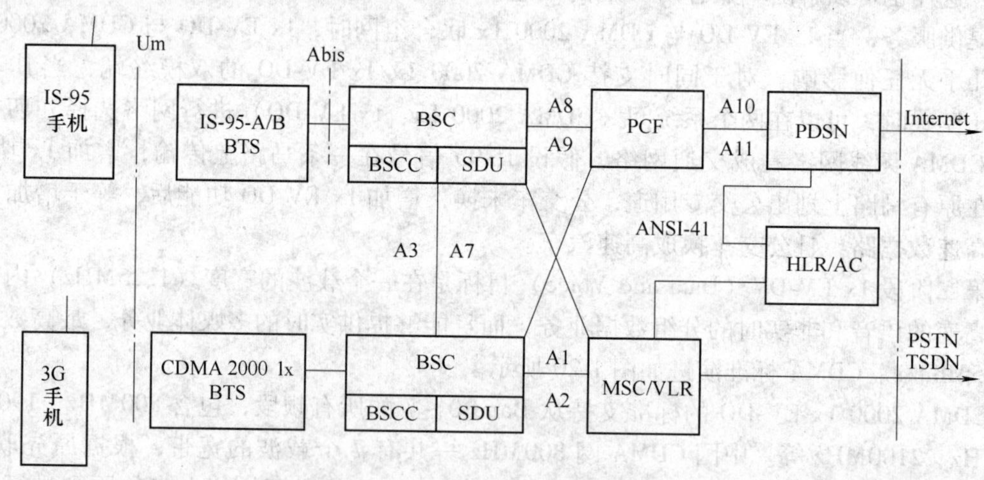

图 1-22　CDMA 2000 1x 网络系统架构

BTS—基站收发信机　PCF—分组控制功能　BSC—基站控制器　PDSN—分组数据服务器

SDU—业务数据单元　MSC/VLR—移动交换中心/访问寄存器　BSCC—基站控制器连接

与 IS-95 相比，CDMA 2000 1x 核心网中的 PCF 和 PDSN 是两个新增模块，通过支持移动 IP 协议的 A10、A11 接口互联，可以支持分组数据业务传输。而以 MSC/VLR 为核心的网络部分，支持话音和增强的电路交换型数据业务，与 IS-95 一样，MSC/VLR 与 HLR/AC 之间的接口基于 ANSI-41 协议。

尽管 CDMA 2000 1x 提供 153.6kbit/s 的数据传输链路，但仍不能完全满足人们高速访问计算机互联网的要求。CDMA 2000 1x EV-DO 方案应运而生，它将高速数据信道与语音信道分离，充分利用了数据业务在实时性要求、误码率要求和对称性方面的特点，大大提高了系统的效率，在与 CDMA 2000 1x 载波宽度（1.25MHz）一样的频带上，为用户提供高达 2.4Mbit/s 的数据链路。它可以独立地建成无线移动数据网络，也可以与 CDMA 2000 1x 混合组网，互为补充，完成 ITU 对 3G 系统制定的功能要求。

1x EV-DO 保持了与 CDMA 2000 1x 在设计和网络结构上的兼容性。1x EV-DO 具有与 CDMA 2000 1x 相同的射频特性和技术实现方式，包括码片速率、功率要求、功率控制、接入过程和 Turbo 编码等，最大限度地保护了运营商的现有投资，使得 CDMA 2000 1x 网络进行 1x EV-DO 升级时，可以直接使用现存的 CDMA 2000 1x 射频部分。其次，1x EV-DO 可以与 CDMA 2000 1x 共用相同的分组数据核心网 PDSN。

CDMA 2000 1x EV-DO 网络系统架构如图 1-23 所示，主要包括 AT、AN、PCF、AN-AAA、PDSN 以及 AAA 等功能实体。

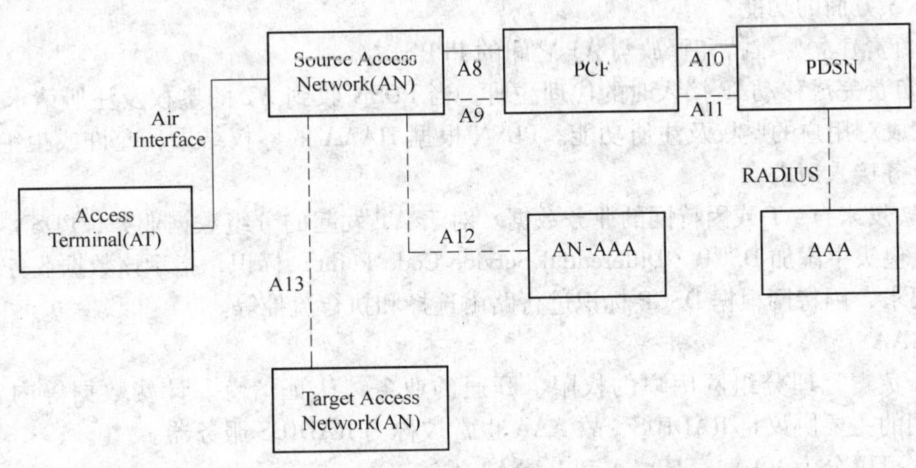

图 1-23　CDMA 2000 1x EV-DO Rev 0 网络系统架构

1. AT

AT 是为用户提供数据连接的设备。它可以与计算设备（如个人计算机）连接，或自身为一个独立的数据设备（如手机）。AT 包括移动设备（Mobile Equipment，ME）和用户识别模块（User Identity Module，UIM）两部分。

2. AN

AN 是在分组网（主要为因特网）和接入终端之间提供数据连接的网络设备，完成基站收发、呼叫控制及移动性管理等功能。AN 类似于 CDMA 2000 1x 系统中的基站，可以由基站控制器 BSC 和基站收发信机 BTS 组成。通常，BTS 完成 Um 接口物理层协议功能，BSC 完成 Um 接口其他协议层功能、呼叫控制及移动性管理功能。A8/A9、A12、A13 接口在 AN 的附着点是 BSC；BSC 与 BTS 之间通过 Abis 接口相连。Abis 接口是非标准接口，在 CDMA 2000 相关规范中未规定其协议层结构。

3. AN-AAA

AN-AAA 是接入网执行接入鉴权和对用户进行授权的逻辑实体。它通过 A12 接口与 AN 交换接入鉴权的参数及结果。在空中接口 PPP-LCP 协商阶段，可以协商进行 CHAP 鉴权。在 AT 与 AN 之间完成 CHAP 查询-响应（Challenge-Response）信令交互后，AN 向 AN-AAA 发送 A12 接入请求消息，请求 AN-AAA 对该消息所指示的用户进行鉴权。AN-AAA 根据所收到的鉴权参数和保存的鉴权算法，计算鉴权结果，并返回鉴权成功或失败指示。若鉴权成功，则同时返回用户标识 MNID（或 IMSI），用作建立会话时的用户标识。

4. PCF

PCF 与 AN 配合完成与分组数据业务有关的无线信道控制功能。A9 接口承载信令，用于维护 BSS 到 PCF 之间的 A8 数据连接。在具体实现时，PCF 可以与 AN 合设，此时 A8/A9 接口变成 AN/PCF 的内部接口。A10/A11 接口用于承载 PCF 和 PDSN 之间的信令和数据，A11 接口承载信令，用于维护 BSS 到 PCF 之间的 A10 数据连接。PCF 通过 A10/A11 接口与 PDSN 进行通信。1x EV-DO 的 PCF 与 CDMA 2000 1x 的 PCF 的功能相同。

5. PDSN

在 1x EV-DO 网络中，PDSN 作为网络接入服务器（Network Access Server，NAS）主要完成以下 3 方面的功能：

1）负责建立、维持和释放与 AT 之间的 PPP 连接。

2）负责完成移动 IP 接入时的代理注册。当 PDSN 收到 AT 的鉴权及注册请求时，协助 HAAA 完成对用户的鉴权及注册功能。PDSN 根据 HAAA 的鉴权结果，允许或拒绝 AT 的分组数据业务接入请求。

3）转发来自 AT 或因特网的业务数据。对于 AT 发起的分组数据业务，PDSN 在收到的数据分组包头中添加 DSCP（Differential Service Code Point）标识，指示该数据业务的优先级或 QoS 要求，因特网根据 DSCP 标识进行路由选择和执行流控等。

6. AAA

AAA 负责管理分组网用户的权限、开通的业务、认证信息、计费数据等内容。由于 AAA 采用的主要协议是 RADIUS，故 AAA 也常被称为 RADIUS 服务器。

AAA 可以分为 VAAA、HAAA 和 BAAA3 类。

1）VAAA 向 HAAA 转发来自 PDSN 的用户鉴权请求；

2）HAAA 执行用户鉴权，并返回鉴权结果，同时进行用户授权；

3）BAAA 收到鉴权结果后，保存计费信息，并向 PDSN 转发用户授权。

CDMA 2000 1x EV-DO 系统作为因特网的无线延伸，主要是针对具有非对称性、突发性和较高的带宽要求的无线因特网业务而设计，主要目标就是在保证可靠的无线传送的前提下，获得较高的系统容量和频谱效率。为了满足上述要求，CDMA 2000 1x EV-DO 前向链路采用了时分复用、自适应调制编码、HARQ、多用户调度、功率分配和虚拟软切换等关键技术，CDMA 2000 1x EV-DO 反向链路采用了速率控制和功率控制机制。

1.4.2 CDMA 2000 1x EV-DO 信道

1. EV-DO 物理信道时隙结构

1x EV-DO 的前向信道以 TDM 为主，以 CDM 为辅。1x EV-DO 前向链路传送以时隙为单位，1 个复帧周期长为 256 时隙，包含 16 帧，每帧 16 个时隙。每个时隙为 5/3ms，由 2048 个码片组成，其中：control/traffic 信道共 400 ×4 = 1600chips，MAC 信道 64 ×4 = 256chips，pilot 信道 96 ×2 = 192chips。如图 1-24 所示，导频信道、MAC 信道及业务/控制信道之间时分复用；RPC 子信道与 DRCLock 子信道之间时分复用；不同用户的 RPC/DRCLock 子信道与 RA 子信道码分复用。基站根据前向信道数据分组的大小和速率等参数，在 1 ~ 16 个时隙内完成传送。有数据业务时，业务信道时隙处于激活状态，各信道按一定顺序和码片数进行复用；没有数据业务时，业务信道时隙处于空闲状态，只传送 MAC 信道和导频信道。

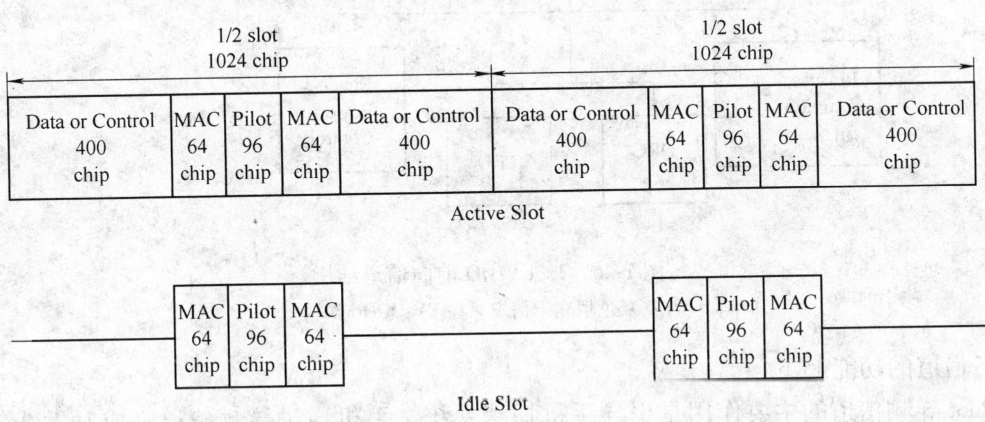

图 1-24　前向链路时隙结构

1x EV-DO 的反向信道以 CDM 为主，以 TDM 为辅。1 个反向帧长包含 16 个时隙，80/3ms≈26.66ms。1 个帧含 4 个子帧，每个子帧含 4 个时隙，每个子帧含一个功控比特。1s 对应 600 个时隙，故反向功控频率为 150Hz。EV-DO A 反向链路帧结构如图 1-25 所示。

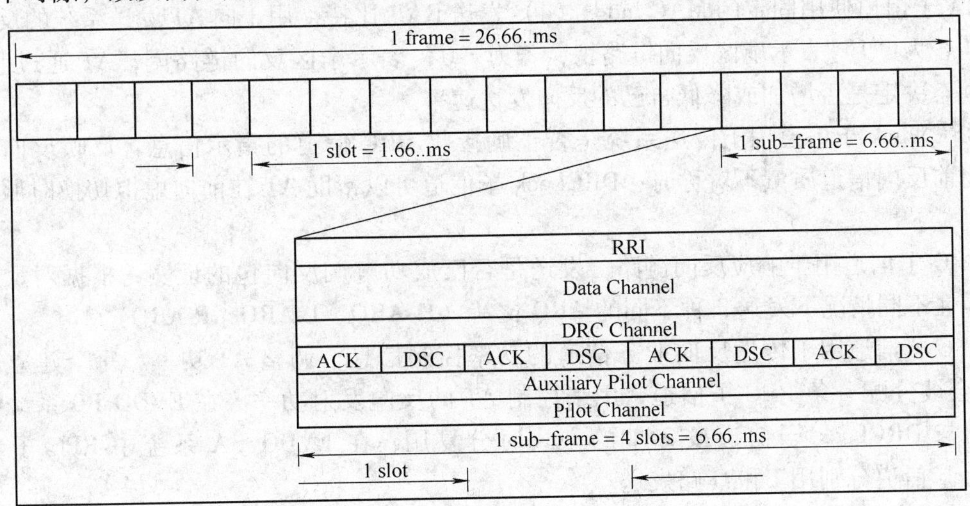

图 1-25　反向链路帧结构

2. EV-DO A 信道组成

(1) 前向信道结构

EV-DO A 前向信道结构如图 1-26 所示，它由导频信道、MAC 信道、控制信道和业务信道组成；MAC 信道又分为 RA 子信道、DRCLock 子信道及 RPC 子信道。

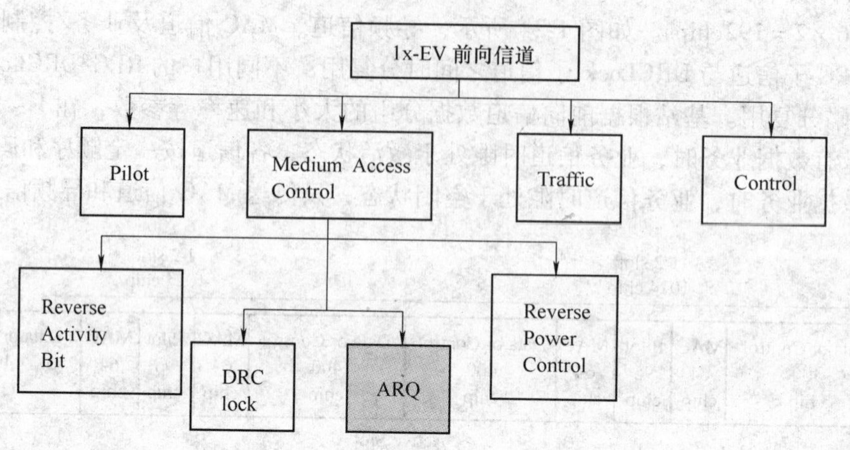

图 1-26　1x EV-DO 前向信道结构

注：灰色填充子信道只在 EV-DO RevA 中

各信道的功能如下：

Pilot 导频信道的主要作用是引导手机捕获系统，手机通过导频信道完成对无线信道环境的预测估计，进行相干解调和链路质量的测量。前向导频信道数据全“0”，用 walsh 码 0 cover，在 I 路上发送，每半个时隙的中点突发 96 个码片。

MAC 前向媒体接入控制信道，每个时隙发送 256 个码片，不同用户使用不同的 MAC index 区分（共 7 个 bit，$2^7=128$）。

RA 子信道使用固定的 MAC index（4）发送 RAB 比特，用于向 AT 发送系统的反向负载指示，若为“1”表示扇区反向链路忙，若为“0”表示扇区反向链路闲，AT 通过监视 RA 信道动态决定是否增加或降低自己的反向发送速率。

DRC Lock 子信道用于传送系统是否正确接收 DRC 信道的指示信息，反映反向信道质量。当前反向信道质量不对称时，DRCLock 子信道可以帮助 AT 在前向虚拟切换时服务扇区选择。

ARQ 子信道用于响应反向链路，发送是否已成功解调反向包的证实，根据对反向链路的响应在不同情况下发送 3 种不同的 ARQ 比特（H-ARQ、L-ARQ、P-ARQ）。

RPC 子信道用于传送反向业务信道的功率控制信息，调整 AT 功率。每个建立连接的 AT 都会被分配一条 RPC 子信道，用来控制 AT 的反向发射功率。在 EVDO R0 系统中 RPC 子信道与 DRCLock 子信道按 3∶1 的方式时分复用，在 EVDO RA 系统中 RPC 子信道和 DRCLock 信道分别用 I 和 Q 路发送。

control 控制信道用于向 AT 传送系统控制消息，如同步消息、快速配置消息、扇区参数消息等。

Traffic 业务信道则用于传送物理层数据分组，EVDO A 数据包格式有 128bit、256bit、512bit、1024bit、2048bit、3072bit、4096bit 和 5120bit 共 8 种。前向业务信道根据反向上报的前向信道环境，自适应选择适当的前向发送格式。

（2）反向信道的结构

1x EV-DO 反向信道结构如图 1-27 所示，它包括接入信道和反向业务信道。

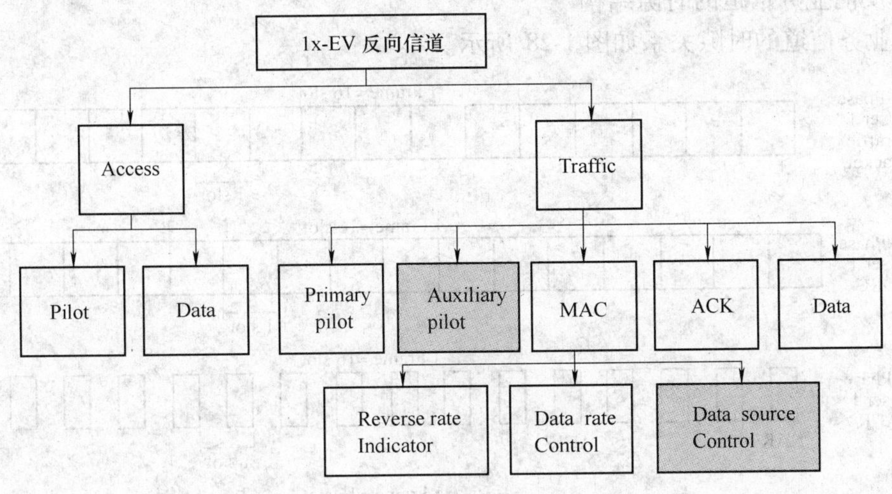

图 1-27　1x EV-DO 反向信道结构

注：灰色填充了信道只在 EV-DO RevA 中

接入信道用于传送基站对终端的捕获信息，由导频信道和数据信道组成。导频部分用于反向链路的相干解调和定时同步，以便于系统捕获接入终端；数据部分携带基站对终端的捕获信息。

反向业务信道用于传送反向业务信道的速率指示信息和来自反向业务信道 MAC 协议的数据分组，同时用于传送对前向业务信道的速率请求信息和终端是否正确接收前向业务信道数分组的指示信息。反向业务信道由导频信道、辅助导频信道、MAC 信道、ACK 信道及数据信道组成。其中，MAC 信道又分为 RRI 子信道、DRC 子信道、DSC 子信道。各子信道功能如下：

1）Primary pilot 导频子信道用于连接状态下对反向链路的相干解调和定时控制外，还可以用于链路质量估计，系统由此计算反向业务信道的闭环功率控制信息。

2）Auxiliary pilot 辅助导频子信道用于反向信道负载估计。

3）MAC 信道辅助 MAC 层完成对前反向业务信道的速率控制功能。

4）RRI 反向速率指示子信道用于指示反向业务信道数据部分的传送速率，方便基站解调。RRI 指示当前反向信道数据包大小、当前反向信道数据包编号，并独立占用一个码分信道。

5）DRC 数据速率控制子信道的主要作用是，手机根据前向导频信道测量前向信道质量，自适应确定希望获得的前向数据速率，DRC 子信道携带终端请求的前向业务信道的数据速率值及其通信基站的标识，分别用 DRCValue（申请的前向速率）和 DRCCover（希望服务的基站或扇区）表示。

6）DSC 子信道用于提前告知 AN 进行服务扇区切换，实现无缝虚拟软切换。

7）ACK 信道与反向子信道 ARQ 对应，用于指示终端是否正确接收前向业务信道数据分组，与前向 ARQ 子信道作用类似，与 DSC 信道时分复用。

数据信道用于传送来自反向业务信道 MAC 层的数据分组，其调制方式为 BPSK、QPSK、8-PSK。在第 4、8、12、16 时隙发送，见图 1-25。

（3）反向业务信道的时隙结构

反向业务信道的时隙关系如图 1-28 所示。

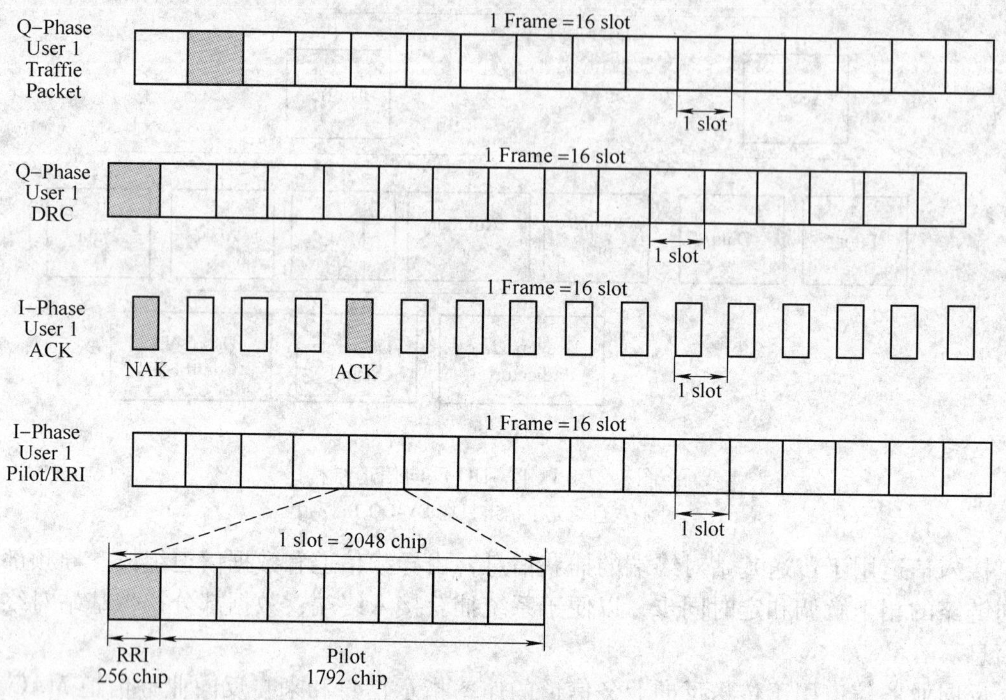

图 1-28　反向业务信道的时隙关系

1x EV-DO 反向链路以帧为单位发送。导频/RRI 与 ACK 信道合成复正交扩展器的 I 支路输入，DRC 与数据信道合成复正交扩展器的 Q 支路输入。

导频/RRI 信道连续发送。当存在反向业务信道时，每个导频/RRI 时隙的前 256 码片用于传送 RRI 信息，其余部分用于导频传送。若不存在反向业务信道，导频/RRI 信道仅用于导频传送。

ACK 信道采用门控（Gating）方式传送，工作在同步模式，与导频/RRI 时隙同步。比如，对于在时隙 n 发送的数据分组，终端在时隙 n +3 返回 ACK 信息。ACK 信息只占用应答时隙的前半段以节省终端功率。

DRC 信道既可以连续发送，也可以工作在门控方式。

1.4.3　CDMA 2000 1x EV-DO 数据业务流程

在 CDMA 2000 1XEV-DO 的数据业务流程中，无线数据用户存在以下 3 种状态。

1）激活态（Active）：AT 和 AN 之间存在空中业务信道，两边可以发送数据，A8、A10 连接保持。

2）休眠状态（Dormant）：AT 和 AN 站之间不存在空中业务信道，但是 AT 与 PDSN 之间存在 PPP 链接，A8 连接释放，A10 连接保持。

3）空闲状态（NULL）：AT 和 AN 之间不存在空中业务信道，AT 与 PDSN 之间也不存在 PPP 链接，A8、A10 连接释放。

在数据业务进行过程中，AT 可在各种状态之间切换。

1. AT 始呼流程

在鉴权成功的情况下，AT 发起的数据业务始呼流程如图 1-29 所示。

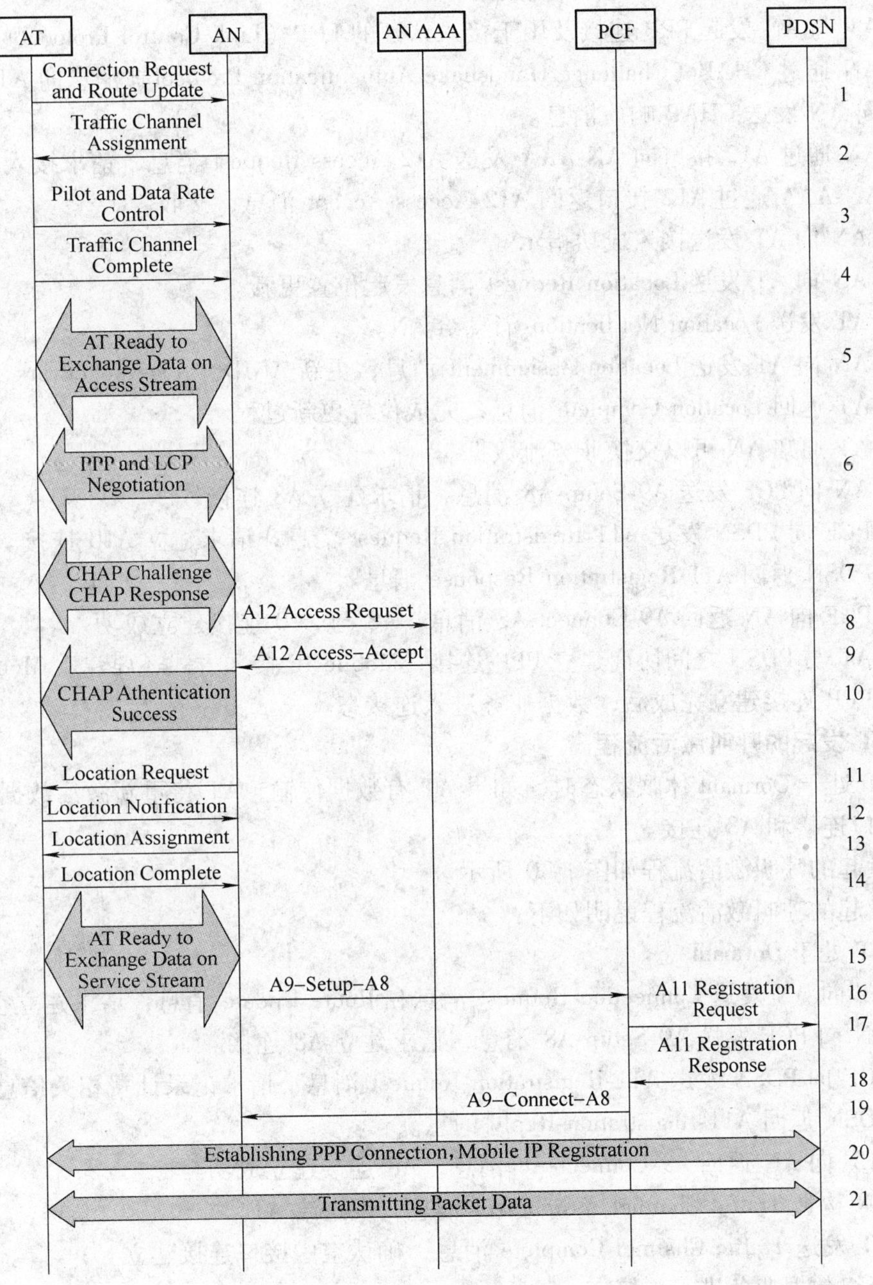

图 1-29　AT 发起的数据业务始呼流程

AT 发起的数据业务始呼流程说明如下：

1）AT 向 AN 发送 Connection Request 消息和 Route Update 消息，请求建立连接。

2）AN 构造 Traffic Channel Assignment 消息，发送给 AT。

3）AT 在反向导频和 Data Rate Control 信道上发送消息。

4）AT 发送 Traffic Channel Complete 消息，确认空中接口连接已经建立。

5）AT 与 AN 协商和交互接入流数据。

6）AT 与 AN 发起 PPP 连接及用于接入认证的 LCP（Link Control Protocol）协商。

7）AN 通过 CHAP（Challenge Handshake Authentication Protocol）消息向 AT 发起随机查询，AT 向 AN 发送 CHAP 响应消息。

8）AN 通过 A12 接口向 AN-AAA 发送 A12 Access Request 消息，请求接入。

9）AN-AAA 通过 A12 接口返回 A12 Access-Accept 消息，接收。

10）AN 向 AT 发送接入成功指示。

11）AN 向 AT 发送 Location Request 消息发起位置更新。

12）AT 发送 Location Notification 消息给 AN。

13）AN 向 AT 发送 Location Assignment 消息，更新 ANID（Access Network Identifiers）。

14）AT 返回 Location Complete 消息，完成位置更新过程。

15）AT 通知 AN 可以交换业务流数据。

16）AN 向 PCF 发送 A9-Setup-A8 消息，请求建立 A8 连接。

17）PCF 向 PDSN 发送 A11 Registration Request 消息，请求建立 A10 连接。

18）PDSN 返回 A11 Registration Response 消息。

19）PCF 向 AN 返回 A9-Connect-A8 消息，A8 与 A10 连接建立成功。

20）AT 与 PDSN 之间协商建立 PPP 连接，Mobile IP 接入方式还要建立 Mobile IP 连接。

21）PPP 连接建立完成后，数据业务进入连接态。

2. AT 发起的呼叫激活流程

在 AT 处于 Dormant 休眠状态时，如果 AT 有数据传输，AT 将重新激活数据连接，即重新建立空口连接和 A8 连接。

AT 发起的呼叫激活流程如图 1-30 所示。

AT 发起的呼叫激活流程说明如下：

1）AT 处于 Dormant 态。

2）AT 向 AN 发送 Connection Request 消息和 Route Update 消息，请求建立空口连接。

3）AN 向 PCF 发送 A9-Setup-A8 消息，请求建立 A8 连接。

4）PCF 向 PDSN 发送 A11-Registration-Request 消息，请求记录计费相关信息。

5）PDSN 返回 A11-Registration-Reply 消息。

6）PCF 向 AN 返回 A9-Connect-A8 消息，A8 连接建立成功。

7）AN 构造 Traffic Channel Assignment 消息，发送给 AT。

8）AT 发送 Traffic Channel Complete 消息，确认空中接口连接建立。

9）分组数据业务进入连接态。

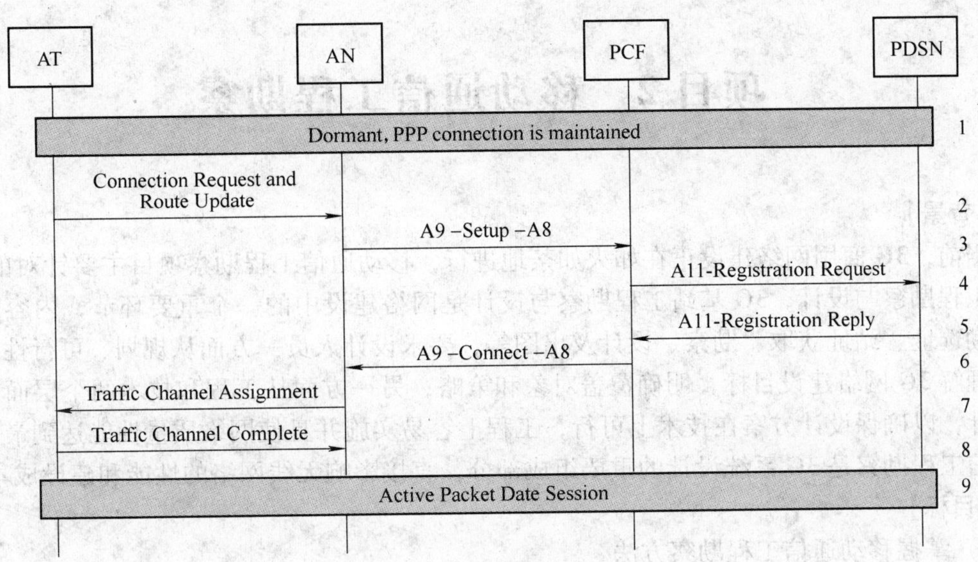

图 1-30 AT 发起的呼叫激活流程

1.5 思考与练习

1. 简述移动通信系统的发展历史。
2. 简述 3 种主流 3G 标准主要技术性能的比较。
3. 中国 3G 移动通信的频谱规划是怎样的？
4. TD-SCDMA 系统中，每载波占用的带宽是多少？码片速率是多少？最大数据传输速率是多少？
5. 画出 UTRAN 网络结构及其接口网络图，并简述各组成部分及接口的功能。
6. 画出 UTRAN 通用协议模型，简述各组成部分的功能。
7. 分别画出 Iu-CS、Iu-PS 接口协议栈结构图。
8. 画出 Iub 接口协议栈结构图，并说明 Iub 接口功能。
9. 简述 TD-SCDMA 系统的帧结构以及各个部分的作用和特点。
10. 简述 CDMA 2000 1x EV-DO 网络架构及各部分功能。
11. 简述 CDMA 2000 1x EV-DO 信道结构。

项目 2　移动通信工程勘察

【背景】

当前，3G 商用网络建设正在如火如荼地进行，移动通信工程勘察项目主要针对的是 3G 基站工程勘察与设计，3G 基站工程勘察与设计是网络建设中的一个重要环节，内容包括基站初勘选址、站址获取、勘察、设计及出图等，要求设计人员一方面从规划、可行性研究的高度理解 3G 网络建设目标，明确覆盖对象和策略；另一方面从工程和技术两个层面选址勘察设计，以确保设计方案在技术上可行，工程上容易实施并且使网络质量性能达到最优。移动通信工程勘察是 3G 系统设计的重要组成部分，直接影响无线网络的性能和建设成本。

【目标】

1）掌握移动通信工程勘察方法。

2）能执行移动通信工程勘察，完成工程勘察设计。

3）能使用 CAD 软件，完成工程勘察设计图。

2.1　情境引入

以中国移动为主导的 TD-SCDMA 商用网络建设正在进行中，在北京、上海、广州等城市都需要新建大量基站。中国移动在学校校园中需要新建 TD-SCDMA 基站，基站位置在移动通信实训室内，相关工程人员需要结合移动通信实训室内现有设备，进行基站选址、站址勘察、设计及出图，具体的操作步骤包括：实施移动通信工程勘察过程；完成移动通信工程勘察报告，完成工程勘察设计图。

2.2　任务分析

2.2.1　任务实施条件

1）相关勘察设备：数码相机、笔记本电脑、指南针、钢卷尺、绘图工具、GPS 手持机、地阻仪（可选）、频谱仪（可选）、声波或激光测距仪（可选）、当地地图。

2）维护终端（配置教师机，网络服务器，若干维护终端计算机）。

2.2.2　任务实施步骤

1）制订工作计划。

2）了解移动通信工程勘察过程，描述移动通信工程勘察过程。

3）完成移动通信工程勘察报告。

4）学习 CAD 软件的使用。

5）完成工程勘察设计图。

6）能够对项目完成情况进行评价。

7）根据项目完成过程提出问题及找出解决的方法。

8）撰写项目总结报告。

2.3 勘察知识基础

2.3.1 工程勘察定义

工程勘察是获得很多实际重要数据资料的途径，是做网络规划方案及编写工程设计文件的基础。网络规划为工程建设提供了建设方案，工程设计文件为现场工程实施提供翔实可靠的依据，是工程实施的指导性文件。本节介绍了工程现场勘察及设计的主要步骤及相关要求，为实际工程的勘察及设计实施提供参考。

2.3.2 移动通信工程勘察概述

根据工程实施进度，现场勘察可分为网络规划现场勘察和工程设计现场勘察两个阶段。

在网络规划现场勘察阶段要重点勘察周围地形地貌环境及基站安装位置情况，它可为网络规划提供第一手详尽的资料，能指导网络规划的准确性。

在工程设计现场勘察阶段主要内容是完成安装地点的室内及室外的现场勘察、网络数据采集工作，并进行数据整理，提交给网络设计人员；同时确定机房设备、天馈系统的布置方法，画出相应图样。

本项目主要针对工程设计勘察阶段的3G基站工程勘察与设计，其主要目的是完成安装地点的现场勘察；网络数据采集；确定基站所需馈线、电源线、传输线等物料的多少；确定机房设备、天馈系统的布置方法，画出相应图样。勘察原则要求尽可能全的采集所有数据，不要遗漏细微的地方。

2.3.3 勘察规范

1. 勘察人员要求

1）有丰富的安装勘察经验。

2）有责任心，工作严谨、细致。

2. 准备事项

1）仔细阅读勘察要求。

2）与相关人员联系，记录所需联系人的电话、地址、传真号等。

3）勘察设计人员外出勘察前必须按清单检查应携带物品的齐全性、完好性，原则上一人准备，另一人核对。勘察需携带物品如下：数码相机、笔记本电脑、指南针、10m 钢卷尺、绘图工具、GPS 手持机、地阻仪（可选）、频谱仪（可选）、声波或激光测距仪（可选）、当地地图。

3. 注意事项

1）勘察前协调会：项目经理、勘察人员与用户就勘察分组、勘察进程、车辆和局方陪同人员安排等问题进行沟通，统一双方思想，共同制定勘察计划，合理安排勘察路线。勘察过程中如有疑问，应即时与相关人员沟通，及时与工程项目经理联系。

2）勘察内容、设计方案（设备安装草图）等信息需现场与用户、设计院沟通确认。

3）对机房原有设备，特别是运行中的设备，一定要小心。严禁触动其他厂家设备，同时注意保持环境整洁。

4）设计文件是交给现场工程师进行工程督导的文件，内容要求简洁、明了。

5）勘察人员当日必须整理次日所用工具、材料，确保次日工作不受影响。

6）外出勘察时要注意生命财产安全，特别是交通安全。

4. 数据预处理

勘察人员须整理当日所收集的原始数据并输入照片、保存原始数据。每日对勘察情况开会总结，做工作日志。

5. 勘察记录

勘察人员应认真填写现场勘察记录，要求翔实、准确、不遗漏。填写《工程现场勘察报告》并做出信息汇总表格。

2.3.4 勘察流程

1. 室外环境勘察

在选定基站前应先确定站点所处位置地貌归属。

地貌大致可分为以下5类。

1）密集市区：高楼商厦（20层以上）云集区域。

2）市区：一般市区，偶有高楼但较分散。

3）郊区、县城、大镇：楼房6层左右。

4）远郊、小镇：楼房2~6层。

5）旷野、农村、公路站：楼房较少，并分散。

其次应观察并记录基站周围环境情况。观察周围有没有需要重点覆盖的地方（如国道、省道、高速公路、繁华商业区）；是否有高大建筑物的遮挡；是否有大面积的水面、树林（树木种类为落叶/常青）等。

2. 机房勘察

勘察机房情况，确定设备安装位置及设备传输、电源的引接。勘察内容如下。

1）观察机房整体形状，绘制机房平面草图。

2）记录门窗的位置及机房净高（记录门的尺寸，确保设备顺利出入）。

3）如有柱子或承重梁，记录柱子和承重梁的位置。

4）记录主要设备位置（先地面、后墙上）。

5）记录辅助设备位置（先地面、后墙上）。

6）记录走线架、馈线洞、接地排位置（确认是否还须增加走线架、馈线洞、接地排，并记录走线架走势图）。

7）一边记录一边询问传输、电源的情况。

8）及时确定新建设备位置（初步确定安装位置，并留好余地，以便于调试及排除故障）。

记录内容及格式详见《工程现场勘察报告》。

注意事项：

1）机房是否完成室内装修和清洁？

2）地面承重是否满足要求？

3）空间是否满足要求？

4）是否提供符合原邮电部标准的空调、照明和消防设施？

5）设备机房需配备 -48V 直流供电电源。安装直流电源配电设备和过电流保护器，并配备蓄电池组。

6）设备机房内的接地线要求接地电阻 $<5\Omega$，接地汇流排应设在走线架下部机房墙面上，以便设备接地线的安装。

7）馈线窗规格：宽 × 高为 325mm × 225mm（或视具体情况而定）。

基站机房要求：

1）机房的高度（有效高度）：应不低于 3m。

2）机房地面的承载能力：应不小于 425kg/m 。

3）基站机房温湿度要求：

ⓐ 室内部分（基站主设备为室内设备）。

环境温度：-5 ~ +40℃。

相对湿度：15% ~ 85%。

ⓑ 室外部分（天线子系统设备为室外设备）。

环境温度：-35 ~ +55℃。

相对湿度：5% ~100%。

3. 天馈勘察

1）测量经纬度。要求在机房附近无遮挡的地方进行测量，GPS 手持机必须收到四颗卫星以上的信号，在 GPS 显示读数稳定时读出经纬度。

2）环境勘察。

认真观察周围环境，找一个相对较高的地方，以磁北为0°，从0°开始每隔45°拍摄图片一张；此外拍摄基站安装地点（建筑物或铁塔）照片；如安装地点已有天线，需拍摄现有天线安装情况照片。整理照片，每个基站建一个文件夹，文件夹名称取为基站名称；照片名称如下：周围环境从0°开始顺时针旋转，名称依次为“0”、“45”、“90”、“135”、“180”、“225”、“270”、“315”，分别代表北、东北、东、东南、南、西南、西、西北方向；基站安装地点名称为“XX 基站”；天线安装名称为“天线安装”。按东西南北方向详细记录基站周围 300m 或 600m 内环境情况。

3）天馈勘察。

① 观察屋面或塔的位置。

② 明确机房与天线所在地的相对位置。

③ 及时确定天线位置、方向等。

④ 确定馈线走向及走线方式。

⑤ 要求所测量数据能够计算出馈线长度。

绘制天线情况草图，在安装俯视草图上标明天线安装具体位置及馈线走线路由。

勘察注意事项：

1）天线安装选位。

尽量远离其他发射系统，应保证天线足够的安装空间。

2）天线挂高。

天线挂高指天线中心位置距地面高度，在市区，天线挂高应大致一致。密集市区，平均挂高 30～35m；一般城区，平均挂高 35～40m；郊区及乡村等地天线可较高，以获得大覆盖。

3）天线方位角。

天线方位角主要由用户所需覆盖方向而定，指天线主瓣水平指向。方位角以磁北为基准，测量时应使用防磁指南针；天线方位角指向区域应无近距离阻挡物。

4）天线下倾角。

天线下倾角指天线主瓣垂直指向。可根据基站预期覆盖范围及基站天线挂高，综合考虑初步确定下倾角度。

5）天线相关参考安装图例。

抱杆底座式方案适用场合为楼顶平台，空间较宽裕，天线安装地点相对分散。结构形式为 3in 抱杆加十字槽钢底座并配合预制水泥墩。抱杆底座式方案如图 2-1 所示。

抱杆贴墙式方案适合楼顶女儿墙较高（大于 1.2m），且女儿墙墙体材料为实心黏土砖或混凝土浇注，建筑结构牢固，结构形式为 3 in 抱杆贴墙放置，由 3～4 个钢箍固定在女儿墙墙面。抱杆贴墙式方案如图 2-2 所示。

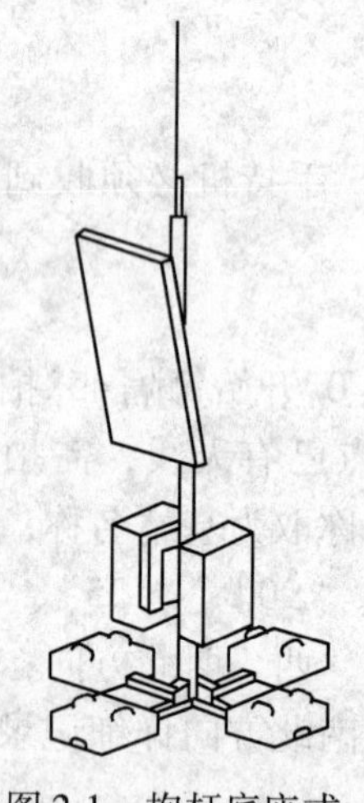

图 2-1　抱杆底座式

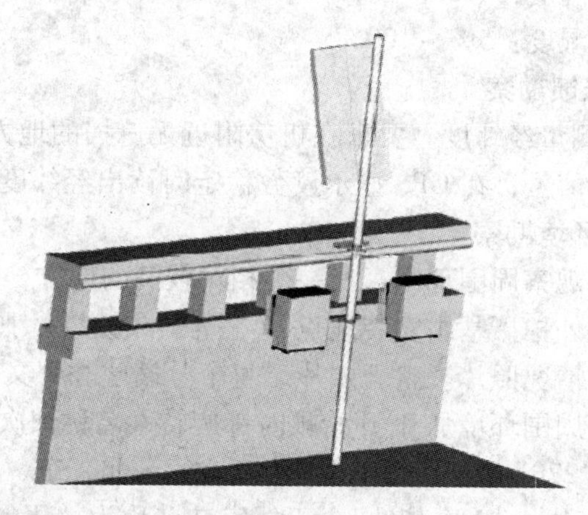

图 2-2　抱杆贴墙式

轻型塔方案适合在楼顶有一定空间（大于 $4m^2$），但并不宽裕的情况下架设天线。材料为专用角钢组装，运输灵活方便，也便于现场操作。

4. GPS 天线选位

GPS 天线用于接收 GPS 卫星信号，为基站提供定时。为使 GPS 天线能够收到 GPS 卫星的信号，GPS 天线不能受到阻挡，GPS 至少与 4 颗卫星保持直线无遮挡连接，以正确解码。如果不能做到完全无阻挡，应尽量找一个位置使 GPS 周围 10°以上半球体的视线区域内的阻挡小于 25%，且该 25% 阻挡应分布在两个 1/4 的球体中。

选位原则：

1）GPS 天线不应是本区域内的最高物体，应位于合适高度以避免雷击。GPS 高度示例如图 2-3 所示。

2）GPS 天线抱杆应垂直地面安装，误差不超过 ±2°，并且要有可靠的接地。

3）GPS 应处于受接地保护的锥形中。接地保护锥形区域如图 2-4 所示。

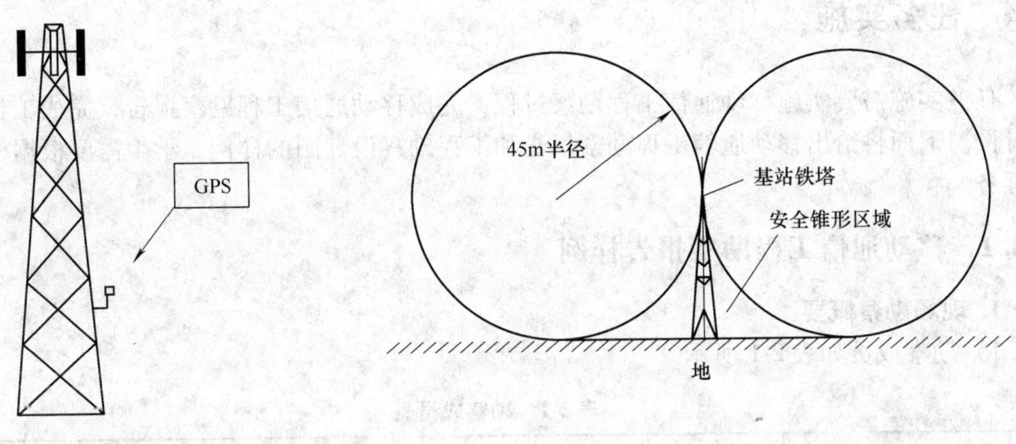

图 2-3　GPS 高度示例

图 2-4　接地保护锥形区域

4）如在北半球（中国），在塔上安装 GPS 天线，应使 GPS 天线位于铁塔最面向南方一角并保持与铁塔 1m 间距。

5）GPS 天线从水平或垂直方向上应远离任何基站发射天线 3m 以上。

5. 勘察资料整理

勘察完毕后应及时整理勘察资料，提交《工程现场勘察报告》，为工程施工提供资料。

2.3.5　设计原则

编制设计方案应遵循以下原则：

(1）室内设计

基站在机房内占据的最小面积要根据设备说明书得到，设备机架的前面应留有大于 0.8m 的空间，以便开启设备的前门进行安装维护；设备机架的后部应留有大于 0.6m 的空间，以便基站设备通风及操作维修人员工作。蓄电池尽量靠墙放置，或放在承重梁上。机房内安装设备的正上方应架设线缆走线架，保证从基站设备顶部输出的线缆安装可靠、维护方便。走线架的高度距地面至少为 2.2m 左右，宽度为 0.5m。机房天馈线进口应设置在近邻线缆走线架的上方，并配有防水和密封装置。机房的门窗应具有较好的密封防尘功能和防盗装置。机房的地面应铺设防静电地板，地板下面为混凝土基础（防静电地板与混凝土基础之间没有空隙），要求混凝土的标号大于 250 号，能够固定钢膨胀螺栓。机房内应具备良好的照明灯光，四周墙面应安装 220V 电源插座（三芯）。机房四周墙面和顶棚应粉刷并要求干净、整洁。设计时应注意信号缆线与电源线在走线架上要分开布放，以减少干扰；且应扎绑，扎绑扣应松紧适中；所放缆线应顺直、整齐、下线按顺序。

（2）室外设计

设计馈线架走向时，要考虑到施工的便利，馈线尽量走短的路线，弯曲次数要少。计算馈线长度时，要精确计算每一根馈线的长度，在此基础上增加5% ~10%的余量。馈线洞的位置设在破墙较容易的地方，避开承重梁。馈线洞下沿的高度应与室内走线架的相配合（一般室内走线架应低于馈线洞下沿50mm），室外走线架宽度为0.4m。

2.4 任务实施

任务实施需要实施移动通信工程勘察过程，完成移动通信工程勘察报告，完成工程勘察设计图。下面将给出移动通信工程勘察报告和工程勘察设计图的样例，学生需要根据样例完成任务。

2.4.1 移动通信工程勘察报告样例

1. 现场勘察概要

1）勘察成员如表2-1所示。

表2-1 勘察成员表

勘 察 人	单位（部门）	电话/传真	电子邮件
李卫	某工程公司		

2）勘察修订如表2-2所示。

表2-2 勘察修订表

勘 察	日 期	内 容	备 注
首次勘察	某年某月某日		

3）编制说明。

勘察人员在相应勘察项目选项上作相应选择。

对于新建房（塔）平面图，原则上由客户/设计院提供建筑图样，如果不能获得建筑图样，现场勘察人员应画出机房的平面草图。

不论哪种图样，在机房平面图上，都应该标注设备摆放位置和各个方向的尺寸。

最终的图样交勘察各方签字确认。

对于报告中未能约定的内容以最终书面确认为准。

2. 勘查报告

1）勘察项目如表2-3所示。

表 2-3　勘察项目表

站名：北京市 A 路 B 号	基站编号：______	基站类型：TNB610
地址（具体门牌号）：北京市 A 路 B 号 6605		日期：某年某月某日

勘察结果如表 2-4 所示。

表 2-4　勘察结果表

项　　目	勘察结果（OK/NOK）	情况综述
1）现场位置及大楼	OK	
2）室内安装条件	OK	
3）室外安装条件	OK	
4）可用电力	OK	
5）接地、防雷系统	OK	
6）传输	OK	
7）工作环境	OK	
8）空调器	OK	
9）注解		

2）勘察确认。

以上勘察项目经某工程公司移动现场工程代表和客户代表确认已经完成，勘察数据见勘察记录。勘察确认如表 2-5 所示。

表 2-5　勘察确认表

移动现场工程代表	李卫	客户代表	王刚
日期		日期	

3. 勘察记录

1）现场位置及概述如表 2-6 所示。

表 2-6　现场位置及概述

编　　号	项　　目	描　　述	备　　注
3. 1. 1	地理位置	经度：116. 283923　纬度：39. 581987	
3. 1. 2	海拔	41 m	
3. 1. 3	大楼管理办公室	联系人　　电话	

2）室外覆盖区域及楼宇详情如表 2-7 所示。

表 2-7　室外覆盖区域及楼宇详情

编　　号	项　　目	描　　述	备　　注
3.2.1	区域类型	区域类型属于＿2＿ 1）密集市区：高楼商厦（20 层以上）云集区域 2）市区：一般市区，偶有高楼但较分散 3）郊区、县城、大镇：楼房 6 层左右 4）远郊、小镇、楼房 2～6 层 5）旷野、农村、公路站：楼房较少，并分散 6）高速 7）铁路 8）景区	
3.2.2	现场大楼的状态	现存（层数＿1＿层高＿3＿m　楼高＿3＿m）	如有预期的楼宇结构变更，请备注

3）NodeB 设备机房如表 2-8 所示。

表 2-8　Node B 设备机房表

编　　号	项　　目	描　　述	备　　注
3.3.1	机房类型	☑1）室内机房　☐2）室内竖井　☐3）室外型	
3.3.2	Node B 机房位置	在＿1＿层＿预制板＿房间	
3.3.3	Node B 机房占有	☐1）独点　☑2）与其他设备共用	
3.3.4	Node B 机房结构	结构＿3）＿ 1）现浇　2）预制板　3）通信机房　4）电梯机房 5）平房　6）楼顶简易房　7）其他＿＿	
3.3.5	顶棚	是否有顶棚：☐1）是　☑2）否	
3.3.6	地面结构	结构：＿3）＿ 1）混凝土　2）木质地板 3）架空防静电地板（架空高度＿0.5＿m） 4）其他＿＿	
3.3.7	电缆走线架	走线架是否需要新建：☐1）是　☑2）否	
3.3.8	馈线窗	是否需要增加馈线窗：☐1）是　☑2）否	

4）室外安装条件如表 2-9 所示。

表 2-9　室外安装条件

<table>
<tr><th colspan="2">编　　号</th><th colspan="4">描　　述</th><th>备　　注</th></tr>
<tr><td>3.4.1</td><td>天线安装</td><td colspan="4">地面塔：
平台数量________各平台高度________m
塔高于地平线的高度：________m
平台占用情况________
1）占用（________系统________付天线）　2）未占用
本次利用平台________
该平台可利用空余抱杆________
需新增抱杆________
是否计划增加平台________1）是　2）否
楼顶塔：
楼高________m
平台数量________各平台距屋顶高度________m
塔高于屋顶的高度：________m
女儿墙抱杆：
女儿墙高度________m
是否需要增加抱杆________数量________个
抱杆长度________m
落地式抱杆：
是否需要增加抱杆___是___数量___3___个
抱杆长度___3___m
屋顶增高架
高度________m　天线安装高度________m</td><td>从中选择使用的天线安装方式填写</td></tr>
<tr><td>3.4.2</td><td>GPS</td><td colspan="4">是否需要新增 GPS 天线抱杆或底座 ☑ 1）是　☐ 2）否</td><td></td></tr>
<tr><td>3.4.3</td><td>覆盖目标</td><td colspan="4"></td><td></td></tr>
<tr><td rowspan="3">3.4.4</td><td rowspan="3">天线方位角（度）</td><td></td><td>S1</td><td>S2</td><td>S3</td><td rowspan="3"></td></tr>
<tr><td>设计值</td><td>0</td><td>120</td><td>240</td></tr>
<tr><td>勘察值</td><td>0</td><td>120</td><td>240</td></tr>
<tr><td rowspan="3">3.4.5</td><td rowspan="3">天线下倾角（度）</td><td></td><td>S1</td><td>S2</td><td>S3</td><td rowspan="3"></td></tr>
<tr><td>设计值</td><td></td><td></td><td></td></tr>
<tr><td>勘察值</td><td></td><td></td><td></td></tr>
<tr><td>3.4.6</td><td>室外走线架</td><td colspan="4">是否需要新增室外走线架 ☐ 1）是　☑ 2）否</td><td></td></tr>
</table>

5）需要安装的设备如表 2-10 所示。

表 2-10 需要安装的设备表

编　号	项　目	描　述	备　注
3.5.1	基站	类型选择：TNB610 数量___1___台 配置___S333___ 安装方式：___3）___ 1）水平安装 2）落地安装 3）综合柜内 4）其他	
3.5.2	天线	1）类型：___B___ A. 全向；　B. 定向（扇区数___3___） 2）型号___平板智能天线子系统___　___3___付	
3.5.3	外部告警	已经有外部告警系统　☑1）是　☐2）否 外部告警信息通过 NB 来传递　☑1）是　☐2）否	

6）供电系统如表 2-11 所示。

表 2-11 供电系统

编　号	项　目	描　述	备　注
3.6.1	机房内供电情况	供电情况___3）___ 1）220V 工作电源 2）380V 工作电源 3）___－48___V 直流电源 剩余容量是否满足需求　☐1）有　☑2）无 接线柱有空位　☑1）有　☐2）无	
3.6.2	交（直）流配电箱	☑1）有　☐2）无	

7）接地、防雷系统如表 2-12 所示。

表 2-12 接地、防雷系统

编　号	项　目	描　述	备　注
3.7.1	机房内接地排	现存___1___计划增加___0___	
3.7.2	馈线室外接地排	现存___1___计划增加___0___	
3.7.3	室外接地连接	已有室外接地系统___1）___ 1）是　2）否　3）不可用　4）需要改进 已有室外接地排___1）___ 1）是　2）否　3）不可用　4）需要改进 （空余位置___a___a. 是　b. 否） 铁塔本身已经接地___1）___ 1）是　2）否　3）不可用　4）需要改进 对室外接地系统的评估结果为___1）___ 1）好　2）一般可用　3）不可用	

8）传输如表 2-13 所示。

表 2-13　传输表

编　号	项　目	描　述	备　注
3. 8. 1	传输方式	现用传输方式＿3）＿ 1）微波　2）光端机　3）同轴电缆　4）其他	
3. 8. 2	机房内传输	配线架情况：＿A＿ A. 75Ω 不平衡　接头类型＿b＿ a. BNC　b. L9　c. 其他类型 B. 120Ω 平衡 a. 焊接　b. 卡线　c. 绕线连接线径 C. 光端机接口： a. LC　b. FC　c. SC 局方配线架可利旧 A. E1 接口数＿＿＿ B. 光端机接口＿＿＿	

9）工作环境如表 2-14 所示。

表 2-14　工作环境表

编　号	项　目	描　述		备　注
3. 9. 1	停车及货物运输			
3. 9. 2	进入/材料运输	☑ 1）开箱前运输	☐ 2）开箱后运输	
3. 9. 3	垂直搬运	☐ 1）电梯	☑ 2）楼梯	
3. 9. 4	空调	☑ 1）有	☐ 2）无	
3. 9. 5	密封	☑ 1）密封	☐ 2）需要密封	
3. 9. 6	灭火器	☑ 1）有	☐ 2）无	

10）线缆长度汇总表如表 2-15 所示。

表 2-15　线缆长度汇总表

名　称	扇区/m			说　明	备　注
GPS 馈线	GPS1 馈线长度	GPS2 馈线长度		有备用 GPS 时需要填写 GPS2 的长度	
	15				
主设备直流电源线	类型：D-SUB 两芯直流电源线			电源至 NodeB 设备	
	长度：6				
直流电源线	0V（蓝，16 平）	−48V（红，16 平）		电源至直流防雷盒设备 电源至 19 英寸机架	
	6	6			
地线长度	类型：RVVZ（单芯，25 平，黄绿）			用做 Node B 主设备保护接地、直流防雷盒接地、GPS 防雷接地等	
	长度：50 + 15				
传输线长度	类型：16 芯 75Ω 同轴电缆			所需传输线总长度及采用的类型（光纤及接口类型、75Ω、120Ω 等）	
	长度：15				
其他	法兰盘	类型：	数量：	用于我司尾纤和局方裸纤连接	

11）备注（未尽事宜请在此说明）。

12）Node B 机房内部照片如表 2-16 所示。

表 2-16　Node B 机房内部照片表

左上角	左下角

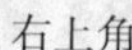右上角	右下角

13）环拍图汇总如表 2-17 所示。

表 2-17　环拍图汇总表

0°	45°

（续）

2.4.2 工程勘察设计图样例

根据工程勘察报告，需要完成工程勘察设计图。下面给出工程勘察设计图的样例，要求绘制机房平面情况，确定设备安装位置。工程勘察设计图样例 1 如图 2-5 所示；工程勘察设计图样例 2 如图 2-6 所示。

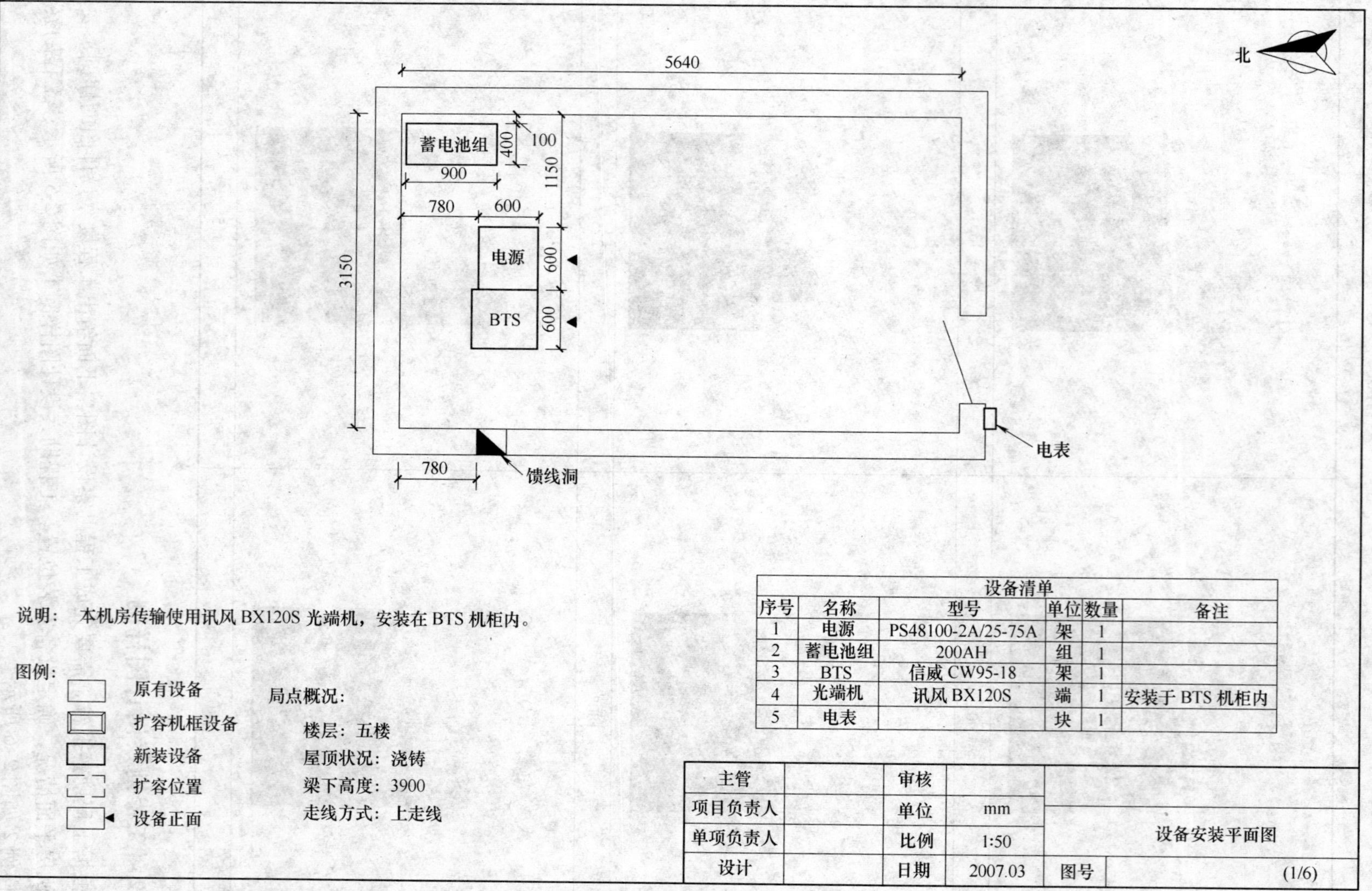

设备清单

序号	名称	型号	单位	数量	备注
1	电源	PS48100-2A/25-75A	架	1	
2	蓄电池组	200AH	组	1	
3	BTS	信威 CW95-18	架	1	
4	光端机	讯风 BX120S	端	1	安装于 BTS 机柜内
5	电表		块	1	

主管		审核		
项目负责人		单位	mm	设备安装平面图
单项负责人		比例	1:50	
设计		日期	2007.03	图号 (1/6)

图 2-5　工程勘察设计图样例1

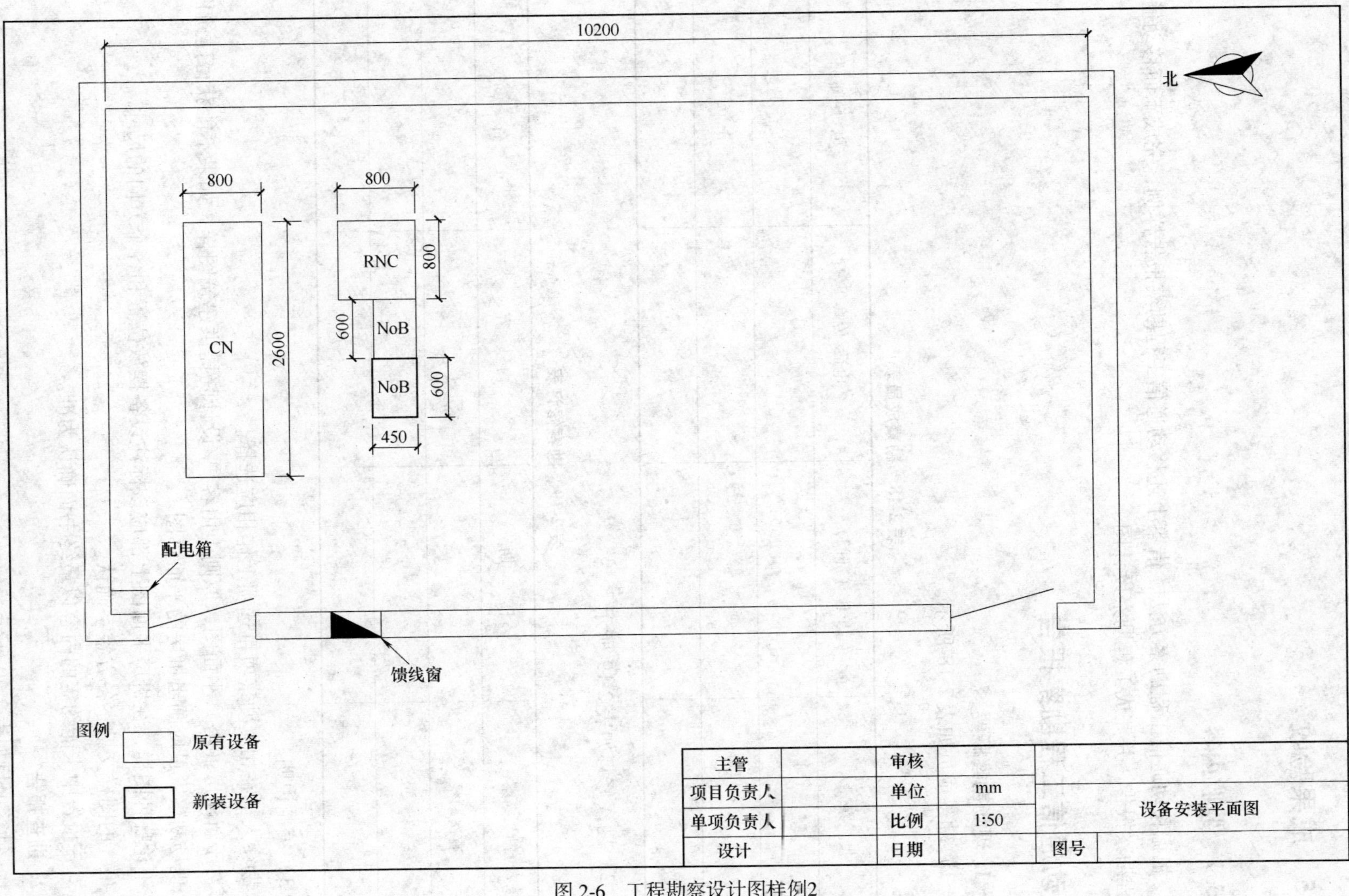

图 2-6　工程勘察设计图样例2

2.5 成果验收

2.5.1 验收内容

根据移动通信工程勘察方法，借鉴上述移动通信工程勘察报告样例，完成下面移动通信工程勘察报告，并完成工程勘察设计图。

移动通信工程勘察报告

1. 现场勘察概要

1）勘察成员如表2-18所示。

表2-18 勘察成员表

勘 察 人	单位（部门）	电话/传真	电 子 邮 件

2）勘察修订如表2-19所示。

表2-19 勘察修订表

勘 察	日 期	内 容	备 注
首次勘察			

3）编制说明。

勘察人员在相应勘察项目选项上作相应选择。

对于新建房（塔）平面图，原则上由客户/设计院提供建筑图样，如果不能获得建筑图样，现场勘察人员应画出机房的平面草图。

不论哪种图样，在机房平面图上都应该标注设备摆放位置和各个方向的尺寸。

最终的图样交勘察各方签字确认。

对于报告中未能约定的内容以最终书面确认为准。

2. 勘查报告

1）勘察项目如表2-20所示。

表 2-20 勘察项目表

站名：________	基站编号：______	基站类型：______
地址（具体门牌号）：________		日期：________

勘察结果如表 2-21 所示。

表 2-21 勘察结果表

项　　目	勘察结果（OK/NOK）	情 况 综 述
1）现场位置及大楼	________	
2）室内安装条件		
3）室外安装条件		
4）可用电力		
5）接地、防雷系统		
6）传输		
7）工作环境		
8）注解		

2）勘察确认。

以上勘察项目经某工程公司移动现场工程代表和客户代表确认已经完成，勘察数据见勘察记录。勘察确认如表 2-22 所示。

表 2-22 勘察确认表

移动现场工程代表		客户代表	
日期		日期	

3. 勘察记录

1）现场位置及概述如表 2-23 所示。

表 2-23 现场位置及概述

编　号	项　目	描　述	备　注
3.1.1	地理位置	经度：______ 纬度：______	
3.1.2	海拔	______m	
3.1.3	大楼管理办公室	联系人　　　　电话	

2）室外覆盖区域及楼宇详情如表 2-24 所示。

表 2-24 室外覆盖区域及楼宇详情

编　号	项　目	描　述	备　注
3.2.1	区域类型	区域类型属于________ 1）密集市区：高楼商厦（20层以上）云集区域 2）市区：一般市区，偶有高楼但较分散 3）郊区、县城、大镇：楼房6层左右 4）远郊、小镇、楼房2~6层 5）旷野、农村、公路站：楼房较少，并分散 6）高速 7）铁路 8）景区	
3.2.2	现场大楼的状态	现存（层数________层高________m　楼高________m）	如有预期的楼宇结构变更，请备注

3）Node B 设备机房如表 2-25 所示。

表 2-25 Node B 设备机房表

编　号	项　目	描　述	备　注
3.3.1	机房类型	□1）室内机房　□2）室内竖井　□3）室外型	
3.3.2	Node B 机房位置	在________层________房间	
3.3.3	Node B 机房占有	□1）独点　□2）与其他设备共用	
3.3.4	Node B 机房结构	结构________ 1）现浇　2）预制板　3）通信机房　4）电梯机房 5）平房　6）楼顶简易房　7）其他________	
3.3.5	顶棚	是否有顶棚：□1）是　□2）否	
3.3.6	地面结构	结构：________ 1）混凝土　2）木质地板 3）架空防静电地板（架空高度________m） 4）其他________	
3.3.7	电缆走线架	走线架是否需要新建：□1）是　□2）否	
3.3.8	馈线窗	是否需要增加馈线窗：□1）是　□2）否	

4）室外安装条件如表 2-26 所示。

表 2-26 室外安装条件

<table>
<tr><th colspan="2">编 号</th><th colspan="4">描 述</th><th>备 注</th></tr>
<tr><td>3.4.1</td><td>天线安装</td><td colspan="4">地面塔：
平台数量________各平台高度________m
塔高于地平线的高度：________m
平台占用情况________
1）占用（________系统________付天线） 2）未占用
本次利用平台________
该平台可利用空余抱杆________
需新增抱杆________
是否计划增加平台________1）是 2）否
楼顶塔：
楼高________m
平台数量________各平台距屋顶高度________m
塔高于屋顶的高度：________m
女儿墙抱杆：
女儿墙高度________m
是否需要增加抱杆________数量________个
抱杆长度________m
落地式抱杆：
是否需要增加抱杆________数量________个
抱杆长度________m
屋顶增高架
高度________m 天线安装高度________m</td><td>从中选择使用的天线安装方式填写</td></tr>
<tr><td>3.4.2</td><td>GPS</td><td colspan="4">是否需要新增 GPS 天线抱杆或底座 □1）是 □2）否</td><td></td></tr>
<tr><td>3.4.3</td><td>覆盖目标</td><td colspan="4"></td><td></td></tr>
<tr><td rowspan="3">3.4.4</td><td rowspan="3">天线方位角（度）</td><td></td><td>S1</td><td>S2</td><td>S3</td><td rowspan="3"></td></tr>
<tr><td>设计值</td><td></td><td></td><td></td></tr>
<tr><td>勘察值</td><td></td><td></td><td></td></tr>
<tr><td rowspan="3">3.4.5</td><td rowspan="3">天线下倾角（度）</td><td></td><td>S1</td><td>S2</td><td>S3</td><td rowspan="3"></td></tr>
<tr><td>设计值</td><td></td><td></td><td></td></tr>
<tr><td>勘察值</td><td></td><td></td><td></td></tr>
<tr><td>3.4.6</td><td>室外走线架</td><td colspan="4">是否需要新增室外走线架 □1）是 □2）否</td><td></td></tr>
</table>

5）需要安装的设备如表 2-27 所示。

表 2-27　需要安装的设备表

编　号	项　目	描　述	备　注
3.5.1	基站	类型选择：________ 数量________台 配置________ 安装方式：________ 1）水平安装 2）落地安装 3）综合柜内 4）其他	
3.5.2	天线	1）类型：________ A. 全向；　B. 定向（扇区数________） 2）型号________________　________付	
3.5.3	外部告警	已经有外部告警系统　□1）是　□2）否 外部告警信息通过 NB 来传递　□1）是　□2）否	

6）供电系统如表 2-28 所示。

表 2-28　供电系统

编　号	项　目	描　述	备　注
3.6.1	机房内供电情况	供电情况________ 1）220V 工作电源 2）380V 工作电源 3）________V 直流电源 剩余容量是否满足需求　□1）有　□2）无 接线柱有空位　□1）有　□2）无	
3.6.2	交（直）流配电箱	□1）有　□2）无	

7）接地、防雷系统如表 2-29 所示。

表 2-29　接地、防雷系统

编　号	项　目	描　述	备　注
3.7.1	机房内接地排	现存________计划增加________	
3.7.2	馈线室外接地排	现存________计划增加________	
3.7.3	室外接地连接	已有室外接地系统________ 1）是　2）否　3）不可用　4）需要改进 已有室外接地排________ 1）是　2）否　3）不可用　4）需要改进 （空余位置________a. 是　b. 否） 铁塔本身已经接地________ 1）是　2）否　3）不可用　4）需要改进 对室外接地系统的评估结果为________ 1）好　2）一般可用　3）不可用	

8）传输如表2-30所示。

表2-30 传输表

编　号	项　目	描　述	备　注
3.8.1	传输方式	现用传输方式________ 1）微波　2）光端机　3）同轴电缆　4）其他	
3.8.2	机房内传输	配线架情况：________ A. 75Ω不平衡　接头类型________ a. BNC　b. L9　c. 其他类型 B. 120Ω平衡 a. 焊接　b. 卡线　c. 绕线连接线径 C. 光端机接口： a. LC　b. FC　c. SC 局方配线架可利旧 D. E1接口数________ E. 光端机接口________	

9）工作环境如表2-31所示。

表2-31 工作环境表

编　号	项　目	描　述		备　注
3.9.1	停车及货物运输			
3.9.2	进入/材料运输	1）开箱前运输	2）开箱后运输	
3.9.3	垂直搬运	1）电梯	2）楼梯	
3.9.4	空调	1）有	2）无	
3.9.5	密封	1）密封	2）需要密封	
3.9.6	灭火器	1）有	2）无	

10）线缆长度汇总表如表2-32所示。

表2-32 线缆长度汇总表

名　称	扇区/m			说　明	备　注
GPS馈线	GPS1馈线长度	GPS2馈线长度		有备用GPS时需要填写GPS2的长度	
主设备直流电源线	类型：			电源至Node B设备	
	长度：				
直流电源线	0V（蓝，16平）	−48V（红，16平）		电源至直流防雷盒设备 电源至19英寸机架	
地线长度	类型：			用做Node B主设备保护接地、直流防雷盒接地、GPS防雷接地等	
	长度：				
传输线长度	类型：			所需传输线总长度及采用的类型（光纤及接口类型、75Ω、120Ω等）	
	长度：				
其他	法兰盘	类型：	数量：	用于我司尾纤和局方裸纤连接	

11）备注（未尽事宜请在此说明）。

12）Node B 机房内部照片如表 2-33 所示。

表 2-33　Node B 机房内部照片表

左上角	左下角
右上角	右下角

13）环拍图汇总如表 2-34 所示。

表 2-34　环拍图汇总表

0°	45°

（续）

90°	135°
180°	225°
270°	315°

2.5.2 验收标准

验收标准如表 2-35 所示。

表 2-35　验收标准

验收内容		分　值	自我评价	小组评价	教师评价
工作计划		5			
勘察报告	环境勘察	10			
	设备与供电，接地	10			
	线缆勘察	5			
	其他内容	5			
工程勘察设计图	机房比例尺寸正确	10			
	现有设备比例尺寸正确	10			
	安装设备的位置尺寸符合要求	10			
安全文明生产	安全、文明的操作	4			
	有无违纪和违规现象	3			
	良好的职业操守	3			
学习态度	不迟到，不缺课，不早退	4			
	学习认真，责任心强	3			
	积极参与完成项目	3			
项目总结报告	对项目完成情况进行评价	10			
	提出问题及找出解决的方法	5			
自我，小组，教师评价分别总计得分					
总分					

2.6　思考与练习

1. 工程勘察的定义是什么？
2. 移动通信工程勘察可分为哪两个阶段，分别要完成什么工作？
3. 移动通信工程勘察需要携带的物品包括哪些？
4. 移动通信工程勘察中，机房勘察包括哪些内容？
5. 移动通信工程勘察中，天线安装有哪些方式？
6. 进行移动通信工程勘察设计的时候，室外设计和室内设计各有哪些原则？

项目 3　中兴 TD-SCDMA 基站设备硬件结构与安装

【背景】

TD-SCDMA 第三代移动通信系统由核心网（CN）、无线接入网（UTRAN）和手机终端（UE）三部分组成。其中无线接入网（UTRAN）主要由无线网络控制器（RNC）和基站（Node B）组成，完成呼叫处理、无线资源分配管理、终端移动性管理、小区切换控制和无线接入的功能。网络结构如图 3-1 所示。

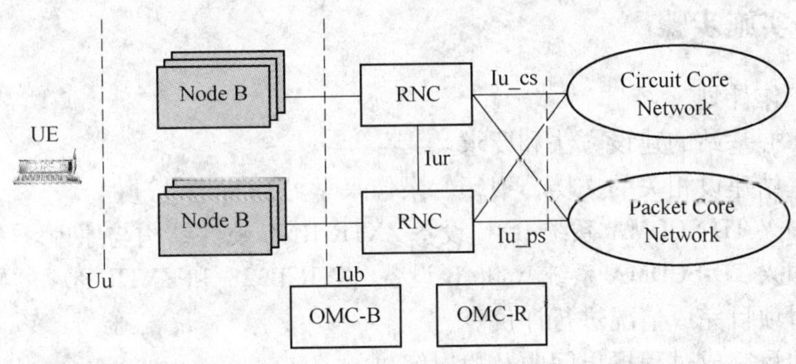

图 3-1　网络结构示意图

无线网络控制器 RNC 主要负责无线资源的管理。它一方面通过 Iu 接口同电路域和分组域核心网相连；另一方面负责管理和控制 Node B，并负责空中接口与 UE 之间的物理层以上的协议处理。

基站 Node B 的主要功能是进行空中接口的物理层处理，包括信道编码和交织、速率匹配、扩频、联合检测、智能天线、上行同步等，也执行一些基本的无线资源管理，例如功率控制等。

【目标】

1）掌握基站的建设方法和要求。

2）掌握中兴 TD-SCDMA 系统 RNC 设备 ZXTR RNC 硬件结构与原理。

3）掌握中兴 TD-SCDMA 系统 NodeB 设备 ZXTR B328 和 ZXTR R04 的硬件结构与原理。

3.1　情境引入

在基站建设过程中，掌握基站的建设方法和要求以及掌握相关设备硬件结构与原理是完成基站建设的基础，掌握上述的内容才能正确地完成基站的硬件安装，完成硬件安装后才可以进一步进行设备的软件配置，最终实现基站设备的安装建设。本项目具体的内容包括 TD 基站建设的要求和中兴 TD-SCDMA 系统 RNC 和 NodeB 设备硬件结构与原理。

3.2 任务分析

3.2.1 任务实施条件

1）中兴 TD-SCDMA 系统 RNC 设备 ZXTR RNC；中兴 TD-SCDMA 系统 NodeB 设备 ZXTR B328 和 ZXTR R04。

2）在没有真实设备的情况下，本项目可以采用中兴 TD-SCDMA 实验仿真教学软件 Vbox 来进行教学。

3.2.2 任务实施步骤

1）制订工作计划。

2）描述掌握基站的建设方法和要求。

3）通过基站建设相关的文档、视频、录像来学习基站建设过程。

4）说明中兴 TD-SCDMA 系统 RNC 设备 ZXTR RNC 硬件结构与原理。

5）说明中兴 TD-SCDMA 系统 Node B 设备 ZXTR B328 和 ZXTR R04 的硬件结构。

6）能够对项目完成情况进行评价。

7）根据项目完成过程提出问题及找出解决的方法。

8）撰写项目总结报告。

3.3 RNC 设备 ZXTR RNC 硬件结构

ZXTR RNC 是中兴通讯的 TD-SCDMA 无线网络控制器，该设备提供协议所规定的各种功能，提供一系列标准的接口，支持与不同厂家的 CN、RNC 或者 Node B 互连。

3.3.1 硬件体系结构

1. ZXTR RNC 系统逻辑结构

（1）ZXTR RNC 系统逻辑结构图

ZXTR RNC 系统的逻辑结构图如图 3-2 所示。

（2）ZXTR RNC 系统逻辑单元组成

ZXTR RNC 系统从逻辑上可以分为 5 个功能单元，相关机框和单板组成，功能见表 3-1。

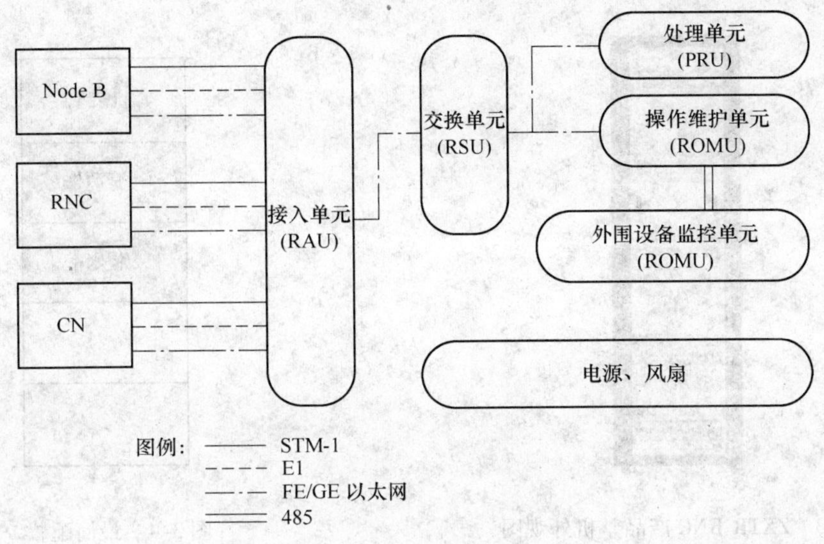

图 3-2　ZXTR RNC 系统的逻辑结构图

表 3-1　ZXTR RNC 逻辑单元说明表

逻 辑 单 元	逻辑单元功能说明	逻辑单元单板构成
操作维护单元（ROMU）	负责 ZXTR RNC 系统全局控制、操作维护以及全局时钟、GPS 功能	ROMB/CLKG/SBCX
接入单元（RAU）	为 ZXTR RNC 系统提供 Iu、Iub 和 Iur 接口的 STM-1、E1、IP 接入功能	APBE/APBI GIPI/DTB/SDTB/SDTB/2 EIPI/IMAB
处理单元（RPU）	实现 ZXTR RNC 系统的控制面和用户面上层协议处理	RCB/RUB
交换单元（RSU）	为 ZXTR RNC 系统控制管理、业务处理板间通信以及多个接入单元之间业务流连接提供一个大容量的、无阻塞的交换单元	一级交换单元包括 PSN/GLI 二级交换单元包括 UIMC/UIMU/GUIM/CHUB
外围设备监控单元（RPMU）	完成 ZXTR RNC 机柜电源和环境的检测与告警，机柜风扇的检测与控制	PWRD/ALB（告警箱）

2. ZXTR RNC 机架物理结构

ZXTR RNC 采用标准 19in 机架，机架外观示意图如图 3-3 所示。

3. ZXTR RNC 机框物理结构

按照功能和插箱所使用的背板划分，RNC3. 0 包含 3 种机框：控制框、资源框、交换框。机框在机架中的最简配置图如图 3-4 所示，最满配置图如图 3-5 所示。

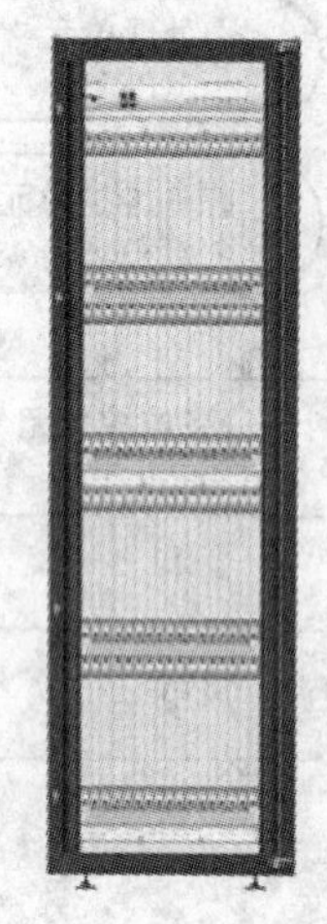

图 3-3　ZXTR RNC 产品整机外观图

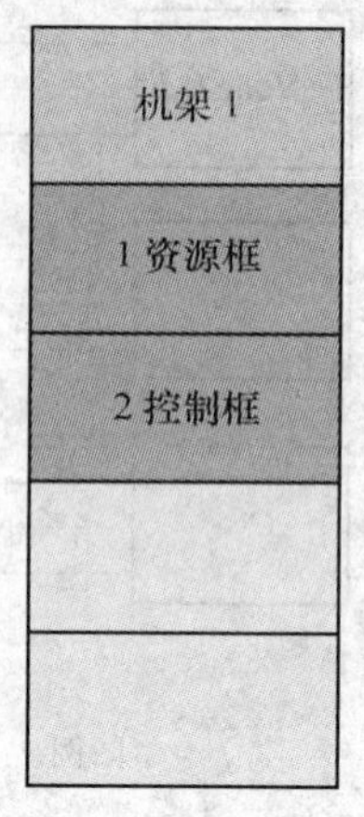

图 3-4　最简配置

机架 1	机架 2	机架 3	机架 4	机架 5
1 资源框	1 资源框	1 资源框	1 资源框	1 资源框
2 控制框	2 控制框	2 控制框	2 控制框	2 控制框
3 资源框	3 资源框	3 资源框	3 资源框	3 资源框
4 交换框	4 资源框	4 资源框	4 资源框	4 资源框

图 3-5　最满配置

（1）控制框

控制框提供 ZXTR RNC 的控制流以太网汇接、处理以及时钟功能，它是 RNC 的控制核心，实现以下具体功能：完成对整个系统的管理和控制；提供 RNC 系统的控制面信令处理；提供全局时钟。

控制框的背板为 BCTC，可装配的单板有：RNC 操作维护处理板（ROMB）；RNC 控制面处理板（RCB）；通用控制接口板（UIMC）；控制面互连板（CHUB）；时钟产生板（CLKG）。其中 ROMB、CHUB 和 CLKG 单板仅在 1 号机柜的控制框中配置，实现 RNC 系统的全局管理。在其他机柜的控制框里无需配置这些单板。资源框负责 RNC 系统中的各种资源处理和适配转换。1 号机柜控制框配置如图 3-6 所示。

其他机柜控制框配置如图 3-7 所示。

单板配置说明：RNC 操作维护处理板（ROMB）板为主备配置，固定配置在 1 号机柜控制框的 11 号和 12 号两个槽位；RNC 控制面处理板（RCB）板为主备配置，可以配置在 1～8 号，13～16 号槽位；通用控制接口板（UIMC）板为主备配置，固定在 9、10 号两个槽

1 号机柜控制框																	
后插板									RUIM2	RUIM3	RMPB	RMPB	RCKG1	RCKG2	RCHB1	RCHB2	
	1	2	3	4	5	6	7	8	9	10	11	12	13	14	15	16	17
前插板	RCB	RCB	RCB	RCB	RCB	RCB	RCB	RCB	UIMC	UIMC	ROMB	ROMB	CLKG	CLKG	CHUB	CHUB	

图 3-6　1 号机柜控制框配置图

其他机柜控制框																	
后插板									RUIM2	RUIM3							
	1	2	3	4	5	6	7	8	9	10	11	12	13	14	15	16	17
前插板	RCB	RCB	RCB	RCB	RCB	RCB	RCB	RCB	UIMC	UIMC			RCB	RCB	RCB	RCB	

图 3-7　其他机柜控制框配置图

位；控制面互连板（CHUB）板为主备配置，固定配置在 1 号机柜控制框的 15 号、16 号两个槽位，其他机柜不配；时钟产生板（CLKG）板为主备配置，固定配置在 1 号机柜控制框的 13、14 号两个槽位，其他机柜不配。

（2）资源框

资源框提供 ZXTR RNC 的外部接入和资源处理功能，以及网关适配功能。资源框的背板为 BUSN，可装配的单板有：ATM 处理板（APBE）；RNC GTP-U 协议处理板（RGUB/GIPI）；数字中继板（DTB）；光数字中继板（SDTB）；IMA/ATM 协议处理板（IMAB）；通用媒体接口板（UIMU）；RNC 用户面处理板（RUB）。

系统只有一个资源框时的资源框配置如图 3-8 所示。

系统资源框数目大于一个时的资源框配置如图 3-9 所示。

单板配置说明：ATM 处理板（APBE）可以配置在资源框的 6 ~ 7 号，11 号或 13 号槽位；RNC GTP-U 协议处理板（RGUB/GIPI）为负荷分担配置，当系统只有一个资源框时，配置在 11 ~ 12 号槽位；否则配置在 12 号槽位；数字中继板（DTB）可以配置在 1 ~ 4 号槽位；光数字中继板（SDTB）可以配置在 1 ~ 4 号槽位；IMA/ATM 协议处理板（IMAB）可以配置在 5 号、8 号两个槽位；通用媒体接口板（UIMU）为主备配置，固定配置在 9 号、10 号两个槽位；RNC 用户面处理板（RUB）为负荷分担配置，可以配置在 13 ~ 17 号槽位。

系统只有一个资源框时的资源框 (BUSN)																	
后插板	RDTB	RDTB	RDTB	RDTB			RGIM1		RUIM1	RUIM1	RMNIC	RMNIC	RGIM1				
	1	2	3	4	5	6	7	8	9	10	11	12	13	14	15	16	17
前插板	DTB SDTB	DTB SDTB	DTB SDTB	DTB SDTB	IMAB	APBE	APBE	IMAB	UIMU	UIMU	RGUB	RGUB	APBE	RUB	RUB	RUB	RUB

图 3-8 系统只有一个资源框时的资源框配置

系统资源框数目大于一个时的资源框 (BUSN)																	
后插板	RDTB	RDTB	RDTB	RDTB			RGIM1		RUIM1	RUIM1	RGIM1	RMNIC					
	1	2	3	4	5	6	7	8	9	10	11	12	13	14	15	16	17
前插板	DTB SDTB	DTB SDTB	DTB SDTB	DTB SDTB	IMAB	APBE	APBE	IMAB	UIMU	UIMU	APBE	RGUB	RUB	RUB	RUB	RUB	RUB

图 3-9 系统资源框数目大于一个时的资源框配置

（3）交换框

交换框是 ZXTR RNC 的核心交换子系统，为产品系统内外部各个功能实体之间提供必要的消息传递通道。

交换框的背板为 BPSN，可装配的单板有：分组交换网板（PSN）；千兆线路接口板（GLI）；通用控制接口板（UIMC）。

交换框满配置示意图如图 3-10 所示。

单板配置说明：分组交换网板（PSN）为主备配置，固定配置在 7、8 号槽位；千兆线路接口板（GLI）可以配置在 PSN 左右各 6 个槽位；通用控制接口板（UIMC）为主备配置，在交换框配置时，固定配置在 15、16 号槽位。如果配置交换框，UIMC 和 PSN 单板为必需配置，GLI 单板最少配置两块。

4. ZXTR RNC 单板结构与功能

下面将介绍 ZXTR RNC 单板的中文名称与基本功能，见表 3-2。

交换框																	
后插板															RUIM2	RUIM3	
	1	2	3	4	5	6	7	8	9	10	11	12	13	14	15	16	17
前插板	GLI	GLI	GLI	GLI	GLI	GLI	PSN	PSN	GLI	GLI	GLI	GLI	GLI	GLI	UIMC	UIMC	

图 3-10　交换框配置示意图

表 3-2　单板说明表

逻辑单元	单板功能名（前插单板/后插单板）	功能单板中文名称	前插单板功能（后插单板为前插单板提供对外接口）
外围设备监控单元	PWRD	电源分配板	完成环境温湿度及电源检测
	ALB	告警箱	位于机架外部，通过以太网和 OMC-R 通信，根据系统出现的故障情况进行不同级别的系统报警，以便设备管理人员及时干预和处理
背板	BCTC	控制中心背板	控制框背板
	BPSN	分组交换网背板	交换框背板
	BUSN	通用业务网背板	百兆资源框背板，百兆接口框背板
	BGSN	千兆通用业务网背板	千兆资源框背板，千兆接口框背板
操作维护单元	ROMB/RMPB	操作维护处理板	负责处理全局过程，并通过 100Mbit/s 以太网与 OMCR 连接，实现整个系统操作维护相关的控制（包括操作维护代理），同时实现内外网段的隔离
	CLKG/RCKG1/RCKG2	时钟产生板	负责系统的时钟供给、同步功能。一般情况下，通过 Iu 口提取时钟基准，经过板内同步后，驱动多路定时基准信号给各个接口使用
	SBCX/RSVB	X86 服务器单板	日志存储功能、性能数据存储功能
处理单元	RCB	控制面处理板	负责完成 Iu、Iub、Iur 口上控制面的协议处理
	RUB	用户面处理板	完成对 CS 业务 FP/MAC/RLC/UP 协议栈的处理和 PS 业务 FP/MAC/RLC/PDCP 的处理
	IMAB	IMA/ATM 协议处理板	1 个 IMAB 单板和 2 个 DTB 单板组成一组 1 个 IMAB 单板和 1 个 SDTB 单板组成一组 IMAB 与 DTB/SDTB 配合使用，提供完整的 E1 接入和 ATM 终结功能，每块 IMAB 单板支持 30 个 IMA 组，每个 IMA 组最大 32 个 E1 链路

（续）

逻辑单元	单板功能名（前插单板/后插单板）	功能单板中文名称	前插单板功能（后插单板为前插单板提供对外接口）
处理单元	SDTB	光数字中继接口板	SDTB 实现 1 路信道化 STM-1 接入功能，支持 63 路 E1 或者 84 路 T1 复用和解复用 SDTB 单板需要和以下单板组合使用提供接口功能 1 个 APBI 和 1 个 SDTB 单板组成 1 组 1 个 IMAB 单板和 1 个 SDTB 单板组成 1 组
交换单元	UIMC/RUIM2/RUIM3	通用控制接口板	负责为控制框和交换框提供交换平台
	UIMU/RUIM1	通用媒体接口板	负责为资源框提供内部交换平台，控制面数据流与 CHUB 相连
	CHUB/RCHB1/RCHB2	控制面互联板	负责系统控制面以太网数据汇聚
	PSN	分组交换网板	完成大容量的核心交换功能
	GLI	千兆线路接口板	千兆线路接口板（GLI）是 GE 口线路接口板，实现交换框和各资源框的接口。完成物理层适配、IP 包查表、分片、转发和流量管理功能
	GUIM/RGUM1/RGUM2	千兆通用接口模块	GUIM 单板能够为该千兆资源框内部提供 16kbit/s 电路交换功能。提供交换式 HUB，分为控制面和用户面两部分。提供资源框内时钟驱动功能，输入 8kHz、16MHz 信号，经过锁相、驱动后分发给资源框的各个槽位，为同框资源单板提供 16MHz 和 8kHz 时钟

下面具体介绍部分单板的主要功能：

（1）ROMB 单板功能

1）负责 RNC 系统的全局过程处理。

2）负责整个 RNC 的操作维护代理。

3）各单板状态的管理和信息的搜集，维护整个 RNC 的全局性的静态数据。

4）ROMB 上还可能运行负责路由协议处理的 RPU 模块。

（2）RCB 单板提供以下功能

1）实现 Iu/Iur/Iub/Uu 接口对应的 RNC 侧 RANAP/RNSAP/NBAP/RRC 协议。

2）NO. 7 信令处理。

（3）CLKG 单板功能

时钟产生板 CLKG 为 RNC 提供系统所需要的同步时钟。CLKG 单板采用热主备设计，主备用 CLKG 锁定于同一基准，以实现平滑倒换。

（4）APBE 单板功能

1）ATM 处理板 APBE 用于 Iu/Iur/Iub 接口的 ATM 接入处理。负责完成 RNC 系统 STM-1 物理接口的 AAL2 和 AAL5 的终结，同时提供宽带信令 SSCOP、SSCF 子层的处理，但不处理用户面协议。而是在将 ATM 信元完成 AAL5 的 SAR，区分控制面和用户面数据后，控制面数据转发到本板 CPU 处理，用户面数据根据 IP 地址转发到 RUB 板进行处理。

2）每个 APBE 单板提供 4 个 STM-1 接口，支持 622Mbit/s 交换容量。

（5）DTB 单板功能

1）提供 32 个 E1 物理接口。

2）支持局间随路信令方式 CAS 和共路信令 CCS 通道透传。

3）支持从线路提取 8kHz 同步时钟，通过电缆传送给时钟产生板 CLKG 作为时钟基准。

（6）IMAB 单板功能

1）IMA/ATM 协议处理板 IMAB 应用于 RNC 的 Iub、Iur、IuCS、IuPS 接口，与数字中继板 DTB 一起提供支持 ATM 反向复用 IMA 的 E1 接入。

2）实现 30 个 IMA 组的分组能力。1 个 IMA 组最大提供 64 路 E1 的 IMA 接入。

3）实现线速的 ATMAAL2 和 AAL5 的分段与重组 SAR。

4）实现 ATM 的 OAM 功能。

5）完成 SSCOP 和 SSCF 的处理。

（7）SDTB 单板功能

1）提供一个 155Mbit/s 的 STM-1 标准接口。

2）支持随路信令方式 CAS 和共路信令 CCS。

3）输出两个差分 8kHz 同步时钟信号提供给时钟板作基准。

（8）UIMU&UIMC 单板功能

1）UIMU 单板能够为资源框内部提供 16kHz 电路交换功能。UIMC 不提供此功能。

2）UIMU 单板提供两个 24+2 交换式 HUB，一个是控制面以太网 HUB，对内提供 20 个控制面 FE 接口与资源框内部单板互连，对外提供 4 个控制面 FE 接口用于资源框之间或资源框与 CHUB 之间互连。一个用户面以太网 HUB，对内提供 23 个 FE，用于资源框互连，对外提供一个 FE。

3）UIMC 单板提供两个 24+2 交换式 HUB，配 GCS 子卡，将这两个 HUB 互连，为控制框提供以太网口。

4）UIMU 单板对外通过选配 GXS/2 子卡，提供 1 个用户面 GE 光口用于资源框和核心交换单元互连，GE 通道采用主备双通道备份方式提供核心交换单元的 1+1 备份。

5）UIMC 单板对内提供的一个用户面 GE 口，用于在控制框内与 CHUB 进行级连。

6）热主备两块单板的对内 FE 端口和 8Mbit/s HW 在背板上采用高阻复用方式备份。

7）UIMC 和 UIMU 单板分别提供控制框和资源框 485 管理接口，同时提供控制框和资源框单板复位和复位信号采集功能。

8）UIMC 和 UIMU 分别提供控制框和资源框内时钟驱动功能，输入 PP2S，8kHz，16MHz 信号，经过锁相，驱动后分发给各个槽位，为单板提供 16MHz，8kHz 和 PP2S 时钟。

（9）CHUB 单板功能

控制面互连板 CHUB 在 RNC 系统中，用于系统控制面数据流的扩展：各资源框出两个百兆以太网（控制流）与 CHUB 相连，CHUB 通过千兆电口和本框 UIMC 相连。多框扩展可用多个 FETRUNK 方式实现，更多框的扩展用 GE 光口连到千兆以太网交换机来实现。

（10）PSN 在 RNC V3.0 系统中位于交换框，实现一级交换平台的核心交换功能

1）提供双向各 40Gbit/s 用户数据交换能力。

2）支持1+1负荷分担，可以人工倒换，实现负荷分担功能。

3）提供1个100Mbit/s以太网作为控制通道，连接UIMC。

4）提供1个100Mbit/s以太网作为主备通信，连接对板。

（11）GLI单板功能

1）GLI板采用硬件单板GLIQV实现。

2）在RNC系统中，GLI单板属于交换单元，实现ZXTR RNC系统的交换单元GE线接口功能，提供与资源框的连接。

3）提供4个GE端口，每个GE的光口1+1备份。相邻GLI的GE口之间提供GE端口备份；

（12）RUB单板功能：主要完成用户面协议处理

1）CS业务FP/MAC/RLC/IuUP协议栈的处理。

2）PS业务FP/MAC/RLC/PDCP/IuUP的处理。

3）Uu口来的信令数据处理。

（13）GIPI单板功能

1）实现GTP-U协议。

2）提供1条百兆控制流以太网接口。

3）提供1条百兆以太网数据备份通道。

4）提供485备份控制通道接口。

5）支持单板的1+1主备逻辑控制。

6）对外部网络提供4个百兆以太网接口。

7）提供GTP-U协议处理功能。

注意：*GIPI单板为前RGUB单板升级而成，若见到以前版本的RGUB单板，对应为GIPI单板。*

5. ZXTR RNC系统通信关系与数据流程

（1）机框间通信关系说明

ZXTR RNC系统采用控制面和用户面分离设计。资源框背板设计两套以太网：一套用于控制面互连；另一套用于用户面互连。

ZXTR RNC各机框间的通信关系如图3-11所示。

图中资源框1和资源框2之间的空心箭头连线表示在只有两个资源框情况下可以直接互连。

每个资源框控制面以太网通过通用媒体接口板UIMU出2个100Mbit/s以太网口（物理上采用2根线缆）和控制框的控制流互连板CHUB相连；而用户面以太网通过UIMU出两个千兆口（物理上采用2对光纤）与交换框的千兆线路接口板GLI相连。

交换框的控制面信息首先汇聚在UIMC上，通过2个100Mbit/s以太网口（物理上采用2根线缆）和控制框的CHUB相连。时钟信号由控制框的CLKG单板提供，分发给各个资源框的UIMU单板和控制框、交换框的UIMC单板。

（2）外部通信关系说明

与RNC设备相连的外部设备包括Node B、CN（含MSC服务器MSCS、媒体网关MGW、服务GPRS支持节点SGSN）和其他RNC。连接关系如图3-12所示。

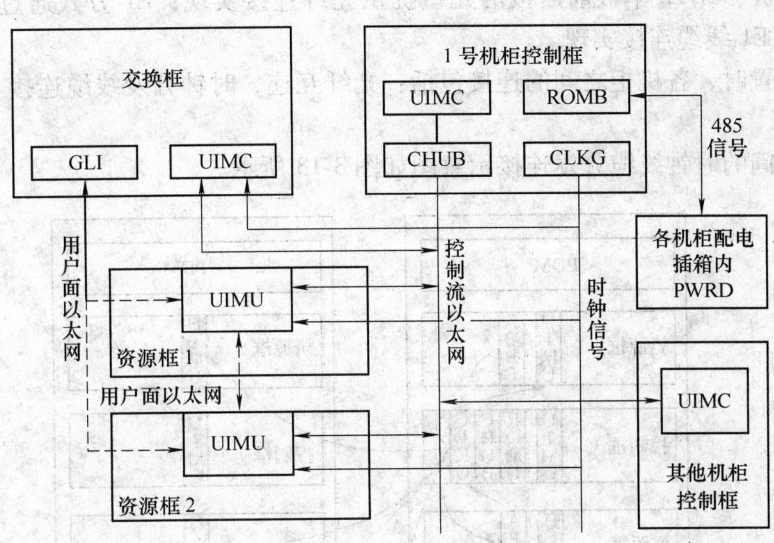

图 3-11　机框间的通信关系图

注：粗实线：背板印制线连接；细实线：电缆连接；虚线：光纤连接

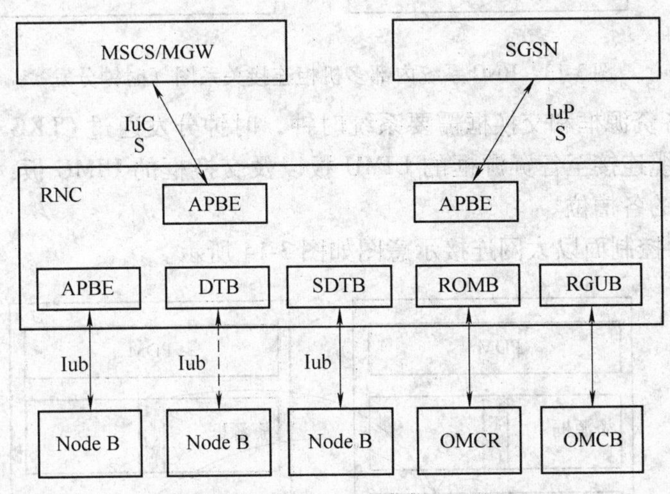

图 3-12　RNC 与外部设备连接关系图

实线：光纤连接；虚线：E1 连接

1）RNC 与 MGW/MSCS 之间的 IuCS 接口和 RNC 与 SGSN 之间的 IuPS 接口的物理承载方式主要是 STM-1 方式，通过 APBE 单板前面板的光口提供光纤连接实现；也支持 E1 物理承载方式，但比较少见。推荐采用 STM-1 承载方式。

2）RNC 之间的 Iur 接口物理承载方式有 STM-1 和 E1 两种方式：STM-1 方式通过 APBE 单板前面板的光口提供光纤连接实现；E1 方式通过 DTB 对应后插板 RDTB 提供 E1 线缆连接实现。

3）RNC 和 Node B 之间的 Iub 接口物理承载方式有 STM-1 和 E1 两种方式：STM-1 方式

通过 APBE 单板、SDTB 单板前面板的光口提供光纤连接实现；E1 方式通过 DTB 对应后插板 RDTB 提供 E1 线缆连接实现。

多机柜配置时，各机柜之间的连接包括：光纤互连、时钟分发线缆连接、485 监控线缆连接。

两个机柜间的时钟线缆分发连接示意图如图 3-13 所示。

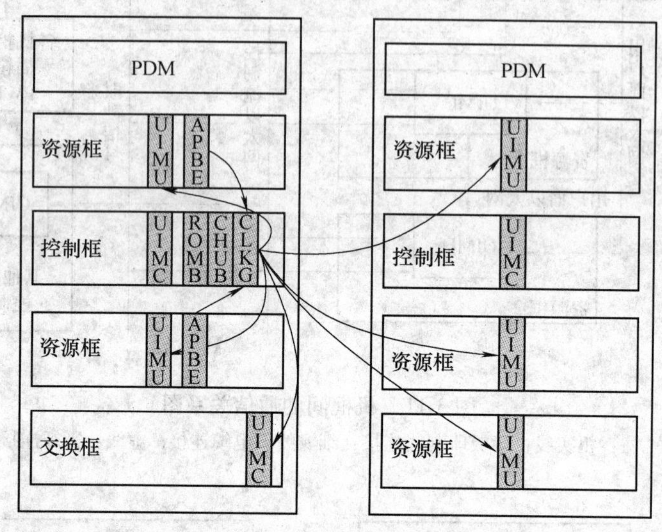

图 3-13　RNC 系统内部多机柜连接关系图（时钟分发）

RNC 系统的各资源框和交换框需要系统时钟，时钟分发通过 CLKG 板的后插板 RCKG1 和 RCKG2 利用线缆连接至各资源框的 UIMU 板以及交换框的 UIMC 板，进而通过 UIMU 或 UIMC 分发至本框的各槽位。

两个机柜间的控制面以太网连接示意图如图 3-14 所示。

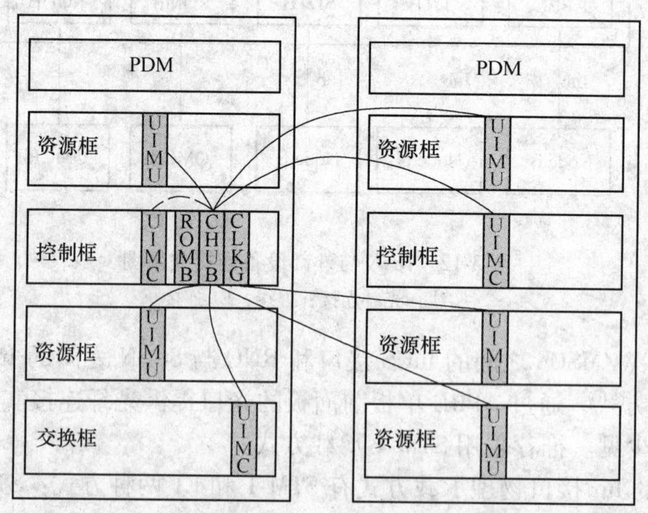

图 3-14　RNC 系统内部多机柜连接关系图（控制面以太网）

实线：线缆连接；虚线：背板印制线连接

RNC 系统控制面以太网互连通过 CHUB 板实现，利用线缆将除 1 号机柜控制框外的所有机框的 UIMC 或 UIMU 板与 CHUB 板连接，而 1 号机柜的控制框的 UIMC 板则是通过背板走线直接与 CHUB 板相连。

两个机柜间的光纤和 485 监控线缆连接示意图如图 3-15 所示。

图中实线部分表示用户面光纤连接，RNC 系统用户面互连通过交换框的 GLI 板以及 PSN 板实现，通过光纤将所有资源框的 UIMU 板与 GLI 板连接。虚线表示 485 信号连接，通过线缆将 ROMB 和配电插箱内的 PWRD 板相连。

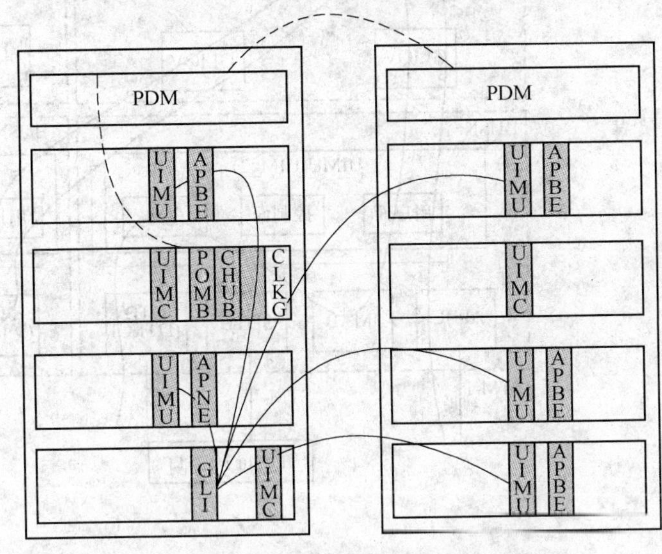

图 3-15　RNC 系统内部多机柜连接关系图

实线：用户面光纤连接；虚线：485 信号连接

（3）RNC 数据流程

根据机框间通信关系，可以比较方便的理解 RNC 数据流程，下面给出主要的数据流程，包括用户面 CS 域数据流向，用户面 PS 域数据流向，Iub 口信令数据流向，Iur/Iu 口信令数据流向，Uu 口信令数据流向，Node B 操作维护数据流向。

用户面 CS 域数据流向如图 3-16 所示。

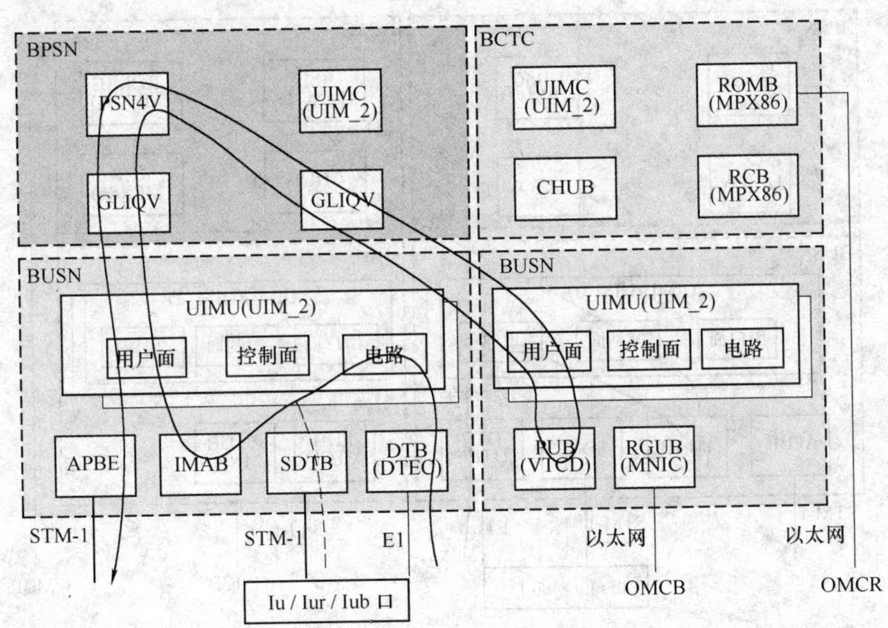

图 3-16　用户面 CS 域数据流向

用户面 PS 域数据流向如图 3-17 所示。

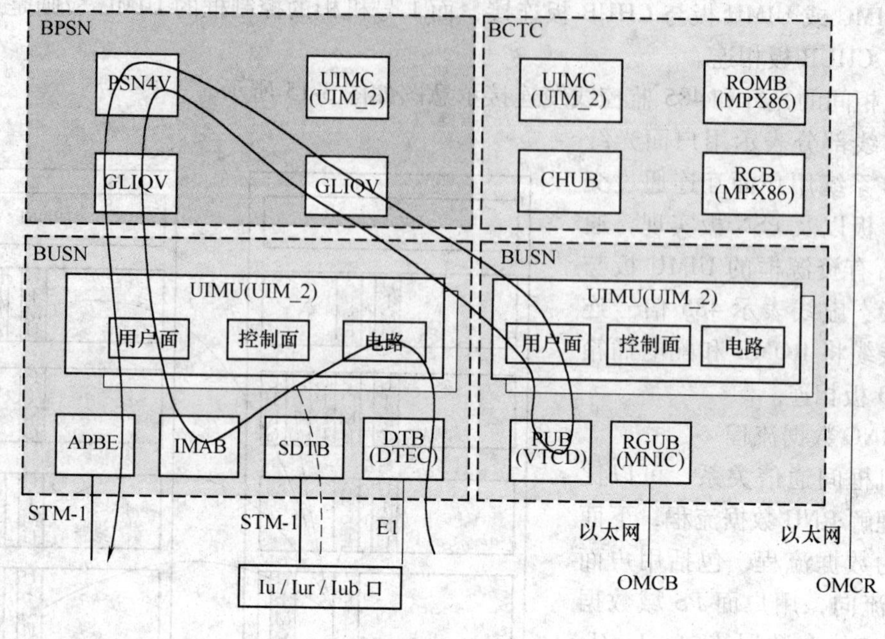

图 3-17 用户面 PS 域数据流向

Iub/Iur/Iu 口信令数据流向如图 3-18 所示。

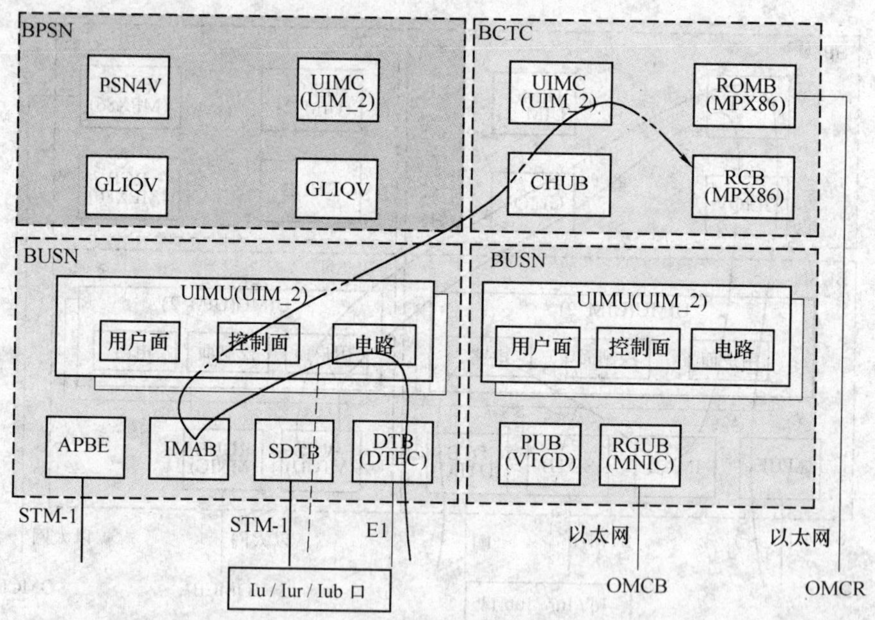

图 3-18 Iu/Iur/Iub 口信令数据流向

Iur/Iu 口信令数据流向如图 3-19 所示。

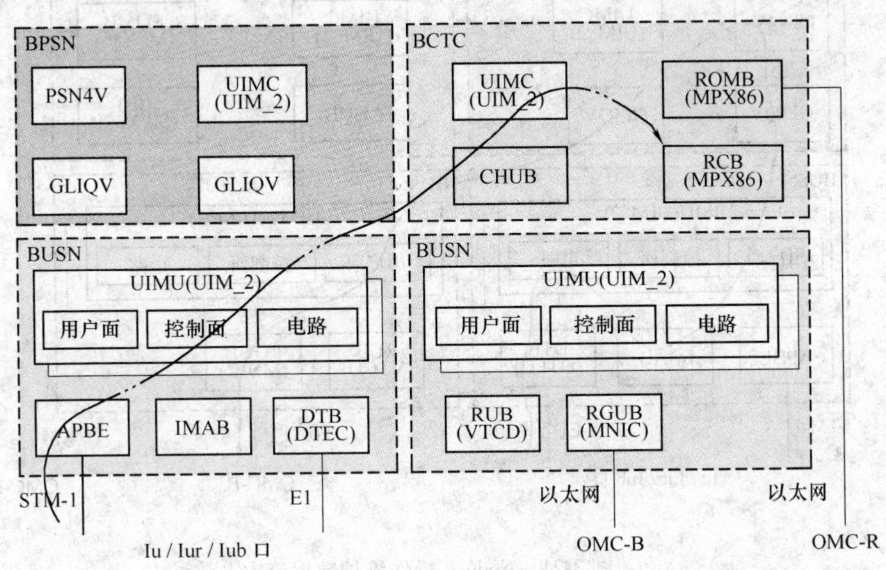

图 3-19　Iur/Iu 口信令数据流向

Uu 口信令数据流向如图 3-20 所示。

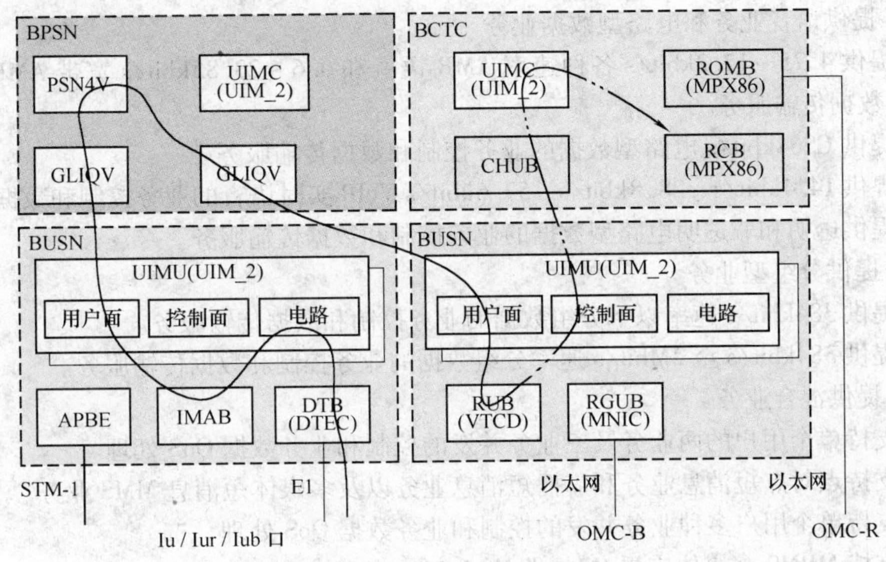

图 3-20　Uu 口信令数据流向

Node B 操作维护数据流向如图 3-21 所示。

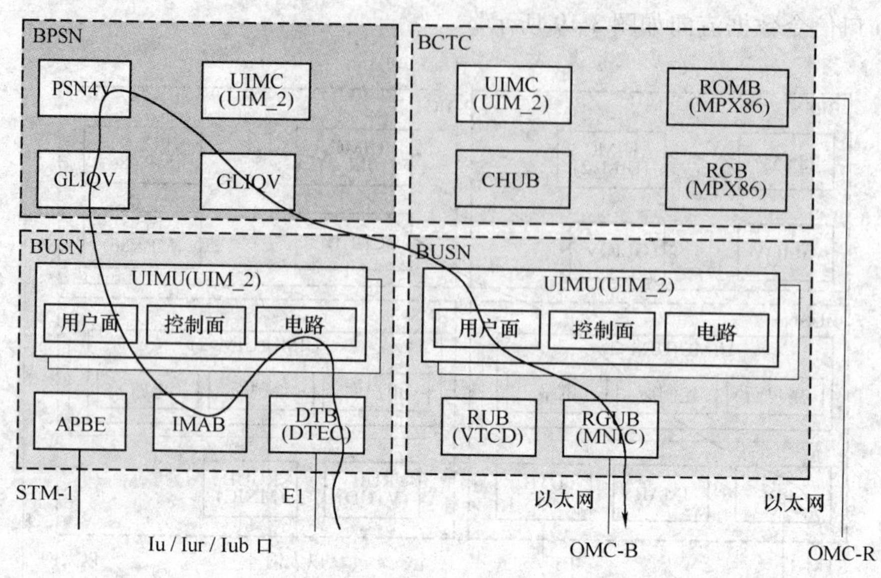

图 3-21　Node B 操作维护数据流向

3.3.2　业务功能

1. 基本业务

ZXTR RNC 实现的基本业务如下：

（1）提供语音业务和电路型数据业务

1）提供 4.75～12.2kbit/s 各种速率 AMR 语音和 6.6～23.85kbit/s 宽带 AMR 语音的业务控制和数据传输服务。

2）提供 CS64kbit/s 电路型数据的业务控制和数据传输服务。

3）提供 14.4kbit/s、28.8kbit/s、57.6kbit/s VoIP 实时语音的业务控制和数据传输服务。

4）提供透明和非透明电路型数据的业务控制和数据传输服务。

（2）提供分组型业务

1）提供 384kbit/s 速率以下分组数据的业务控制和数据传输服务。

2）提供 384kbit/s 至 2Mbit/s 速率分组数据的业务控制和数据传输服务。

（3）提供混合业务

1）支持单个用户的两业务及三业务并发的控制和业务数据 QoS 处理。

2）支持点对点短消息业务和广播短消息业务以及多媒体短消息 MMS 业务。

3）支持单个用户多种业务并发的控制和业务数据 QoS 处理。

4）支持 MBMS 多媒体广播/组播业务。

（4）定位功能

ZXTR RNC 提供 CELL ID、CELL ID + TA、OTDOA（Observed Time Difference Of Arriva，可观察到达时间差分定位）、AGPS（Assist Global Positioning System，辅助全球卫星定位系统）4 种定位技术。

（5）HSDPA 功能

ZXTR RNC 的 HSDPA 功能支持背景类（Background）、交互类（Interactive）和流类（Streaming）业务。

（6）MBMS 功能

ZXTR RNC 支持广播、组播功能。组播支持计数功能、点对点（PtP）和点对多点（PtM）功能，支持移动性管理功能，支持流类（Streaming）、背景类（Background）的 MBMS 业务。

2. 移动性管理

ZXTR RNC 移动性管理包括：

（1）小区更新

支持 RNC 内部、RNC 之间 Cell Update。

（2）小区切换（硬切换和接力切换）

支持 RNC 内部、RNC 之间的切换控制。支持系统间、RAT 之间的硬切换。

（3）SRNC 重定位功能

3. 无线资源管理功能

无线资源管理功能包括：

（1）系统接入控制

用户接入可以由用户侧发起，也可从网络侧发起，其目的是为了接入 UTRAN，以获得 UMTS 服务。UTRAN 根据用户的能力以及当前 UTRAN 的资源现状，进行相应的控制。

（2）接纳控制

系统根据当前的资源情况、负荷等级、小区总体干扰等级、总发射功率等因素，决定是否接纳用户的接入请求。

（3）负荷控制

在当前已经存在多用户连接条件下，监测系统的负荷情况，判断系统是否过载及过载等级，如果过载，依据设定的规则，保持系统的稳定。

（4）功率控制

在保证信号质量的前提下，使发射功率保持在较低的水平，从而提高系统容量是功率控制的主要任务。

上行链路采用开环功控和闭环功控两种方式。当上行链路没有建立时，开环功控用来调节物理随机接入信道的发射功率。链路建立之后，使用闭环功控。闭环功控包括内环功控和外环功控。外环功控以误码率或者误帧率作为控制目标，内环功控以信干比作为控制目标。下行链路只有闭环功控。

（5）分集控制

分集的目的是利用空间隔离、时间隔离、码的正交性等特点，实现赋形、鉴相、交替等技术，减少干扰。

在 TD-SCDMA 系统中，提供 TSTD（时间切换传输分集）、SCTD（空间码发射分集）两种分集的控制。

（6）系统信息广播

该功能通过 BCH 信道，向 UE 广播 UMTS 服务所需的接入层和非接入层的相关信息。

无线信道的加密和解密无线信道的加密是为了保护在空中传送的用户信息不被未经授权

的第三方非法获取，加密和解密主要是基于业务数据、密钥和相关的加密、解密算法而进行的。

（7）数据完整性保护

完整性保护的目的是为了保护在空中传递的信令信息，避免第三方设备进行欺骗和攻击。

（8）无线环境测量

依据无线资源管理的需求，对当前的公共信道以及专用信道进行各项测量。

（9）同步技术

TDD 无线系统需要比较高的同步要求，TDD 同步分为网络同步、节点同步、传输信道同步、无线接口同步、时间校准处理。

（10）动态信道分配（DCA）

DCA 技术划分为慢速 DCA 和快速 DCA。快速 DCA 功能根据接纳控制的原则，为用户分配无线承载资源。慢速 DCA 功能根据其管理的多个小区中各小区的业务负荷，将无线资源分配到不同的小区中。

3.3.3 技术指标

技术指标主要包括设备的物理指标、电源指标、备份配置、安全要求、环境条件、接口指标、容量指标、时钟指标和可靠性指标。下面主要介绍和系统硬件结构相关的备份配置、接口指标、容量指标。

1. 备份配置

RNC 各部件提供适当的冗余配置。冗余配置要求如下：

关键部件全部备份配置（1+1），包括 ROMB、RCB、UIMC、UIMU、CHUB、CLKG 单板。其他部件可提供一个或多个备份单元（N+m）。

2. 接口指标

ZXTR RNC 支持的接口如下。

1）Iu 接口：支持使用 STM-1 光口和 E1/T1 接口。

2）Iur 接口：支持使用 STM-1 光口和 E1/T1 接口。

3）Iub 接口：支持使用 STM-1 光口和 E1/T1 接口。

3. 容量指标

（1）单机框配置（最小配置）

- 支持的信令面处理能力：5Mbit/s
- 语音话务量：1500Erl
- IP 交换容量：40Gbit/s
- Iub 口带宽：95Mbit/s
- 最大数据吞吐量（双向）：135Mbit/s
- 最大数据吞吐量（下行单向）：83Mbit/s
- 支持的站点数量：30
- 支持的载扇数量：270
- 支持的 N 频点小区数量：90

- 用户数：5 万
- BHCA（Busy Hour Call Attempts，忙时试呼次数）：275K 次/小时

（2）双机架满配置 （最大配置）

- 支持的信令面处理能力：20Mbit/s
- 语音话务量：30000Erl
- IP 交换容量：40Gbit/s
- Iub 口带宽：1900Mbit/s
- 最大数据吞吐量（双向）：2700Mbit/s
- 最大数据吞吐量（下行单向）：1670Mbit/s
- 支持的站点数量：1400
- 支持的载扇数量：12600
- 支持的 N 频点小区数量：4200
- 用户数：100 万
- BHCA（Busy Hour Call Attempts，忙时试呼次数）：5500K 次/小时

3.4 Node B 设备 ZXTR B328 和 ZXTRR04 硬件结构

中兴通讯推出了满足各种要求的系列化基站，将 Node B 分为基带池 BBU（Base Band Unit）和远端射频单元 RRU（Remote Radio Unit）。BBU 和 RRU 之间的接口为光接口，两者之间通过光纤传输 IQ 数据和 OAM 信令数据。这种连接称为射频拉远，即 BBU 和 RRU 之间传输的是基带数据，中频和射频功放部分都放在室外 RRU 部分处理，BBU 和 RRU 通过光纤传输。

BBU 和 RRU 划分方式如图 3-22 所示。基带、传输和控制部分在 BBU 中，射频部分在 RRU 中。

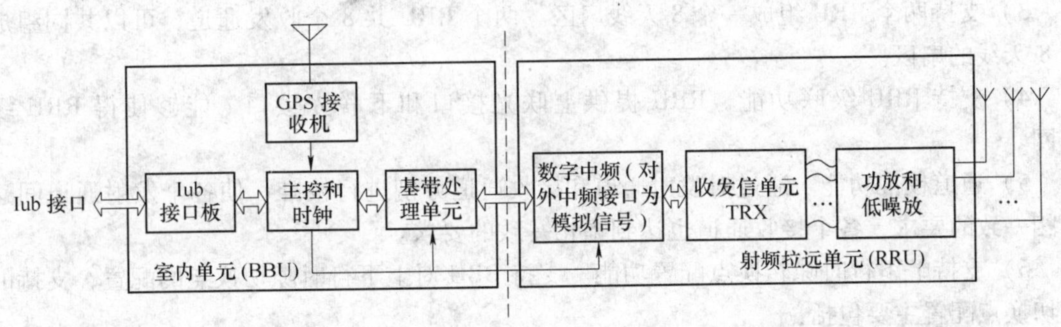

图 3-22　BBU 和 RRU 功能框图

多个基带处理单元作为资源池，可以灵活分配给本地和远程各站点不同扇区的载波。多个射频单元可以组成本地站点或多个远端站点。基带部分称为基带池，射频单元称为远端射频单元。上面的 IQ 指 IQ 数字基带信号。ZXTR B328 就是基于射频拉远方案中的一类基带单元 BBU，与 ZXTR R04（或者其他不同规格的 RRU）配合实现一个完整 Node B 逻辑

功能。

3.4.1 基本功能和特点

1. ZXTR B328 的主要功能

ZXTR B328 采用先进的工艺结构设计，主要提供 Iub 接口、时钟同步、基带处理、与 RRU 的接口等功能，实现内部业务及通信数据的交换。基带处理采用 DSP 技术，不含有中频、射频处理功能。

ZXTR B328 的主要功能如下：

1）通过光纤接口（接口规范自定义）完成与 RRU 连接功能，完成对 RRU 控制和 RRU 数据的处理功能，包括：信道编解码及复用解复用、扩频调制解调、测量及上报、功率控制以及同步时钟提供。

2）通过 Iub 接口与 RNC 相连，主要包括：NBAP 信令处理（测量启动及上报、系统信息广播、小区管理、公共信道管理、无线链路管理、审计、资源状态上报、闭塞解闭)、FP 帧数据处理、ATM 传输管理。

3）通过后台网管（OMCB/LMT）提供如下操作维护功能：配置管理、告警管理、性能管理、版本管理、前后台通信管理、诊断管理。

4）提供集中、统一的环境监控，支持透明通道传输。

5）支持所有单板、模块带电插拔；支持远程维护、检测、故障恢复，远程软件下载。

6）提供 N 频点小区功能。

2. ZXTR R04 相关功能

1）支持 6 载波的发射与接收。系统最多可以支持 6 载波的发射和接收，大大提高了系统的容量。

2）支持 4 天线的发射与接收。每个 ZXTR R04 支持 4 个发射通道和接收通道，从而支持 4 天线的发射和接收。

3）支持两个 RRU 组成一个 8 天线扇区。两个 RRU 共 8 个收发通道，可以共同组成一个 8 天线的扇区。

4）支持 RRU 级联功能。RRU 提供上联光接口和下联光接口，能够使得 RRU 级联组网。

5）通道校准功能。通过对发射通道和接收通道分别进行校准，使各个发射通道间达到幅相一致的要求，各个接收通道也达到幅相一致的要求。

6）支持上下行时隙转换点配置功能。支持 BBU 对上下行时隙切换点的配置，支持的时隙切换点配置主要包括：

① 时隙切换点在 TS3 和 TS4 之间。

② 时隙切换点在 TS2 和 TS3 之间。

③ 时隙切换点在 TS1 和 TS2 之间。

7）支持到 BBU 的光纤时延测量和补偿。

8）发射载波功率测量。支持各发射载波、天线 DwPTS 时隙周期性功率测量。各载波、各发射通道分别测量。参考点为天线连接处。

3.4.2 技术指标

ZXTR B328 技术指标如下：

1. 接口指标

1）Iub 接口指标。

8 对 STM-1：使用 LC 接口的单模光纤。

32 对 E1/T1 接口：符合 ITU-T/G. 703，G. 704 的要求。

2）支持的 RRU 及接口：支持 24 对 1. 25Gbit/s 光接口，最大支持 72 个 RRU。

2. 性能指标

1）载波带宽：1. 6MHz。

2）码片速率：1. 28Mcps。

3）最大用户数据率：384kbit/s（下行）、128kbit/s（上行）。

4）双工方式：TDD。

5）最大支持的载扇数量：72（单机架可升级支持 144 载扇）。

6）最大支持的 RRU 数量：72。

7）最大支持的纯语音信道：72 ×24 =1728。

8）同步方式：支持 GPS 基准输入、BITS 基准输入、RNC、外部时钟同步。

9）时钟指标。

① 同步等级：三级。

② 时钟精度：二级 A 类时钟。

③ 时钟最低准确度：$\leqslant \pm 3.6\times10^{-6}$。

④ 牵引范围：$\leqslant \pm 3.6\times10^{-6}$。

⑤ 最大频偏：10^{-7}/天。

⑥ 初始最大频偏：1×10^{-8}。

⑦ 时钟工作方式：快捕、跟踪、保持、自由运行。

3. 各部件/模块指标

1）TORN：每个 TORN 有 6 个 1. 25Gbit/s 光接口，每个光接口的容量为 24A × C（载波天线）；通过单模光纤传输距离可达 10km；支持 RRU 的星形、环形、链形组网。

2）TBPA：每块 TBPA 单板可提供最大 8 天线、3 个载波的基带处理能力。

3）IIA：每个 IIA 支持 8 个 E1、2 个 STM-1 光接口。

ZXTR R04 技术指标如下：

1）双工方式：TDD。

2）频率范围：2010 ~2025MHz。

3）射频信道栅隔：200kHz。

4）码片速率：1. 28Mcps。

5）载波带宽：1. 6MHz。

6）最大支持的载频数量：6。

7）每通道最大发射功率：2 W/6 载波（单通道）。

8）天线类型：支持 8/6/4 天线智能线阵/圆阵天线，支持两天线分集，支持单天线。

9）接收机灵敏度：－113 dBm（单通道）。

10）输出频率稳定度：$\pm 0.05\times10^{-6}$。

11）物理接口：光接口、天馈接口、电源接口、校准接口、主从控制接口、干节点接口、主从时钟接口。

3.4.3 ZXTR B328 系统结构

ZXTR B328 系统组成如图 3-23 所示。

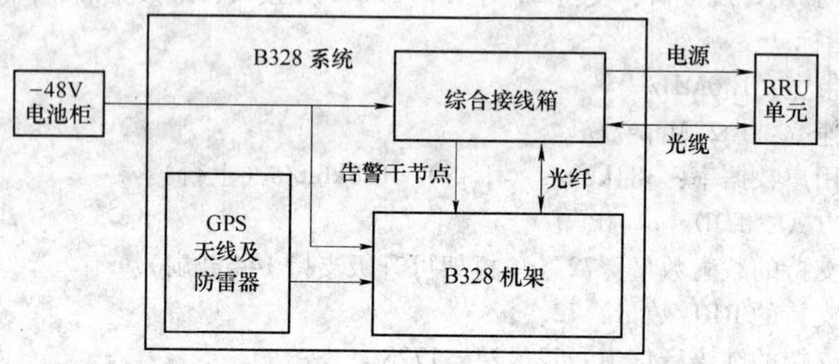

图 3-23　ZXTR B328 系统组成

ZXTR B328 机架结构组成如图 3-24 所示。

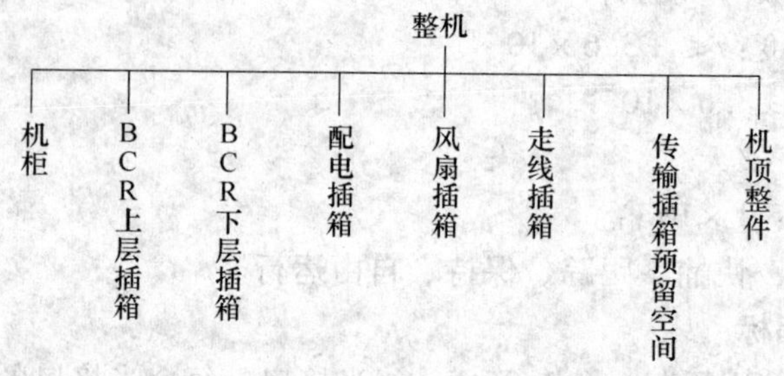

图 3-24　ZXTR B328 机架结构组成

1. ZXTR B328 逻辑结构

ZXTR B328 主要完成 TD NodeB 的 Iub 接口功能，系统的信令处理，基带处理部分功能，远程和本地的操作维护功能以及与射频远端的基带射频接口功能。ZXTR B328 硬件系统的总体框图如图 3-25 所示。

图中除时钟外，其余连接关系中信号流是双向的，没有采用双箭头标识，时钟信号是单向流动，用箭头标明方向。

ZXTR B328 主要由主控时钟交换板（BCCS）、Iub 接口处理板（IIA）、基带处理板（TBPA）、RRU 接口板（TORN）、环境监控单元（BEMU）组成。ZXTR B328 系统的主要单板/模块的功能以及物理上可插的位置说明见表 3-3。

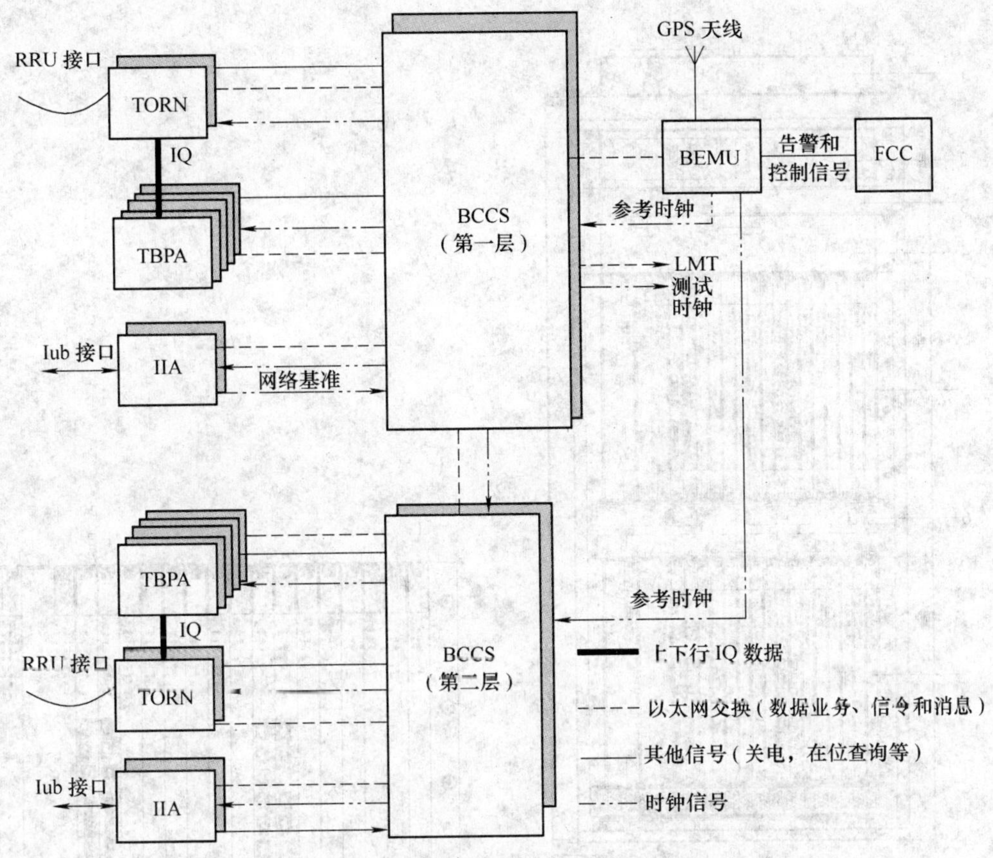

图 3-25　ZXTR B328 硬件系统的总体框图

表 3-3　ZXTR B328 系统的主要单板/模块的功能、位置说明表

序　号	单板/模块	功　能	位　置	备　注
1	BCCS	主控、时钟、以太网交换	公共框	—
2	TORN	IQ 交换、光接口功能	公共框	—
3	TBPA	主要完成基带处理	公共框	—
4	BEMU	环境监控功能	机架顶	由 BEMC 和 BEMS 组成
5	BCR	公共框背板	公共框	—
6	FCC	风扇控制板	风扇插箱	—
7	IIA	完成 Iub 接入功能，ATM 到以太 MAC 包的转换	公共框	—
8	BELD	提供机架前面的指示灯	PDU 前面	—
9	ET	E1 防雷、接口转换	机架顶	—

2. ZXTR B328 机架物理结构

1）标准全配置的机架布局如图 3-26 所示。

2）BCR 插箱如图 3-27 所示。

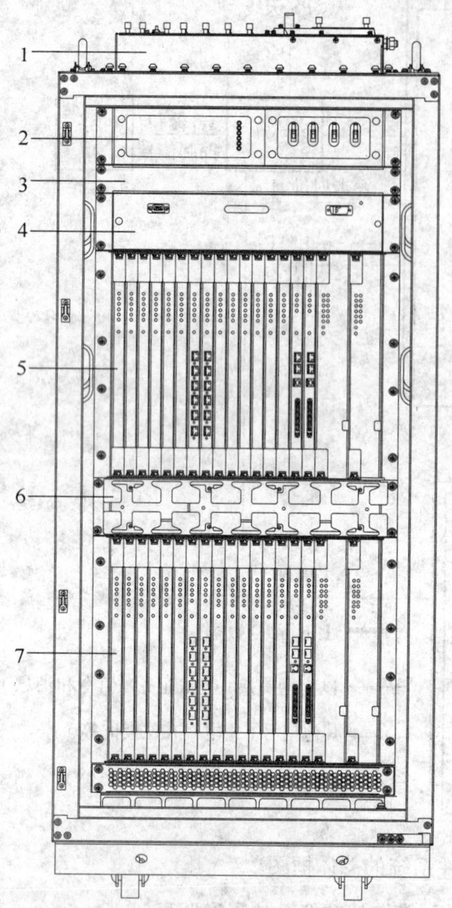

图 3-26　机架标准配置

1—机顶整件　2—配电插箱
3—假面板（传输插箱预留空间）
4—风扇插箱　5—BCR 上层插箱
6—走线插箱　7—BCR 下层插箱

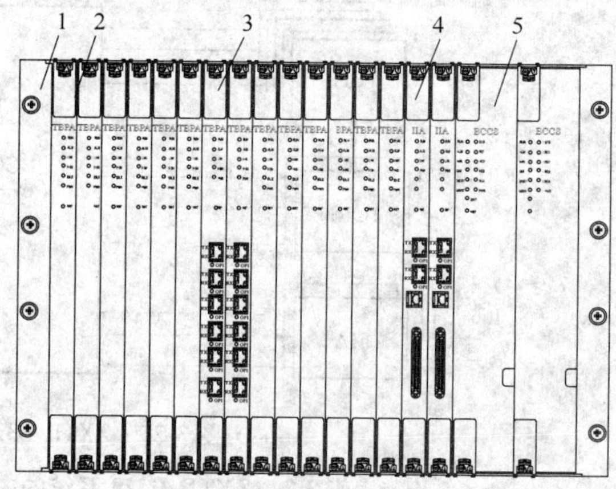

图 3-27　BCR 插箱满配置图

1—机柜　2—TBPA 板
3—TORN 板　4—IIA 板　5—BCCS 板

BCR 插箱的背板采用 BCR，每个机架有两层框，都使用 BCR 插箱。满配置下，BCR 插箱结构如图 3-27 所示。

3）机顶布置。

机柜顶部布局如图 3-28 所示。

3. ZXTR B328 机框物理结构

（1）机框概述

机框的作用是将插入机框的各种单板通过背板组合成一个独立的功能单元，并为各单元提供良好的运行环境。

机框主要由插箱、单板组成，如图 3-29 所示。

ZXTR B328 有两层机框，都称为 BCR 机框。BCR 机框采用 BCR 背板，主要完成基带处理、系统管理控制的功能。根据其在机框中的物理位置，BCR 机框分为上层 BCR 机框和下层 BCR 机框。在实际使用中先配置上层 BCR 框，然后根据需要配置下层 BCR 框。

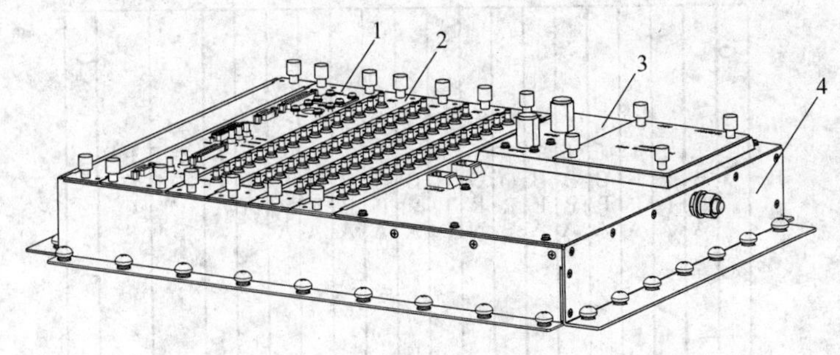

图 3-28　机顶布局

1—BEMU 模块　2—ET 模块　3—电源盒　4—机顶整件

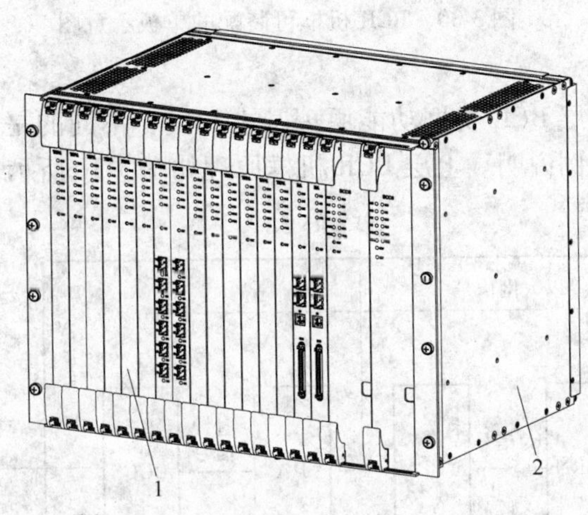

图 3-29　机框结构

1—单板　2—插箱

（2）机框配置

BCR 机框可装配的单板见表 3-4。

表 3-4　公共层机框的单板配置

名　称	单 板 代 号	满配置数量
控制时钟交换板	BCCS	2
基带处理板	TBPA	12
Iub 接口板	IIA	2
光接口板	TORN	2

各单板在 BCR 机框的位置示意图如图 3-30 所示。

BCR 机框满配情况下可配置两块 BCCS、12 块 TBPA、两块 IIA 和两块 TORN。

BCCS 板是主备板，只插一块也能正常工作。每一层框一般配置一块 BCCS，可根据需要配置两块 BCCS，完成 1 +1 备份功能。TBPA、TORN、IIA 根据配置计算单板数量。

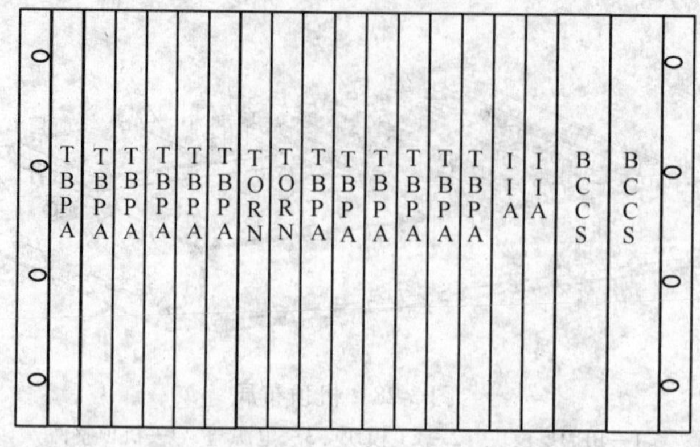

图 3-30 BCR 机框可装配的单板示意图

（3）功能原理

上层 BCR 机框和下层 BCR 机框功能原理基本相同，不同的是上层机框需和机顶相连。此处以上层 BCR 机框为例说明。上层 BCR 机框原理如图 3-31 所示。

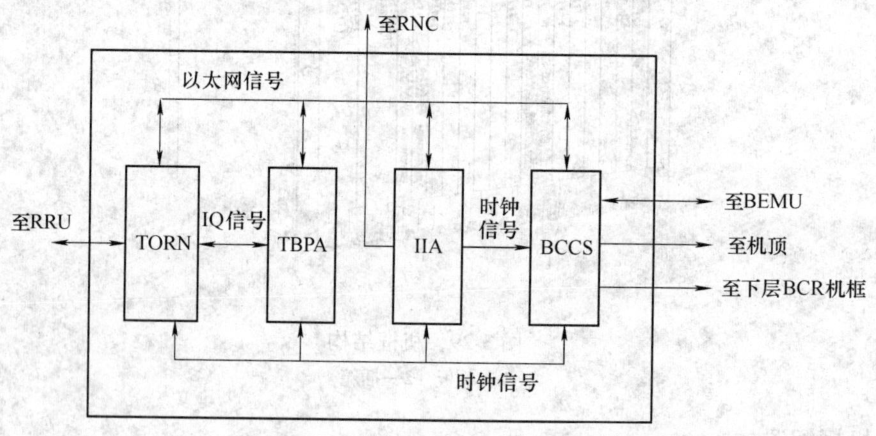

图 3-31 上层 BCR 机框原理

BCCS 是 ZXTR B328 系统的控制板，它完成整个系统的控制、以太网交换和时钟产生。BCR 框的其他单板 TBPA、IIA 以及 TORN 的以太网端口都接在 BCCS 上，实现对单板的监控、维护及单板间数据的交互。BCCS 板产生系统的主时钟，分发到本层机框的 TBPA、IIA 和 TORN 上。

BCR 机框通过 IIA 与 RNC 连接，通过 TORN 与 RRU 连接。上层 BCR 机框通过 BCCS 与机顶、下层 BCR 机框连接。下层 BCR 无需和机顶连接。

从RNC 来的业务流和控制流数据，经过 Iub 接口板 IIA 的处理后，封装为 MAC 包。其中业务数据经过 BCCS 的以太网交换到基带处理板 TBPA，由 TBPA 进行基带处理，然后将处理好的 IQ 数据经过背板的 IQ 链路传输到 TORN，经过 TORN 处理后通过光纤传输给 RRU。反之亦然。而控制信息则由 BCCS 通过以太网交换，直接送到各个单板。同理，各个单板的操作维护信息也通过以太网直接交换到 BCCS 上，然后由 BCCS 通过 IIA 传到后台。

4. ZXTR B328 单板结构与功能

ZXTR B328 包括以下单板，见表 3-5。

表 3-5　单板英文简称与名称对照表

英文简称		单板名称	物理位置
BCCS		控制时钟交换板	BCR 机框
BELD		环境监控灯板	配电插箱
BEMU	BEMC	环境监控板	机顶
	BEMS	环境监控辅助板	机顶
ET		E1 转接板	机顶
FCC		离心型风扇控制板	风扇插箱
IIA		Iub 接口板	BCR 机框
TBPA		基带处理板	BCR 机框
TORN		光接口板	BCR 机框

下面针对不同的单板分别介绍：

（1）控制时钟交换板（BCCS）

BCCS 是基站的控制、时钟、以太网交换单元，是基站的系统控制板，完成以下功能：

1）Iub 接口协议处理，执行基站系统中的小区资源管理、参数配置、测量上报。

2）对基站进行监测、维护，通过 100BaseT 以太网接口和其他单板进行控制信息的交互。

3）支持近端和远端网管接口，近端网管接口为 100BaseT 以太网接口。

4）管理系统内各单板程序的版本，支持近端和远端版本升级。

5）通过控制链路可以复位系统内各个单板。

6）通过硬信号可以控制系统内主要单板的上电复位。

7）主备竞争、控制、通信功能。

8）同步外部各种参考时钟并能滤除抖动。

9）产生并分发系统各个部分需要的时钟。

10）提供以太网交换功能，保证系统内的控制链路和业务链路有足够带宽。

（2）基带处理板（TBPA）

TBPA 即基带处理板，最多可以支持 3 载波 8 天线的基带处理。

上行方向，背板进来的 IQ 数据经过 FPGA 分组交换成帧，其中数据部分按载波为单位交由 DSP 处理，DSP 处理完的数据传送给 CPU，而信令部分通过 LOCAL BUS 传给 CPU，CPU 最后把整合之后的信息通过以太网送 IIA 板处理。

下行方向，CPU 通过以太网从 IIA 板得到信息，分离出的数据交给 DSP 处理。FPGA 从 DSP 得到处理后的数据，从 CPU 口读取配置和信令，进行载波交换，最后通过 IQ 输出给背板。

（3）Iub 接口板（IIA）

IIA 的全称是 Iub Interface over ATM，它是 B328 设备与 RNC 设备连接的数字接口板，实现与 RNC 的物理连接。

IIA 板主要完成以下功能。

1）提供与 RNC 连接的物理接口，完成 Iub 接口的 ATM 物理层处理，IIA 提供了 3 种标准接口：STM-1；E1；T1。

2）处理 ATM 物理层的所有功能。

3）完成 ATM 的 ATM 层处理和适配层处理。

4）Iub 接口信令数据与用户数据的收发。

5）时钟提取，从 STM-1 或者 E1/T1 上提取 8kHz 送给时钟板作为时钟参考。

6）AAL5/AAL2 适配功能。IIA 板把来自 RNC 的 AAL2 信元流进行 CID 交换后适配成 MAC 包，通过 BCCS 分发到各个基带处理板 TBPA。AAL5 信元流经过 AAL5 适配后，转成 MAC 包发送给 BCCS 板。在上行方向则将 MAC 包转换成 ATM 信元。

7）ATM 交换功能。IIA 板将本板的信元流和级联的 ZXTR B328 的信元流，经过 ATM 交换后通过 UTOPIA 接口送到光接口或 E1 接口模块，通过标准的传输接口输送到 RNC；同时将接收到的下行 RNC 数据经交换后发给本机 B328 和各个级联的 B328/Node B。

（4）光接口板（TORN）

TORN 是 BBU 和 RRU 间的接口板，实现 BBU 和 RRU 的信息交互，及 BBU 和 RRU 之间的星形、链形、环形组网。

TORN 主要完成以下功能：

1）提供 6 路 1.25 Gbit/s 光接口连接 RRU 单元，支持星形、链形、环形组网。

2）IQ 的交换。

3）支持 BCCS 直接控制的本板电源开关功能。

4）接收来自 BCCS 的系统时钟并产生本板需要的各种工作时钟。

5）提供上下行 IQ 链路的复用和解复用处理。

6）最多支持 12 块基带板的接入。

（5）离心型风扇控制板（FCC）

离心型风扇控制板（FAN Control Centrifugal Board）为机架风扇的控制板，它用于离心风扇控制和混流风扇的控制，完成风扇电源提供、转速控制、转速检测及风口温度检测等的功能。

FCC 的功能主要包括：通过 BEMU 控制和测量风扇转速；通过 BEMU 测量风扇风口温度。

（6）环境监控灯板（BELD）

BELD 作为 ZXTR B328 的电源和告警指示灯板，竖插在配电插箱中，通过 8 芯电缆和 BEMU 连接。

BELD 的全称是 Node B Environment LED Display，实现对系统环境量和 -48V 电源的灯光指示告警功能。

（7）E1 转接板（ET）

ET（E1 Transit Board）是 E1 转接板。功能原理如下：

ET 板将 IIA 前面板输出的 8 路 E1 信号双绞线方式转换为 75Ω 非平衡电缆接头方式，并且对线路口做过电流、过电压和钳位保护。

（8）BEMU

BEMU 位于机顶，竖插，用于接入系统内部和外部的告警信息（包括环境监控、传输、电源、风扇等的告警信息），为 BCCS 板提供管理通道，并为 BCCS 提供 GPS、BITS 基准时钟，对外提供测试时钟接口等功能。

BEMU 模块由环境监控板（BEMC）和环境监控辅助板（BEMS）组成。

BEMC 板和 BEMS 板叠放位置如图 3-32 所示。

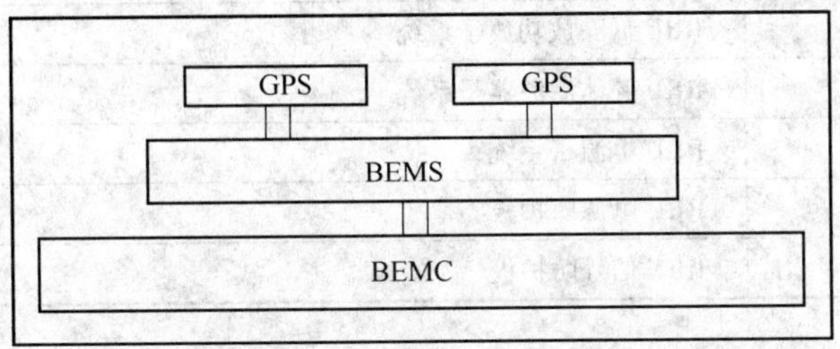

图 3-32　BEMC 叠放示意图

3.4.4　ZXTR R04 硬件结构

R04 机箱内部布局如图 3-33 所示。

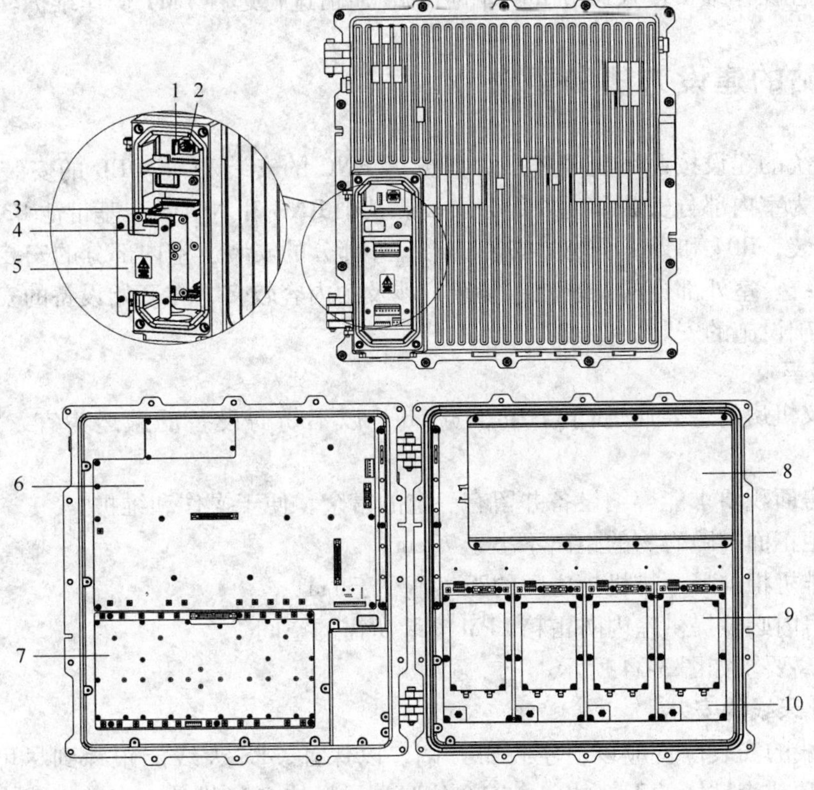

图 3-33　机箱单板布局

1、2—指示灯　3—RSP　4—RPP　5—绝缘盖板　6—RIIC

7—RTRB　8—RPWM　9—RFIL　10—RLPB

单板说明见表3-6。

表3-6 单板说明

单板名称	说明
RIIC	RRU接口中频控制板
RTRB	RRU收发信板
RLPB	RRU低噪放功放子系统
RFIL	RRU腔体滤波器子系统
RPWM	RRU电源子系统
RPP	RRU电源防护板
RSP	RRU信号防护板

3.4.5 操作维护

对于Node B的操作维护，系统可以有3种方式：OMC-B、近端LMT、远端LMT。LMT支持两种接入方式：本地操作维护接入通过机顶的10/100M以太网RJ45接口，对Node B进行本地LMT操作维护管理，本地操作维护一般用于开局维护，仅负责单个Node B的配置和管理；远程操作维护接入通过Iub口的IPOA通道进行远程LMT操作维护。

3.5 基站的建设方法和要求

基站系统的建设按照系统架构，可以分为RNC的安装和NODEB的安装；按照空间划分，可以分为室内部分安装和室外部分安装。其中RNC和NODE B基带池B328的安装属于室内部分安装，R04和天馈系统的安装属于室外部分的安装。室内部分的安装比较简单，类似于其他系统。室外部分的安装相对复杂，涉及的内容较多，在开始设备的安装前，先要进行抱杆等基础设施的安装。

1. 机房要求

1）建议机房的主要通道门高2m，宽1m，以不妨碍设备的搬运为宜，室内净高不小于3m。

2）机房面积要求能容纳设备并留有一定的富余，便于操作和维护。

3）机柜正面与障碍物的距离不小于70cm。

4）一排机柜与另一排机柜之间的距离不小于1m。

5）机房内必须提供室内防雷箱LPM安装所需的空间。

机柜距离要求如图3-34所示。

2. GPS天线的安装

GPS天线的安装位置应该对空视野开阔，以保证GPS天线能跟踪到尽可能多的卫星，通常选择楼顶或者铁塔的下部的一个安全位置，尽量使GPS馈线短一些以减小衰耗。

通常将GPS天线安装在铁塔45°避雷区域内，如果不在铁塔避雷区域内，应该要求用户专门为GPS天线制作并安装避雷针。

特别注意固定GPS天线的抱杆必须接地。GPS天线的安装简图如图3-35所示。

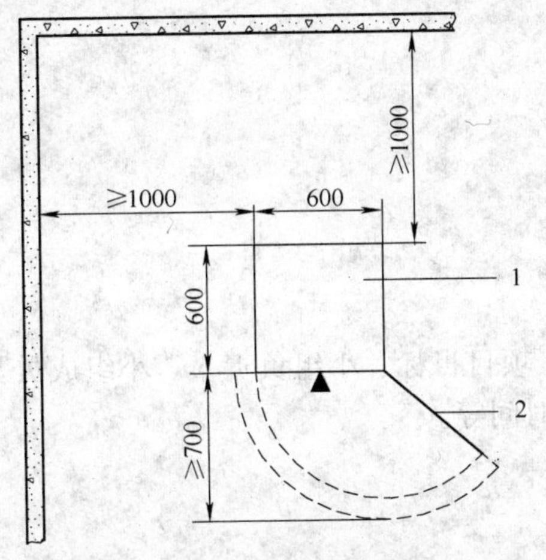

图 3-34　机房内机柜距离要求

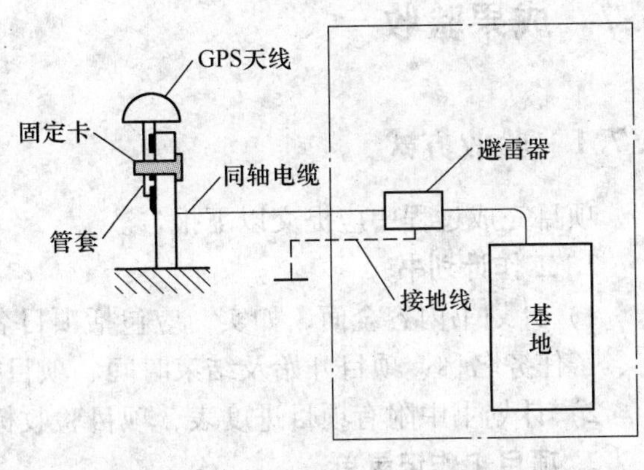

图 3-35　GPS 天线的安装简图

3. 抱杆安装

抱杆是固定天线的镀锌钢管，工程要求如下：

1）抱杆直径为 ϕ64 ~ ϕ110mm。

2）建议屋面抱杆直径的选择范围：ϕ83 ~ ϕ108mm，壁厚 4 ~ 6mm。

3）在没有条件加斜撑的情况下，抱杆长度不宜超过 4m，特殊情况下最人不应超过 6m。

4）抱杆安装方式一般分为：配重式抱杆和附墙式抱杆。

4. 天线安装

1）全向天线安装要求：天线在避雷针顶点下倾角 45°保护范围内；天线轴线应和水平面垂直，误差小于 ±1°；天线抱杆高度必须低于天线本身；避雷针需要离开天线的水平距离至少 1.5m；天线须处于环境的最高点（周围至少 40 ~ 50m 没有明显的反射物）。

2）定向天线安装要求天线在避雷针顶点下倾角 45°保护范围内；天线方位角和俯仰角误差应小于 ±1°；如果是环铁架定向安装，则需要保证阵与阵之间的最小水平间距至少为 2m 以上。

3）同一 TD 基站 3 个扇区天线间的间距要求：水平间距≥2m，如果条件不具备，特殊情况下可以≥1.5m；垂直间距≥1.0m，特殊情况下可以≥0.5m。

4）TD 天线与 GSM 天线之间的间距要求：使用线阵天线时，并排同向安装时，水平隔离距离≥2m，垂直距离≥0.5m；背靠背安装时，水平隔离距离≥1m，垂直距离≥0.2m；使用圆阵天线时：在 GSM 定向天线主方向 +/－90°外，水平隔离距离为≥2m；在 GSM 定向天线背部（定向天线主方向 +/－120°外），水平隔离距离为≥2m，垂直隔离距离≥1m。

3.6　任务实施

任务实施需要学生完成以下内容：

1）描述基站的建设方法和要求。

2）说明 RNC 机柜的内部组成，模块配置。

3）描述 RNC 设备单板结构与功能。

4）描述 NodeB 机柜的内部组成，模块配置，单板结构。

3.7 成果验收

3.7.1 验收方式

项目完成过程中应提交以下报告。

1. 工作计划书

1）计划书内容全面、如实，应包括项目名称、项目目标、小组负责人、小组成员及分工、子任务名称、项目开始及结束时间、项目持续时间等。

2）计划书中附有项目进度表，项目验收标准。

2. 项目工作记录单

1）基站的建设方法和要求。

2）RNC 设备单板结构与功能。

3）RNC 机柜的内部组成，模块配置。

4）NodeB 机柜的内部组成，模块配置，单板结构。

3. 项目总结报告

1）报告内容全面、条理清晰，包括：项目名称、目标、负责人、小组成员及分工、用户需求分析、安装调试过程、测试记录等。

2）能够对项目完成情况进行评价。

3）根据项目完成过程提出问题及找出解决的方法。

3.7.2 验收标准

验收标准如表 3-7 所示。

表 3-7 验收标准

验收内容		分值	自我评价	小组评价	教师评价
工作计划		5			
项目工作记录单	RNC 机柜的内部组成，模块配置	15			
	RNC 设备单板结构与功能	15			
	Node B 机柜的内部组成，模块配置，单板结构	15			
	基站的建设方法和要求	15			
安全文明生产	安全、文明的操作	4			
	有无违纪和违规现象	3			
	良好的职业操守	3			
学习态度	不迟到，不缺课，不早退	4			
	学习认真，责任心强	3			
	积极参与完成项目	3			
项目总结报告	对项目完成情况进行评价	10			
	提出问题及找出解决的方法	5			
自我，小组，教师评价分别总计得分					
总分					

3.8 思考与练习

1. 画出 ZXTR RNC 系统逻辑结构图。
2. ZXTR RNC 有哪些逻辑单元，各单元的作用是什么?
3. ZXTR RNC 有哪些机框? 画出最满配置图。
4. ZXTR RNC 的各机框分别可以插什么单板?
5. ZXTR RNC 可以实现哪些基本业务?
6. 说明什么是射频拉远。
7. 画出 ZXTR B328 BCR 机框的满配置图。
8. 简要说明 ZXTR B328 包括哪些单板?

项目 4 中兴 TD-SCDMA 基站设备开通配置

【背景】

TD-SCDMA 设备 RNC 和 NodeB 开通配置管理的主要作用是进行系统开通，管理 RNC 系统的各种资源数据和状态，为系统正常运行提供所需要的各种数据配置，从根本上决定着设备的运行模式和状态，也直接关系到通信网络的服务质量。

设备数据配置是指在无线操作维护模块 OMM（Operation & Maintenance Module）和网元之间建立联系，使用户能够通过网管软件界面，操纵网元中的管理对象进行数据配置。进行数据配置的操作人员需要熟悉设备的基本原理和配置管理的使用规则。

【目标】

1）通过中兴 TD-SCDMA 实验仿真教学软件 Vbox 学会中兴 RNC 数据配置的过程。

2）通过中兴 TD-SCDMA 实验仿真教学软件 Vbox 学会中兴 NODEB 数据配置的过程。

3）熟悉中兴通讯接入网设备 ZXTR B328 和 R04 系统结构。

4.1 情境引入

中兴 TD-SCDMA 基站设备开通配置项目中，我们通过中兴 TD-SCDMA 实验仿真教学软件 Vbox 来学习中兴 RNC 和 NODEB 数据配置的过程。中兴 TD-SCDMA 实验仿真教学软件 Vbox 是基于中兴 TD-SCDMA RNC 设备 ZXTR RNC 和 NODEB 设备 B328 的实际数据配置过程所开发的，利用中兴 TD-SCDMA 实验仿真教学软件 Vbox，便于在没有实际设备的情况下学习中兴设备的数据配置过程和配置方法。

通过本项目的完成，使学生能初步掌握 TD-SCDMA 基站设备的数据配置和开通等过程。

4.2 任务分析

4.2.1 任务实施条件

1）中兴 TD-SCDMA 系统 RNC 设备 ZXTR RNC；中兴 TD-SCDMA 系统 NodeB 设备 ZXTR B328 和 ZXTR R04。

2）在没有真实设备的情况下，本项目可以采用中兴 TD-SCDMA 实验仿真教学软件 Vbox 来进行教学。

4.2.2 任务实施步骤

1）制订工作计划。

2）学习中兴 TD-SCDMA 基站系统的开通配置方法和要求。

3）进行中兴 TD-SCDMA 系统 RNC 设备 ZXTR RNC 数据配置。

4）进行中兴 TD-SCDMA 系统 NodeB 设备 ZXTR B328 的数据配置。

5）验证配置结果。

6）能够对项目完成情况进行评价。

7）根据项目完成过程提出问题及找出解决的方法。

8）撰写项目总结报告。

4.3 仿真软件基本操作

我们通过中兴 TD-SCDMA 实验仿真教学软件 Vbox 来学习中兴 TD-SCDMA 基站系统数据配置的过程。下面将按步骤来说明中兴 TD-SCDMA 实验仿真教学软件 Vbox 基本操作。

进入中兴 TD-SCDMA 实验仿真教学软件，如图 4-1 所示，可以看到中兴 TD-SCDMA 实验仿真教学软件主界面。

图 4-1　中兴 TD-SCDMA 实验仿真教学软件窗口

4.3.1 仿真硬件环境

单击电梯进入天台观察 RRU，可以看到天台 RRU 状态，如图 4-2 所示。

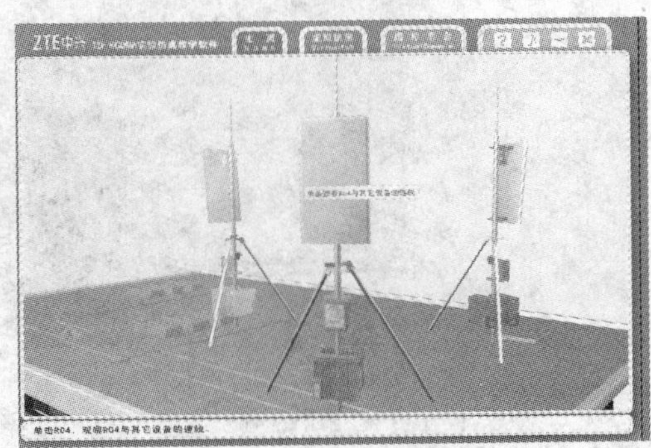

图 4-2　天台 RRU 状态

单击 RRU 可观察 R04 物理连线，如图 4-3 所示。

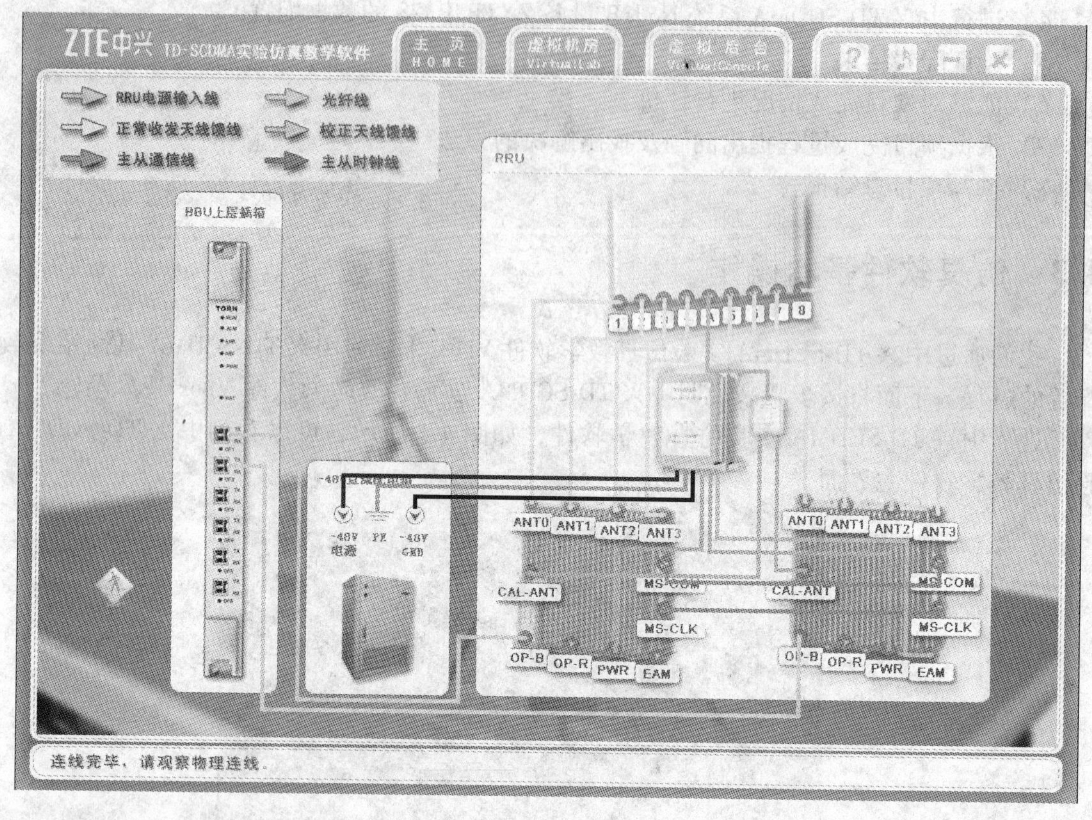

图 4-3　R04 物理连线

返回仿真实验室主界面，单击实验室观察实验室设备，可看到仿真实验室设备机房界面，如图 4-4 所示，内部有实验室 B328 和 RNC 设备以及进行操作维护的计算机。

图 4-4　仿真实验室设备机房界面

打开 B328 机柜，可以看到机柜配置，如图 4-5 所示。

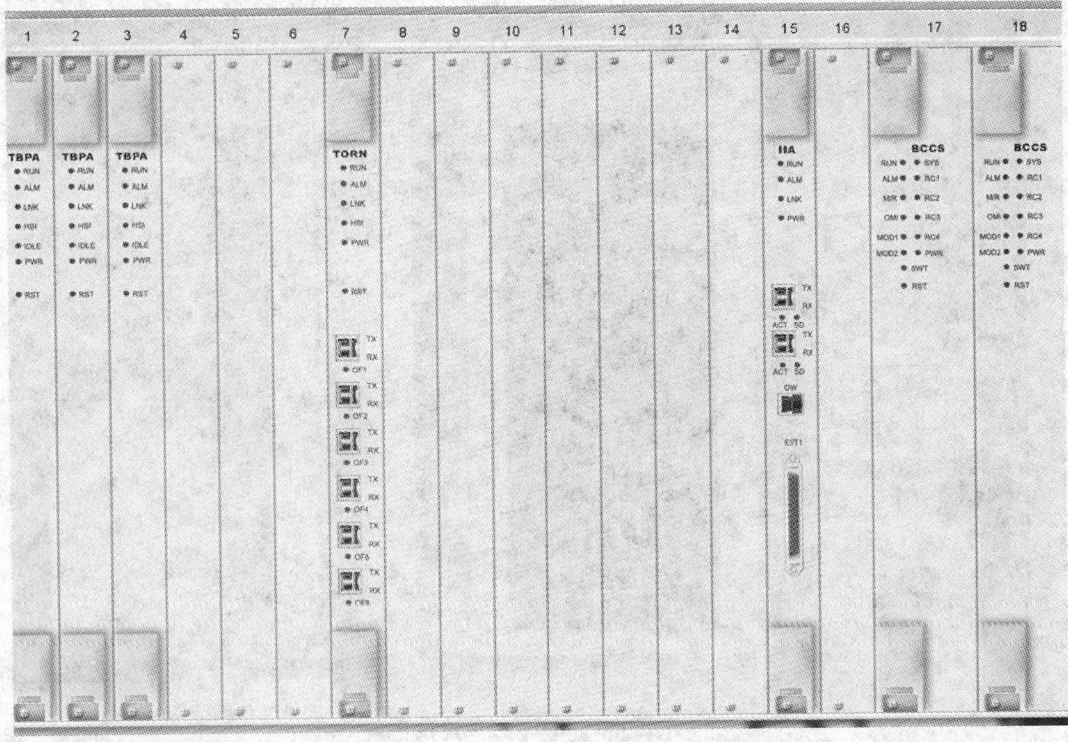

图 4-5　B328 机柜配置

单击 B328 机柜顶部，可以看到机顶状态，如图 4-6 所示。

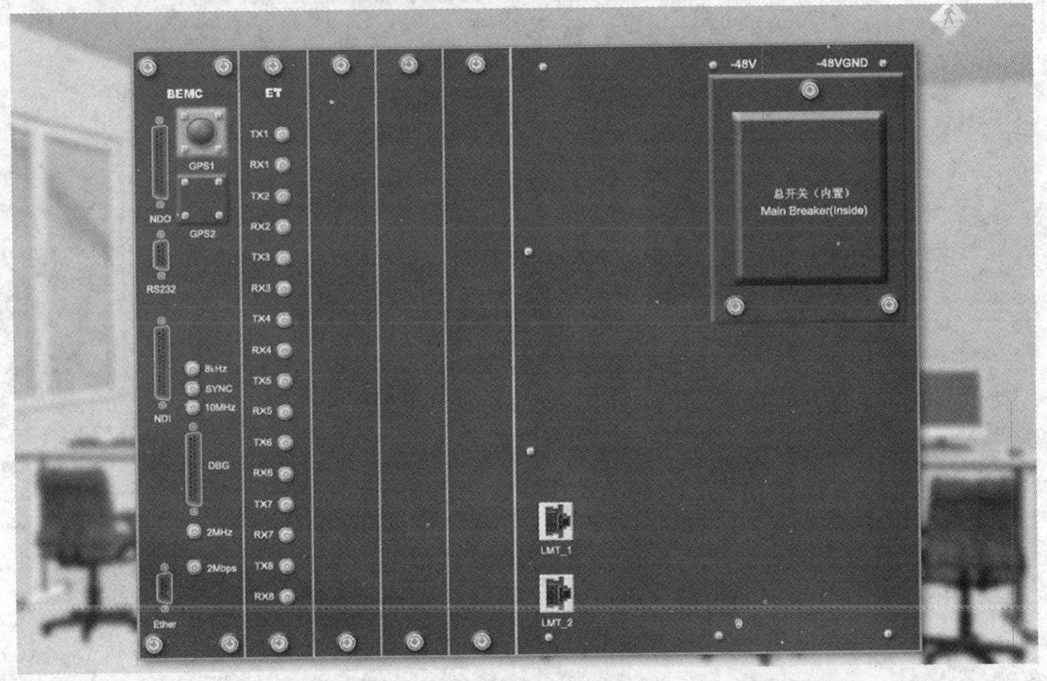

图 4-6　B328 机顶状态

右键单击查看机顶连接，可以看到机顶连线，如图 4-7 所示。

图 4-7　B328 机顶连接

单击 RNC 机柜，可以看到 RNC 机架，如图 4-8 所示。

图 4-8　RNC 机架

单击 RNC 机架中的上层机框，可以看到 RNC 机框的资源框，如图 4-9 所示。

单击 RNC 机架中的下层机框，可以看到 RNC 机框的控制框，如图 4-10 所示。

单击手机图标，可以看到虚拟 UE，如图 4-11 所示，目前处于无网络状态，显示无网络。

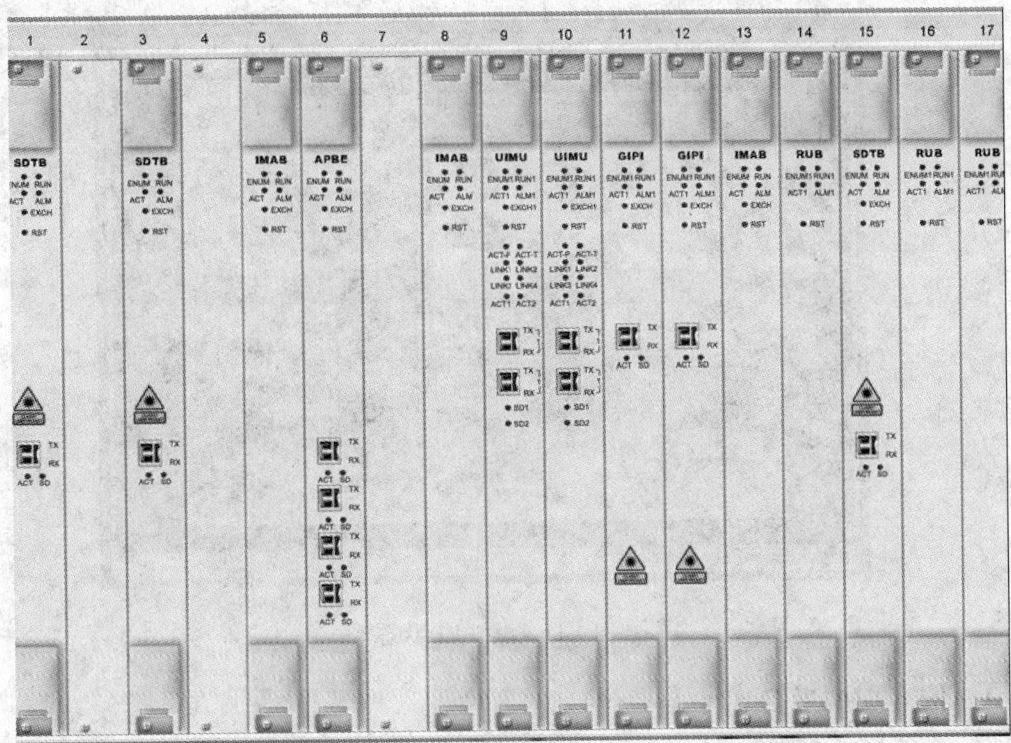

图 4-9　RNC 资源框

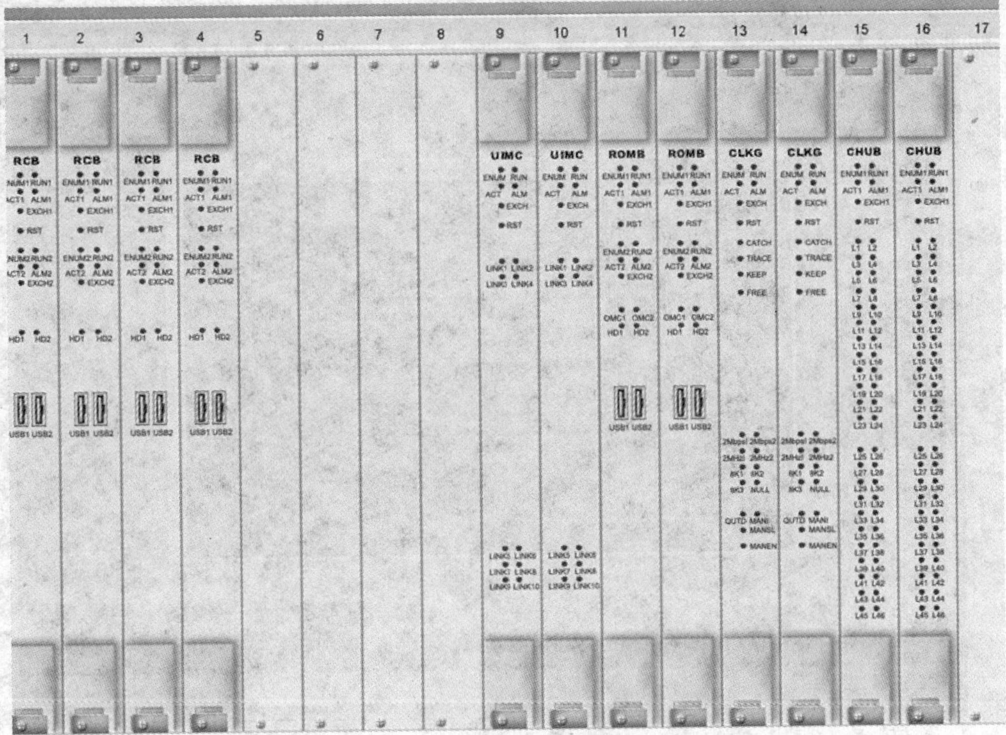

图 4-10　RNC 控制框

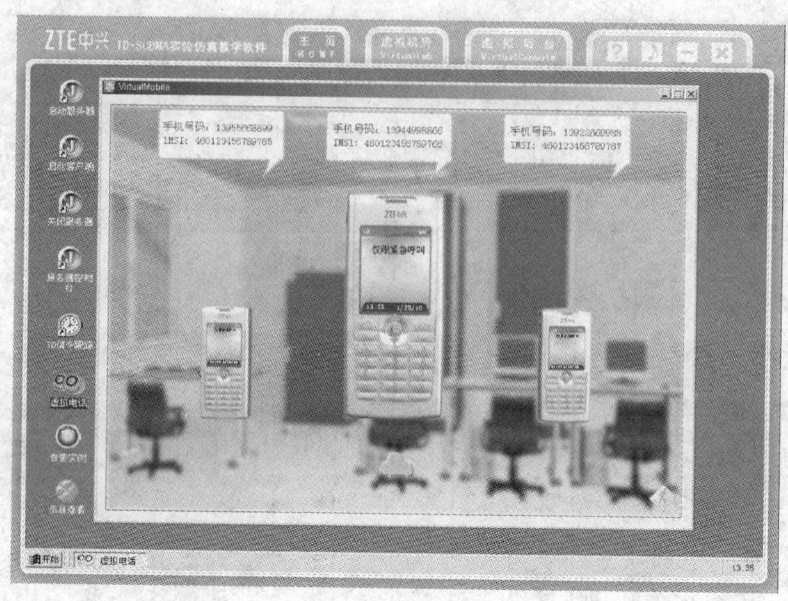

图 4-11　虚拟 UE 状态

4.3.2　仿真虚拟后台

打开计算机可以看到虚拟后台，需要首先启动服务器，如图 4-12 所示。

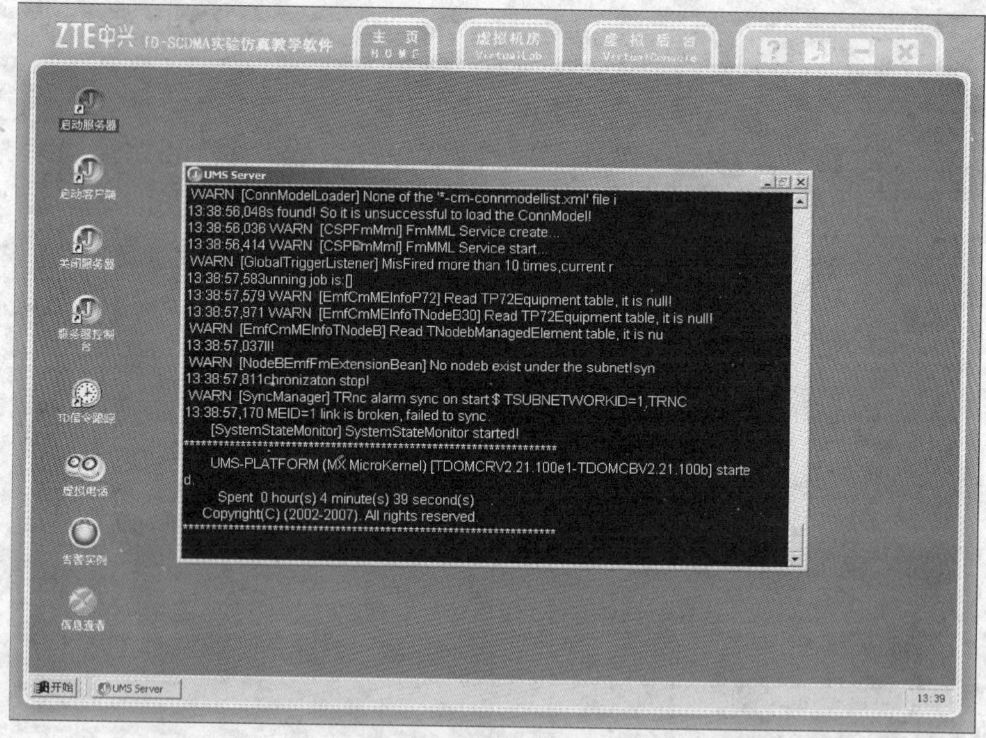

图 4-12　启动服务器

然后启动客户端，可以进入维护管理平台，单击主菜单栏“视图”→“配置管理”，进入“配置管理”界面，如图 4-13 所示，从此可以开始进行数据配置。

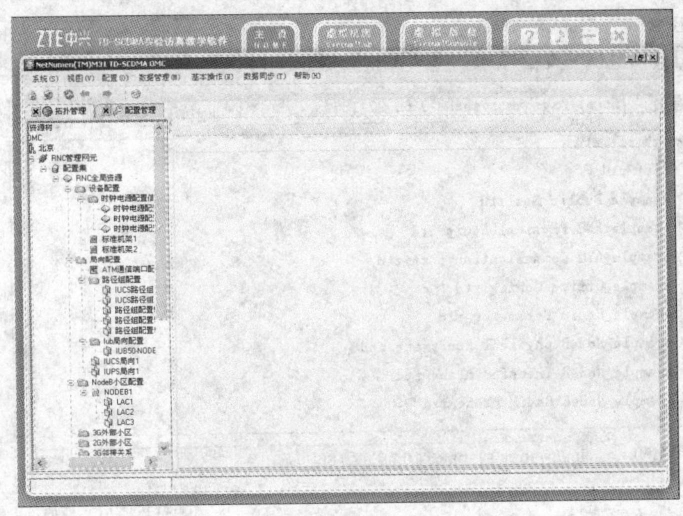

图 4-13 进入配置管理界面

在中兴 TD 仿真软件中给出了参考的配置数据，以便于学习配置过程，这是真实设备环境中没有的，要查看给出的配置数据，可以单击消息查看，进入实验数据配置表，选择配置对象，可看到相关配置数据，如图 4-14 所示。

信息查看（实验数据配置表）

RNC侧网元及全局资源配置

属性	属性值
操作维护单板IP地址	129.0.31.1
移动国家码	460
移动网络码	7
本局24位信令点	14.31.11
静态路由网络前缀	20.2.34.3

图 4-14 相关配置数据

1. 数据备份与数据恢复

系统提供数据恢复功能，根据数据备份文件进行数据恢复。单击选择配置管理主菜单栏“数据管理”→“数据恢复”，就可以弹出“数据恢复”对话框，进行数据恢复。

注意：开始配置前要恢复初始数据文件。

单击“数据恢复”对话框右上角的 选择... 按钮，弹出“打开路径”选择框，选择在服务器上的备份文件，如图 4-15 所示。

在配置前，需要恢复 init. zt，然后启动客户端，可以进入维护管理平台，单击主菜单栏“视图”→“配置管理”，进入“配置管理”界面，从此可以开始进行数据配置。我们可以先恢复一个做好的数据 example. ztd 来看看后续操作，选择备份好的网元，如图 4-16 所示。

数据恢复
存储路径：
选择...
打开
查看(I):
fttp://sysbak:sysbak@10.66.92.186/
example.ztd
init.ztd
example_Public Res.ztd
example_RNC Physical Equip.ztd
example_ATM Communication port.ztd
example_Office Config.ztd
example_Radio Parameter.ztd
example_NodeB physical Equipment.ztd
example_NodeB Transfer Plane.ztd
example_NodeB Radio Plane.ztd
目录名(N):
ftp://sysbak:sysbak@10.66.92.186/
打开
取消
只备份主用配置集
确定
取消

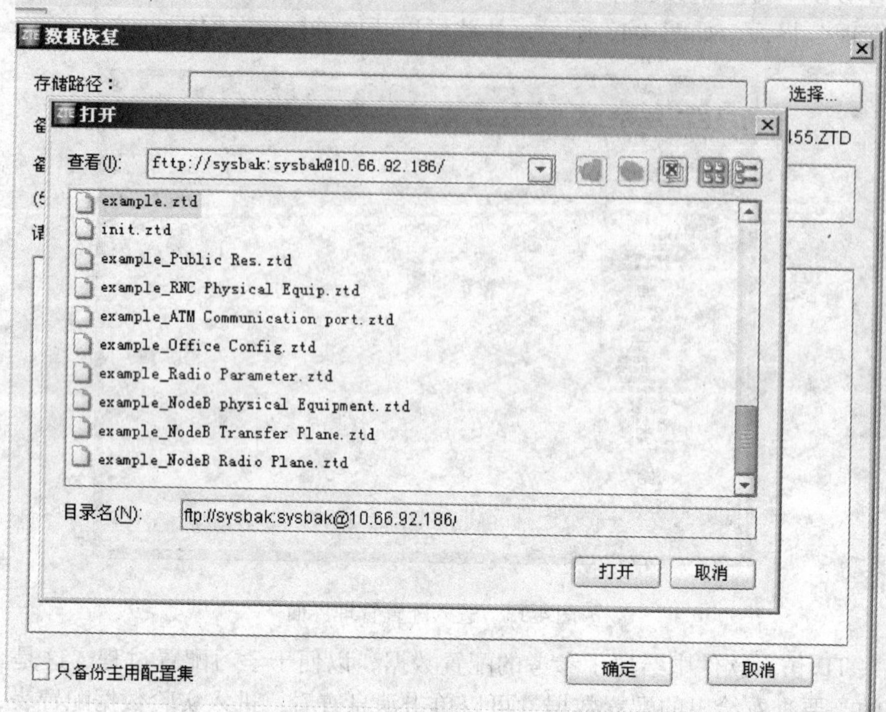

图 4-15 “数据恢复”对话框

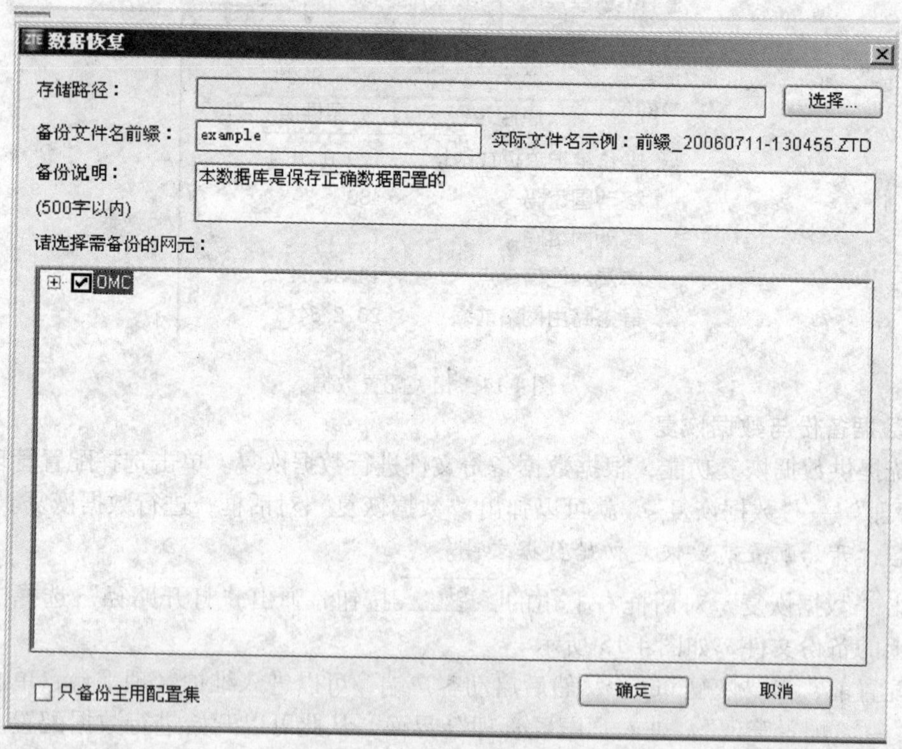

数据恢复
存储路径：
选择...
备份文件名前缀：
example
实际文件名示例：前缀_20060711-130455.ZTD
备份说明：
(500字以内)
本数据库是保存正确数据配置的
请选择需备份的网元：
OMC
只备份主用配置集
确定
取消

图 4-16 选择备份好的网元

开始进行数据恢复，进度条显示当前恢复进度。数据恢复完成后，弹出“数据恢复结果”对话框，单击“确定”按钮，配置数据恢复完成。

可以在左侧导航栏看到恢复结果，配置资源树里，相应网元增加了一个配置集，如图 4-17 所示。

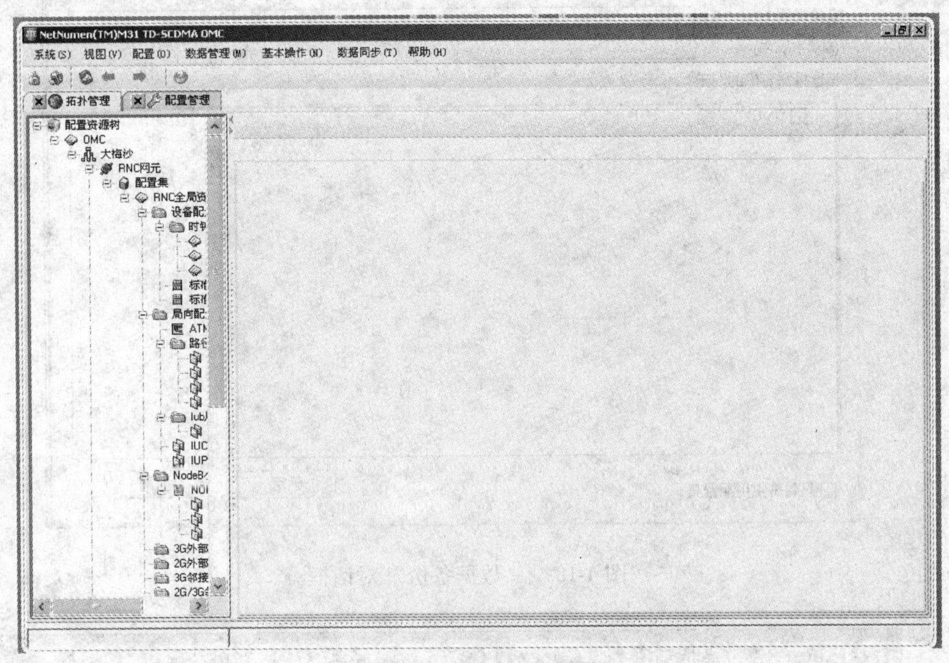

图 4-17　配置资源树里相应配置集

系统提供数据备份功能，为特定时刻的配置数据做一个快照，数据备份以配置集为最小单位，包括配置集及以下的所有数据。

单击选择配置管理主菜单栏“数据管理”→“数据备份”，弹出“数据备份”对话框，如图 4-18 所示。

该对话框中，选择储存路径项已被中兴仿真软件固定，用户无法修改，命名备份文件前缀，选择备份的网元 OMC，单击“确定”按钮进行备份。

2. 整表同步

数据配置完成后，通过整表同步或增量同步将数据同步到 RNC 或 NODEB。整表同步将 OMM 服务器端数据库中的所有表的所有数据打包成一个文件发送到 RNC 或 NODEB，RNC 或 NODEB 进行所有数据的加载。一般在完成系统初始配置或 RNC、NODEB 网元数据库失效时使用整表同步。

先对 RNC 整表同步，如图 4-19 所示；需要进行数据合法性检查，通过后，选择主备是否同步，如无故障，RNC 整表同步成功。

再对 NODEB 整表同步，如图 4-20 所示；需要进行数据合法性检查，通过后，选择主备是否同步，如无故障，RNC 整表同步成功。

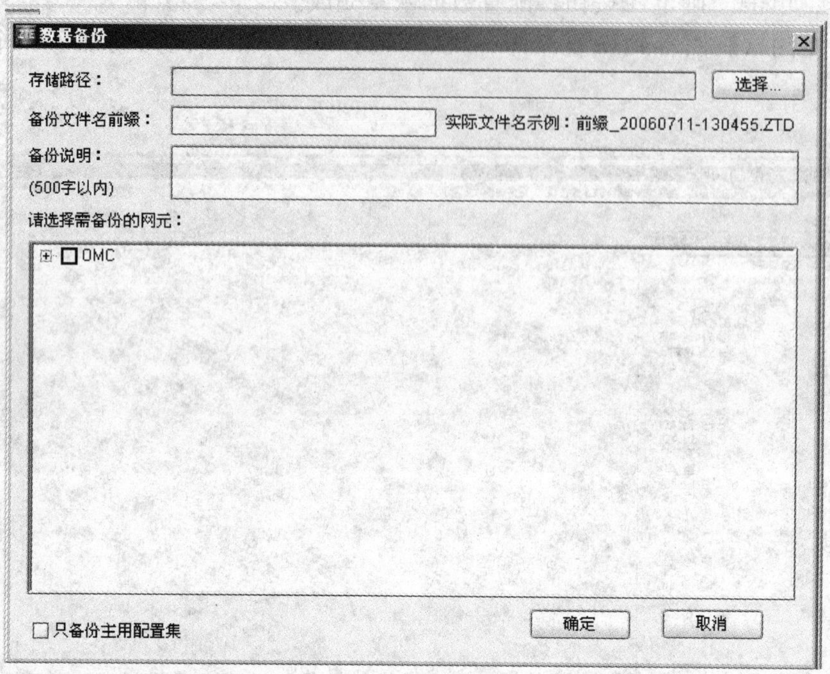

图 4-18 “数据备份”对话框

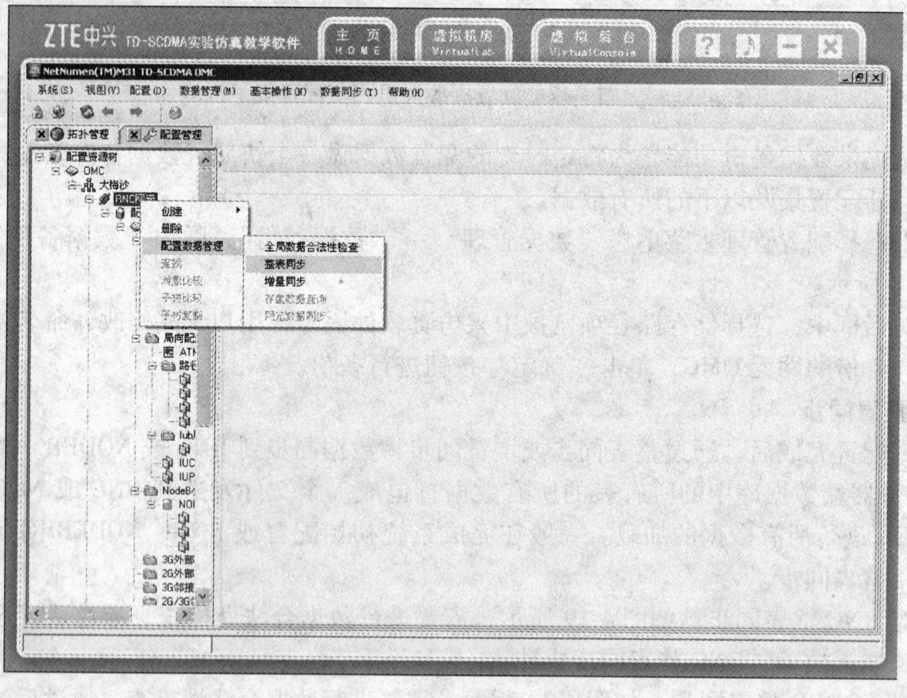

图 4-19 RNC 整表同步

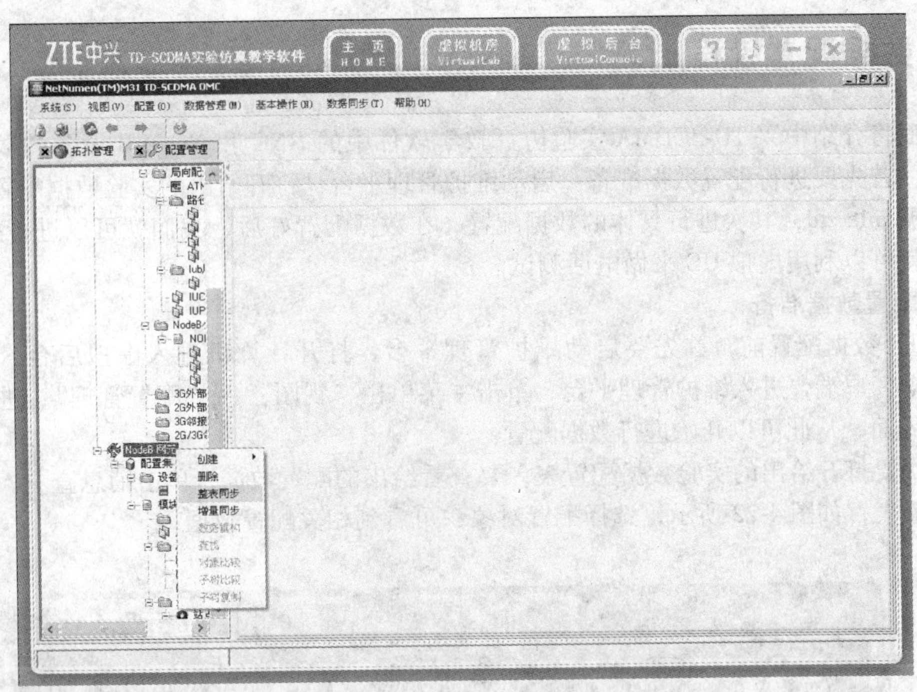

图 4-20　NODEB 整表同步

3. 通过虚拟电话测试配置是否正确，打开虚拟电话

进入虚拟电话测试界面，进行拨号，选择号码，当对方接听电话，处于通话状态后，如图 4-21 所示，测试成功。

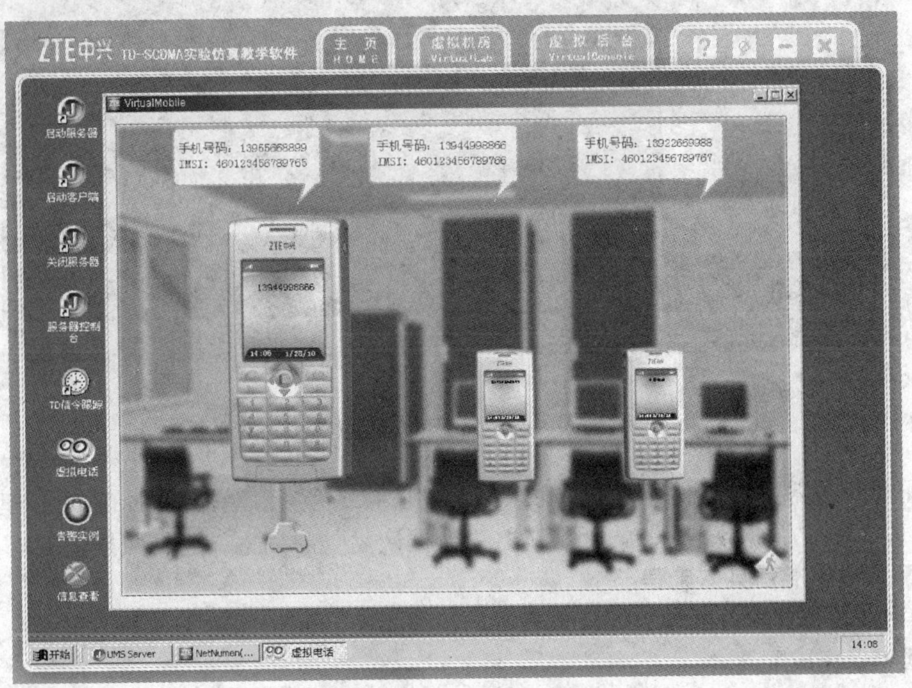

图 4-21　处于通话状态

4.4 数据配置流程

下面将介绍中兴 TD-SCDMA 实验仿真教学软件中的 RNC 和 NODEB 设备的数据配置具体流程，首先要进行配置数据准备：启动维护管理平台，打开给出的实验数据配置表，恢复初始数据 init. ztd；其次进行具体的数据配置，在数据配置好后，我们就可以进行整表同步，通过后就可以利用虚拟 UE 来做电话测试。

1. 配置数据准备

ZXTR 数据配置前，首先要启动维护管理平台，打开计算机进入虚拟后台，启动服务器，启动客户端，进入维护管理平台，单击主菜单栏“视图”→“配置管理”，进入“配置管理”界面，从此可以开始进行数据配置。

其次要打开给出的实验数据配置表，要查看给出的配置数据，单击消息查看，进入实验数据配置表，如图 4-22 所示，选择配置对象，可看到相关配置数据。

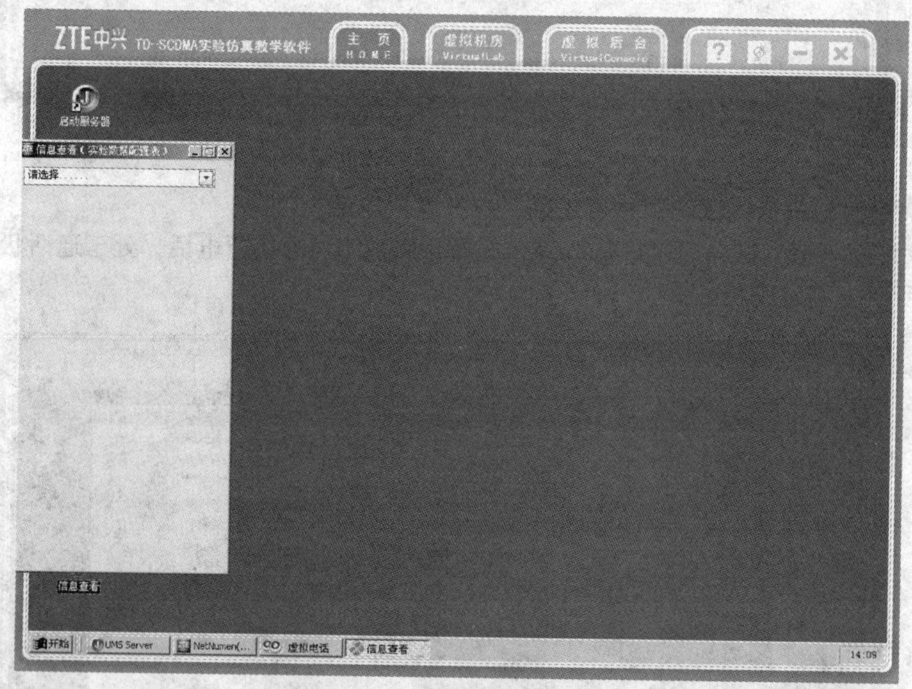

图 4-22　实验数据配置表

在配置前还需要恢复初始数据 init. ztd，如图 4-23 所示。单击选择配置管理主菜单栏“数据管理”→“数据恢复”，就可以弹出“数据恢复”对话框，进行数据恢复。

2. 配置数据准备具体流程

见表 4-1，仿真软件配置数据步骤表中给出了 RNC 和 NODEB 数据配置步骤，需要根据表中数据步骤完成配置。

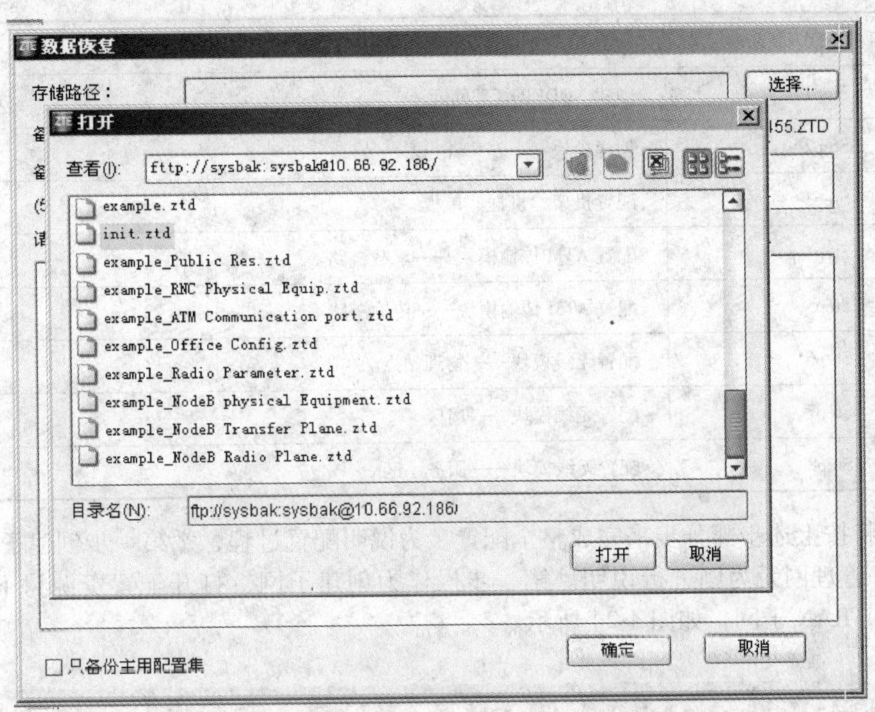

图 4-23　恢复初始数据 init. ztd

表 4-1　仿真软件配置数据步骤表

RNC 数据步骤	配 置 内 容
Step1	创建子网
Step2	创建 RNC 管理网元
Step3	创建 RNC 全局资源
Step4	创建机架
Step5	配置各单板 IP 地址（ROMB、GIPI、APBE）
Step6	统一分配 IPUDP IP 地址
Step7	ATM 通信端口配置
Step8	IuCS _ AAL2 路径组配置
Step9	创建 IU-CS 局向
Step10	创建 IU-PS 局向
Step11	静态路由配置
Step12	快速创建 IUB 局向
Step13	创建服务小区

（续）

手工开通 NODEB 步骤	配 置 内 容
Step1	创建 NODEB 管理网元
Step2	创建模块
Step3	配置机架、机框、单板
Step4	配置 ATM 传输模块——承载链路
Step5	配置 ATM 传输模块——传输链路
Step6	配置无线模块——物理站点
Step7	配置无线模块——扇区
Step8	配置无线模块——服务小区

下面将按上述步骤分步来完成整个配置。为说明配置过程，举第一步创建子网和第二步创建 RNC 管理网元为例进行说明。第一步操作为创建子网，打开配置资源树下的根节点，创建 TD-UTRAN 子网，如图 4-24 所示。

图 4-24　创建子网

跳出 TD-UTRAN 子网参数表如图 4-25 所示。根据后面的配置数据表填写。

TD UTRAN子网
用户标识　大学
子网标识　1
子网类型　TD UTRAN子网
确定　取消　帮助

图 4-25　子网参数

第二步需要创建 RNC 管理网元，在 TD-UTRAN 子网下单击创建 RNC 管理网元，如图 4-26 所示。

根据配置数据表配置相关数据，如图 4-27 所示。

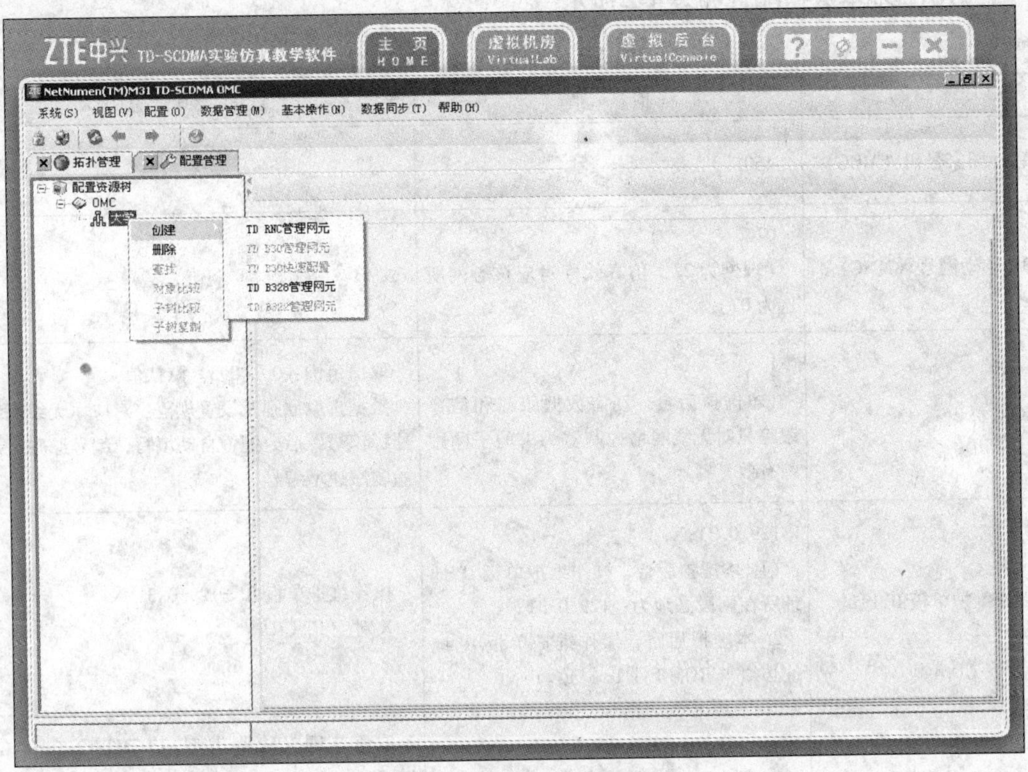

图 4-26　创建 RNC 管理网元

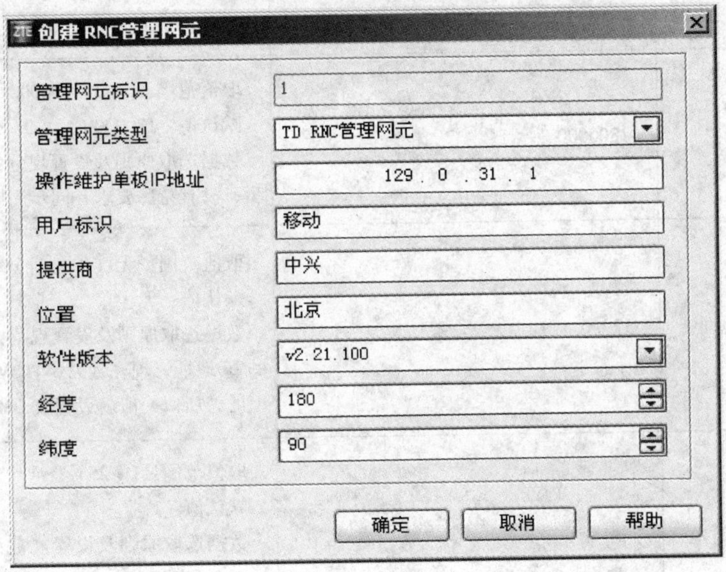

图 4-27　配置 RNC 管理网元数据

3. 配置数据表

配置过程需要的数据见表 4-2，可按表中的参数和属性进行配置，首先进行 RNC 的配置。

1）RNC 基本数据配置如表 4-2 所示。

表 4-2　RNC 基本数据配置

参　数	取　值	说　明
移动国家号码（MCC）	460	
3G 移动网号（MNC）	07 （现网为 22，仿真软件对应核心网所选为 07）	
RNC 标识	1 （本虚拟后台，动态数据跟踪和信令跟踪只对无线网络控制器为 1 的子网跟踪有效）	取值范围：0～4095。默认值：无 数据选取原则及设置规范：对应本无线网络控制器标识号，后台配置自动填写，编号原则是从 1 开始顺序递增编号
操作维护单板 IP 地址	129.0.31.X （1. 本虚拟后台，操作维护单板 IP 地址所在网段必须为：129.0.31； 2. 本虚拟后台，操作维护单板 IP 地址必须与 ROMB 的 IP 一致。）	操作维护单板 IP＝129.0.31.X X 对应 RNCID
时区	480	取值范围（枚举类型）：GMT-12:00～GMT＋13:00 默认值：GMT＋8:00 数据选取原则及设置规范：根据当地的时区设置
时钟同步周期	1800000	取值范围：0～172800000 默认值：1800000 数据选取原则及设置规范：0 表示不进行周期同步，没有特殊要求，同步周期就是 30min
SNTP 服务器 IP 地址	129.0.1.1	取值范围：无（IP 地址） 默认值：无 数据选取原则及设置规范：该字段设置 NTPSVR 的 IP 地址，现在通常 NTPSVR 是在 OMC SERVER 上的，所以一般就设置成 OMC SERVER 的 IP 地址
局号	1	取值范围：1～253 默认值：1 数据选取原则及设置规范：设置成与 RNC 子网标识一致
网络类型	中国移动网	无
测试码	3132333435 （本虚拟后台，CN 侧提供的测试码：3132333435）	无

（续）

参　数	取　值	说　明
本局14位信令点编码	0.0.0	本RNC 14位信令点编码（OPC（14 bits））： 取值范围：无 默认值：0 14位信令点编码的格式是国际规范；在实际配置信令点时还应按照运营商对信令网的整体规划进行。对接参数需要与对端匹配
本局24位信令点编码	14.31.11	本RNC 24位信令点编码［OPC（24 bits）］ 取值范围：无 默认值：可以取0 数据选取原则及设置规范：本地RNC的24位信令点编码，当与邻接局通信时，若对端局使用24位的信令点编码，则RNC也使用24位的信令点编码。24位信令点编码的格式是国内规范，分为主信令区（8bit）分信令区（8bit）信令点（8bit）。在实际配置信令点时还应按照运营商对信令网的整体规划进行。对接参数，需要与对端匹配
ATM地址编码方式	NSAP （本虚拟后台，CN侧提供的ATM地址编码计划是NSAP）	取值范围：1-E164，2-NSAP（枚举） 默认值：1-E164 数据选取原则及设置规范：目前ATM地址编码计划统一使用NSAP的地址格式
ATM地址长度（BYTE）	20	取值范围：20 默认值：20 数据选取原则及设置规范：只有唯一取值，ATM长度固定
ATM地址	00.00.00.00.00.00.00.00.00.00.00.00.00.00.00.00.00.00.00.00	
OMP对后台的子网掩码	255.0.0.0 （本虚拟后台，CN侧提供的OMP对后台IP的子网掩码是255.0.0.0）	无
GIPI板IP地址： （1/1/11，所属模块号1）	OMCB： 接口的端口号：1 IP个数：2 IP：139.1.100.100，139.1.100.102 掩码：255.255.0.0 广播：139.1.255.255	

（续）

参　数	取　值	说　明
APBE 板接口 IP 地址（1/1/6，所属模块号 11）	接口的端口号：3 IP 个数：2 IP：20.2.33.3，20.2.33.4 掩码：255.255.255.0 广播：255.255.255.255 接口的端口号：1 IP 个数：1 IP：20.2.34.3（掩码，广播同上）	（本虚拟后台，APBE 板硬件的接口 IP 掩码是：255.255.255.0；广播地址是：255.255.255.255） 接口板 RUIB 板可以输出 4 路 FE 接口，在组网配置中配置两条接口输出，如果网线坏了一根，还可以正常对 NODEB 进行维护；相应的 OMCB 服务器和客户端，都要配置双 IP/双网卡
ROMB 板 IP 地址	接口的端口号：1 IP 个数：1　　　IP：136.1.1.1 掩码：255.255.255.255 广播：255.255.255.255 （本虚拟后台，ROMB 板硬件的接口 IP 掩码是：255.255.255.255；广播地址是：255.255.255.255）	1. ROMB 的 RPU 模块上有 128 个端口，每个端口可以配置 4 个 IP；共可分配 512 个 IP。每个 IP 支持 60000 个端口 2. RNC 的 RUP 地址为 136.1.M.N，掩码为 32 位（4 个 255），M 为 RNC ID，取值范围为 1 ~ 254，N = 资源框数量，取值范围 1 ~ 254
IP UDPIP 地址分配	RPU 接口 IP：136.1.1.1 需要设置的单板：1/1/14	每个 RUB 板都要配置 DSP 业务 IP 地址；每个资源框的 RUB 统一分配一个 IP；该 IP 全局唯一

2）ATM 通信端口配置如表 4-3 所示。

表 4-3　ATM 通信端口配置

架/框/槽	通信端口	传输方式	IMA 链路号	UNI 标识	端口可配置的最大 VP 数	端口中的 VP 可配置最大的 VC 数
1-1-5	2	IMA	1/9、1/10、1/11、1/12、1/13	UNI	2	2048
1-1-5	0	IMA		UNI	2	2048
1-1-6	0	STM-1		UNI	2	2048
1-1-6	4	STM-1		NNI	32	256
1-1-6	6	STM-1		NNI	32	256

3）IUCS-AAL2 路径组配置如表 4-4 所示。

表 4-4　IUCS-AAL2 路径组配置

路径标识	RNC ID	路径组编号	路径前向带宽/bit/s	路径后向带宽/bit/s	说明
IUCS-AAL2-1	1	1	4500000	4500000	

4）IUCS 局向配置如表 4-5 所示。

表 4-5　IUCS 局向配置

参　　数	取　　值	说　　明
局向类型	MGW 和 MSCSERVER 分离	邻接局类型（Office Type） 取值范围（枚举类型）：1：MSC，2：MSC + SGSN，3：SGSN，4：RNC，6：MSCALCAP，7：MSCSGSNALCAP，8：RNCALCAP，10：ALCAP _ FOR _ CN，11：ALCAP _ FOR _ RNC 默认值：无 数据选取原则及设置规范：该属性确定该邻接局的工作类型，可以参见 ATM 配置的局向配置中的局向类型
该邻接局是否与本局直接相连	是	与本信令点的连接关系（AM） 取值范围：AM _ SURE-1：直联方式（Associated Mode），AM _ QUASI-2：准直联方式（Quasi-associated Mode） 默认值：一般都是直联方式 数据选取原则及设置规范：标识本局与这个邻接局的信令关系是直联的还是准直连的。直连表示本局与这个邻接局之间存在直接连接的信令链路，准直连表示本局与邻接局间没有直接连接的信令链路，他们之间需要有一个或多个信令转接点，如果 RNC 和 MSC 之间是通过 MGW 来转接的，需要填写成“准直连”
ATM 地址编码计划	NSAP	
ATM 地址	01. 01. 01. 00. 00. 00. 00. 00. 00. 00. 00. 00. 00. 00. 00. 00. 00. 00. 00	由 CN 给出
子业务	国内信令点编码	子业务字段（SSF） 取值范围（枚举类型）：NATIONAL _ RESERVED，取值 0x0c，14 位信令点编码，国内网络保留，NATIONAL _ NETWORK，取值 0x08，24 位信令点编码，国内网络，INTERNATIONAL _ RESERVED，取值 0x04，14 位信令点编码，国际网络保留，INTERNATIONAL _ NETWORK，取值 0x00，14 位信令点编码，国际网络 默认值：NATIONAL _ NETWORK 数据选取原则及设置规范：标识邻接局使用的信令点编码类型，与邻接局信令点编码一起确定一个信令点；对接参数，需要与对端匹配
MGW 信令点编码（24 位）	14. 29. 5	由 CN 给出
MSC-SERVER 信令点编码（24 位）	14. 27. 5	由 CN 给出

（续）

参　数	取　值	说　明
传输路径信息		
传输路径编号	1	
路径组编号	1	
路径前、后向带宽/bit/s	4500000	
AAL2 通道信息		
AAL2 通道编号	1	AAL2 通道的局内编号（Path Id） 取值范围：1～232-1（DWORD，十进制） 默认值：无 数据选取原则及数据选取原则及设置规范：AAL2 Path Id 在一个邻接局向内唯一标识一条 AAL2 PVC，必须与对端网元配置一致，Path Id 不能为 0 。后台修改此参数，需要重启 RNC 系统后数据生效
管理该通道的 SMP 模块号	11	APBE 板归属的模块号
AAL2 架/框/槽	1/1/6	连 IUCS 的 APBE 板的位置
通信端口号	4	
VPI/VCI	2/41	局向内唯一，必须和对接局向的取值相同，特别约定：AAL5 的链路 VPI 取 1，AAL2 的链路 VPI 取 2；MGW 局向 AAL5 信令链路的 VCI 取值从 32 开始编号，AAL2 链路的 VCI 取值从 40 开始编号；SGSN 局向的 AAL5 信令链路的 VCI 取值从 42 开始编号，AAL5 数据链路的编号从 50 开始编号
归属的传输路径组编号	1	
通道承载的业务类型	MIX 类型	
AAL2 服务类别	CBR	
AAL2 流量类型	NOCLPNOSCR	
AAL2 流量描述参数 1（kbit/s）	4500	
宽带信令链路信息		
信令链路组内编号	0	
管理该链路的 SMP 模块号	11	APBE 板归属的模块号
信令链路架/框/槽	1/1/6	连 IUCS 的 APBE 板的位置
通信端口号	4	
VPI/VCI	1/32	同上 VPI/VCI 说明
信令链路服务类别	CBR	
信令链路流量类型	CLPTRSPRTNOSCR	
信令链路流量描述参数 1（kbit/s）	2000	

5）IUPS 局向配置如表 4-6 所示。

表 4-6　IUPS 局向配置

参　数	属　性	说　明
ATM 地址编码计划	NSAP	
ATM 地址	00. 00. 00. 00. 00. 00. 00. 00. 00. 00. 00. 00. 00. 00. 00. 00. 00. 00. 00. 00	（走 IP，不需要配置）
24 位信令点编码	14. 26. 5	由 CN 提供
IPOA 消息		
目的 IP 地址	20. 2. 33. 4	CN 的接口板 SIUP 端口地址
源 IP 地址	20. 2. 33. 3	RNC 的接口板 APBE 端口地址
地址掩码	255. 255. 255. 0	
IPOA 架框槽	1/1/6	连 SGSN 的 APBE 板架框槽
IPOA 对端通信端口号	6	连 SGSN 的 APBE 的相应端口
VPI/VCI	1/50	同上 VPI/VCI 说明
信令链路服务类别	CBR	
信令链路流量类型	CLPTRSPRTNOSCR	
信令链路流量描述参数 1（kbit/s）	40000	
宽带信令链路消息		
信令链路组内编号	0	
管理该链路的 SMP 模块号	11	
信令链路架/框/槽	1/1/6	
通信端口号	6	
VPI/VCI	1/42	同上 VPI/VCI 说明
信令链路服务类别	CBR	
信令链路流量类型	CLPTRSPRTNOSCR	
信令链路流量描述参数 1（kbit/s）	4000	

6）静态路由配置如表 4-7 所示。（全局资源→高级属性）

表 4-7　静态路由配置

参　数	取　值	说　明
静态路由号标识	1	静态路由号标识（Static Route No） 取值范围：1～128 默认值：无 数据选取原则及设置规范：仅仅是一个路由的编号，只要唯一即可
下一跳是 IP 还是接口地址	IP （本虚拟后台，CN 侧提供的下一跳是：IP）	

（续）

参　　数	取　　值	说　　明
静态路由网络前缀	20.2.34.3 （本虚拟后台，CN 侧提供的静态路由网络前缀是：138.1.1.0）	静态路由网络前缀（Route Prefix） 取值范围：无（DWORD，十进制） 默认值：无 数据选取原则及设置规范：配置为目标 IP，也就是期望到达的目标 IP 网络前缀。不能以 0，127，224～239，240～255 开头。RNC 上配置时，是使用 CN 侧的 GTP－U 地址的前缀
静态路由网络掩码	255.255.255.0 （本虚拟后台，CN 侧提供的静态路由网络掩码是：255.255.255.0）	
下一跳 IP 地址	20.2.33.3 （本虚拟后台，CN 侧提供的下一跳 IP 是：137.1.1.1）	下一跳 IP 地址（Next Hop） 取值范围：无（DWORD，十进制） 默认值：无 数据选取原则及设置规范：这里填写的 IP 地址需要和逻辑子网的 IPOAVC 配置中的 IP 地址一致，“下一跳是 IP 还是接口”为 0-Next hop 时，此参数有效。下一跳 IP 地址是 RNC 需要到达的 CN 侧的 IPOA IP 地址

说明：此处的静态路由是针对 PS 业务的。

7）IUB 局向配置由系统自动创建，无需手动创建。

8）配置基站、服务小区如表 4-8 所示。

表 4-8　配置基站和服务小区

参　　数	取　　值	说　　明
站型	S333	
小区模板	非 HSDPA 小区	根据实际选择
小区标识	10、11、12	
本地小区标识	10、11、12	
Node B 内小区标识	0、1、2	
小区参数标识	0、1、2	
位置区码	7（本环境只认可 7）	由 CN 提供，本实习环境中与 MNC 一致
服务区码	10	由 CN 提供
路由区码	2（本虚拟后台，CN 侧提供的值：2）	由 CN 提供
频点	2010.8、2012.4、2014.0	
PCCPCH 功率	33	
单载频最大发射功率	33.9	
载频时隙	3：3、3：3、2：4	现网常用的是：2：4

RNC 数据配置结束后，可在此 RNC 上配置一个 Node B，以下是 Node B 的配置过程。

9）创建 Node B 如表 4-9 所示。

表 4-9　创建 Node B

参　数	取　值	说　明
Node B 号	1	
模块一 IP 地址	140. 13. 0. 1 （本虚拟后台，要求模块 IP 地址必须为：140. 13. 0. 1）	建立 OMCB 通道
时钟参考源	未配置外部时钟	之前分配的 Node B 管理网元的 IP 地址
支持 ATM OAM	不支持	固定
是否安装防雷器	安装	设置避雷装置安装状况
有效 ATM 地址长度	160	本虚拟后台固定为 160
ATM 地址	00. 00. 00. 00. 00. 00. 00 00. 00. 00. 00. 00. 00. 00. 00. 00. 00. 00. 00. 01	用来与 RNC 对接的 ATM 地址
是否设定 GPS 作为 19 锁相环的源	否	固定为 1，表示接口板上的第一个 CPU
Iub 接口联机介质属性	E1 同轴电缆	根据 Iub 接口联机介质属性，选择配置

10）在仿真软件中，固定采用快速创建方法创建 B328 机架。快速创建 B328 机架不需要配置数据，配置结果如图 4-28 所示。

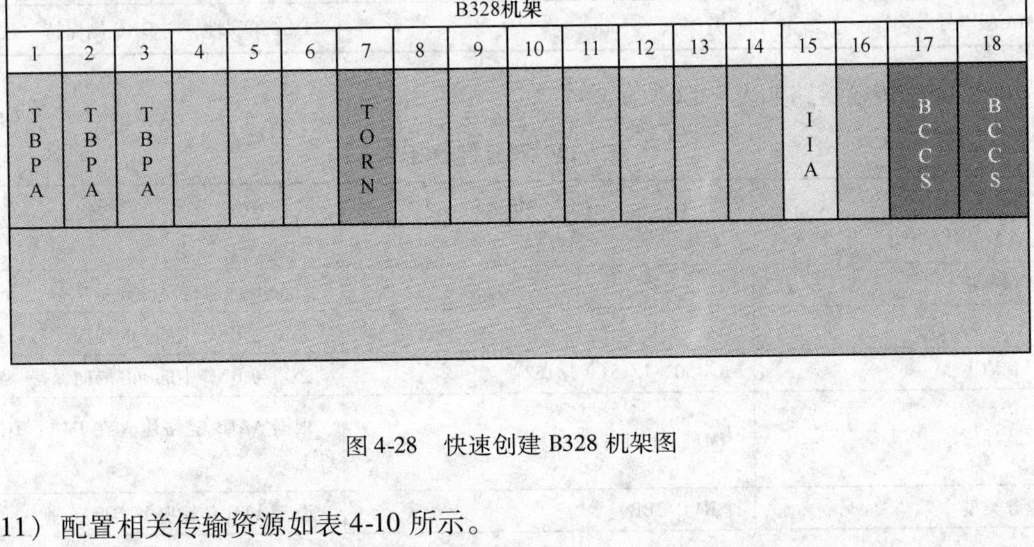

B328机架																	
1	2	3	4	5	6	7	8	9	10	11	12	13	14	15	16	17	18
TBPA	TBPA	TBPA				TORN								IIA		BCCS	BCCS

图 4-28　快速创建 B328 机架图

11）配置相关传输资源如表 4-10 所示。

表 4-10　配置相关传输资源

参　　数	取　　值	说　　明
IIA 单板 E1 线维护端口号	0、1、2、3、4	E1 的端口号设置，0 代表第 1 条 E1，依此类推
有无复帧	无复帧	与 RNC 配置保持一致
TORN 单板光纤维护光口编号	0、1、2、3、4、5 （本虚拟机房，用 3 个天线组，须提供 6 个端口）	TORN 的光口编号设置，0 代表第 1 对条光纤，依此类推
光纤编号	0、1、2、3、4、5	本 BCR 框对 TORN 板提供的光纤资源统一编号，每个光纤编号唯一
射频资源号	0、1、2、3、4、5	目前版本支持一个光口连接一个 R04

12）配置承载链路如表 4-11 所示。

表 4-11　配置承载链路

参　　数	取　　值	说　　明
单板架/框/槽	1 架/2 框/15 槽	E1 所在 IIA 的位置
IMA 组号	1	IMA 组的编号，从配置 E1 线时录入的 IMA 组号中选择
连接对象	RNC	如果是 NodeB 级联，则选择 NodeB
连接标识	1 1 1 1 1 0 0 0	1 表示本根 E1 线使用，0 是未使用
是否加解扰	否	IMA 组属性，与 RNC 侧保持一致
帧长度	128bytes	IMA 组属性，与 RNC 侧保持一致
时钟模式	ITC	IMA 组属性，与 RNC 侧保持一致
IMA 版本号	1.0	IMA 组属性，与 RNC 侧保持一致

13）配置传输链路如表 4-12 所示。

表 4-12　配置传输链路

参　　数	取　　值	说　　明
AAL2		
链路标识	1、2、3	Node B 内对链路的标示
AAL2 链路标识	1、2、3	必须与 RNC 中的 Iub 局向保持一致
VPI/VCI	1/150、1/151、1/152	必须与 RNC 中的 Iub 局向保持一致
承载性质	IMA（本机房用 E1）	根据 AAL2 链路建立在 IMA、TC 或光纤上
业务类型	SRVC-CBR	设置 ATM 传输服务类型（速率）

（续）

参数	取值	说明
AAL5		
AAL5 链路标识	64501、64502、64503、64500	（64500-64999） 承载 IP 的 AAL5 链路的标识必须是 64500
VPI/VCI	1/46、1/50、1/40、1/45	需要与 RNC 上的 Iub 局向中的 AAL2 的标识保持一致
AAL5 类型	控制端口 NCP、通信端口 CCP、承载 ALCAP、承载 IP	根据实际需要配置
CCP 链路号	0、1、1、1	需要与 RNC 端保持一致

14）配置无线模块如表 4-13 所示。

表 4-13　配置无线模块

参数	取值	说明
配置物理站点		
站点类型	S3/3/3	
配置扇区		
扇区号	1、2、3	
扇区类型	频段 B：2010～2025	设置频段
本扇区支持最小频点	2010.8	设置最小频点（本机房固定使用）
天线个数	8 天线	（本机房固定使用）
天线类型	线阵智能天线	（本机房固定使用）
天线朝向	30、150、270	
天线间距	90	
天线排列	1 1 1 1 1 1 1 1	
射频资源数目	2	分别选 0、1　2、3　4、5
扇区属性参数	—	根据实际情况选择
配置本地小区（每小区下有三个载波资源）		
最小扩频因子	16	
本地小区号	10、11、12	与 RNC 保持一致

4. 配置数据检查

在数据配置好后，要进行数据检查，首先要进行整表同步，对 RNC 和 NODEB 整表同步，进行数据合法性检查，通过后选择主备是否同步，同步成功。

然后可以进行虚拟电话测试，通过虚拟电话测试配置是否正确，打开虚拟电话，进入虚拟电话测试界面，进行拨号，选择号码，当对方接听电话，处于通话状态后，测试成功。

如果整表同步不通过，我们还需要通过动态数据跟踪来查找错误配置数据，在主视图上单击“视图——动态数据管理”，进入动态数据管理视图。

双击动态管理树中的“动态数据管理”或“NodeB 动态数据管理”节点，开始动态数据跟踪，如图 4-29 所示，可分别查看 RNC 的服务小区相关状态，七号信令管理等。

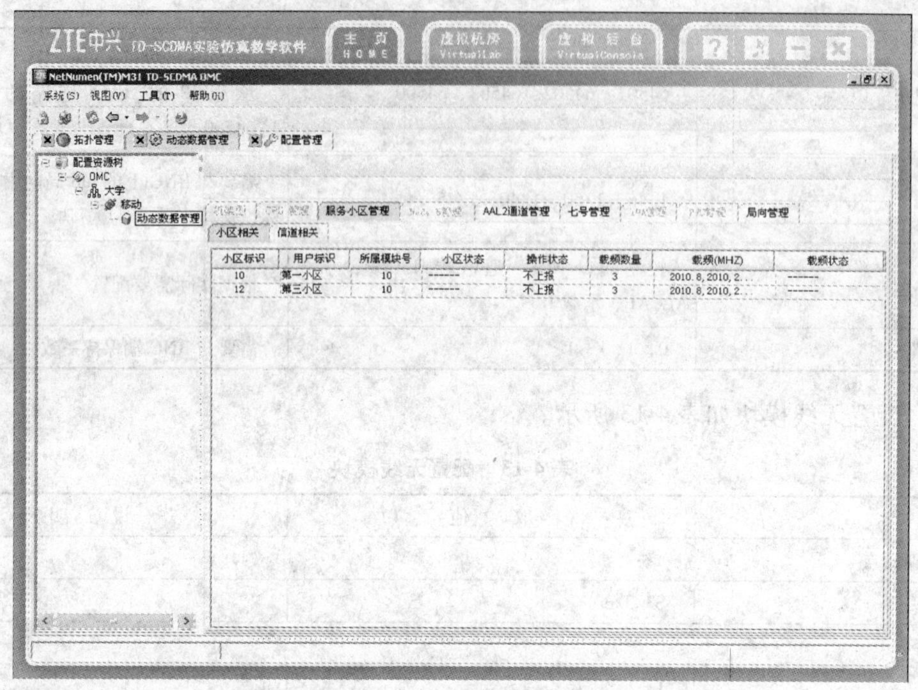

图 4-29　动态数据跟踪

通过动态数据跟踪查找错误配置数据，修改错误配置数据后，如果整表同步通过，我们就可以通过虚拟电话测试整个网络配置正确。

4.5　任务实施

任务实施需要完成以下内容：

1）进行中兴 TD-SCDMA 系统 RNC 设备 ZXTR RNC 的数据配置。

2）进行中兴 TD-SCDMA 系统 NodeB 设备 ZXTR B328 的数据配置。

3）验证配置结果。

4）撰写项目总结报告。

4.6　成果验收

4.6.1　验收方式

项目完成过程中应提交以下报告。

1. 工作计划书

1）计划书内容全面、如实，应包括项目名称、项目目标、小组负责人、小组成员及分工、子任务名称、项目开始及结束时间、项目持续时间等。

2）计划书中附有项目进度表，项目验收标准。

2. 项目工作记录单

1）RNC 设备 ZXTR RNC 数据配置过程。

2）NodeB 设备 ZXTR B328 的数据配置过程。

3）验证配置结果。

3. 项目总结报告

1）报告内容全面、条理清晰，包括：项目名称、目标、负责人、小组成员及分工、用户需求分析、安装调试过程、测试记录等。

2）能够对项目完成情况进行评价。

3）根据项目完成过程提出问题及找出解决的方法。

4.6.2 验收标准

验收标准如表 4-14 所示。

表 4-14 验收标准

验收内容		分值	自我评价	小组评价	教师评价
工作计划		5			
项目工作记录单	ZXTR RNC 数据配置过程	25			
	ZXTR B328 的数据配置过程	25			
	验证配置结果	10			
安全文明生产	安全、文明的操作	4			
	有无违纪和违规现象	3			
	良好的职业操守	3			
学习态度	不迟到，不缺课，不早退	4			
	学习认真，责任心强	3			
	积极参与完成项目	3			
项目总结报告	对项目完成情况进行评价	10			
	提出问题及找出解决的方法	5			
自我，小组，教师评价分别总计得分					
总分					

4.7 思考与练习

1. 在中兴 TD-SCDMA 实验仿真教学软件中完成 RNC 配置，整表同步通过。
2. 在中兴 TD-SCDMA 实验仿真教学软件中完成 NODEB 配置，整表同步通过。
3. 通过虚拟电话测试整个网络配置正确并描述过程。

项目5　中兴 CDMA 2000 基站设备硬件安装与检测

【背景】

CDMA 2000 第三代移动通信系统由核心网 CN、基站子系统 BSS 和手机终端 AT 以及 OMC、业务平台等节点组成。CDMA 2000 通信系统网络示意图如图 5-1 所示。

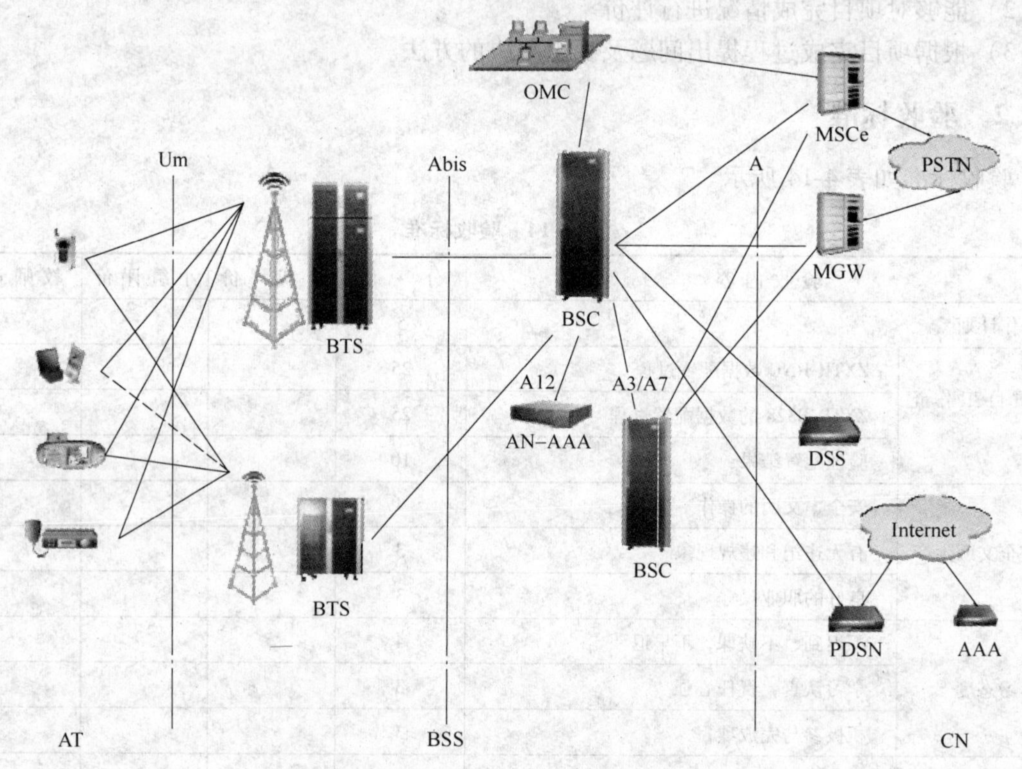

图 5-1　CDMA 2000 通信系统网络示意图

基站子系统 BSS 由基站控制器 BSC 和基站收发信机 BTS 组成。BSS 系统位于 MS（或 AT）与 CN 核心网之间，完成无线信号的处理、无线协议的终结，起到连接移动台和核心网的作用。BSS 与 MS/AT 的通信接口为 U_m，与核心网的接口为相应的 A 口。

BTS 是 MS/AT 接入网络的桥梁。在无线侧，BTS 通过空中接口与移动终端进行通信。在网络侧，BTS 通过 Abis 接口与 BSC 进行通信。在前向，BTS 通过 Abis 接口接收来自基站控制器 BSC 的数据，进行编码和调制，把基带信号变成射频信号，经过功率放大器、射频前端和天线发射出去。在反向，BTS 通过天馈和射频前端接收来自 MS/AT 的微弱信号，经过低噪放大、下变频处理，以及解码和解调，通过 Abis 接口送到 BSC 去。

BSC 是基站系统的控制部分，通过 A 接口与 MSS（移动交换子系统）、DSS（调度服务器子系统）、PDSS（分组数据业务子系统）相连。主要负责无线网络管理、无线资源管理、

BSS 的维护管理、呼叫处理、控制完成移动台的切换，完成语音编码及支持分组数据业务。BSC 通过 Abis 接口与 BTS 相连。BSS 侧的操作维护系统为 OMC，管理各个网元，提供标准网管接口与上级网管中心相连。

【目标】

1）掌握基站的建设方法和要求。

2）掌握中兴 CDMA 2000 系统 BSC 设备 ZXC10 BSC 的硬件结构与原理。

3）掌握中兴 CDMA 2000 系统 BTS 设备 ZXC10 BTSB I2 的硬件结构与原理。

5.1 情境引入

在 CDMA 2000 的 3G 基站安装建设过程中，首先应掌握基站的建设方法和要求以及掌握相关设备硬件结构与原理，正确地完成基站的硬件安装，继而进行设备的软件配置，最终实现基站设备的安装建设。本项目具体的内容包括 CDMA 2000 基站建设的要求和中兴 CDMA 2000 系统 BSC 和 BTS 设备硬件结构与原理。

5.2 任务分析

5.2.1 任务实施条件

1）中兴 CDMA 2000 系统 BSC 设备 ZXC10 BSC；中兴 BTS 设备 ZXC10 BTSB I2。

2）在没有真实设备的情况下，本项目可以采用中兴 CDMA 2000 实验仿真教学软件 ZXC10VBOX 来进行教学。

5.2.2 任务实施步骤

1）制订工作计划。

2）描述基站的建设方法和要求。

3）通过基站建设相关的文档、视频、录像来学习基站建设过程。

4）说明中兴 CDMA 2000 系统 BSC 设备 ZXC10 BSCB 的硬件结构与原理。

5）说明中兴 CDMA 2000 系统 BTS 设备 ZXC10 CBTS I2 的硬件结构。

6）能够对项目完成情况进行评价。

7）根据项目完成过程提出问题及找出解决的方法。

8）撰写项目总结报告。

5.3 基站的建设方法和要求

基站主要完成无线信号的收发功能，实现无线网络系统和移动台之间的通信。CDMA 基站系统一般由基站设备和天馈线组成，还包括电源、传输、走线架、环境监控、机房等配套设备和设施，如图 5-2 所示。其中，基站设备一般由天馈子系统、射频子系统、基带子系统、电源子系统等部分组成。

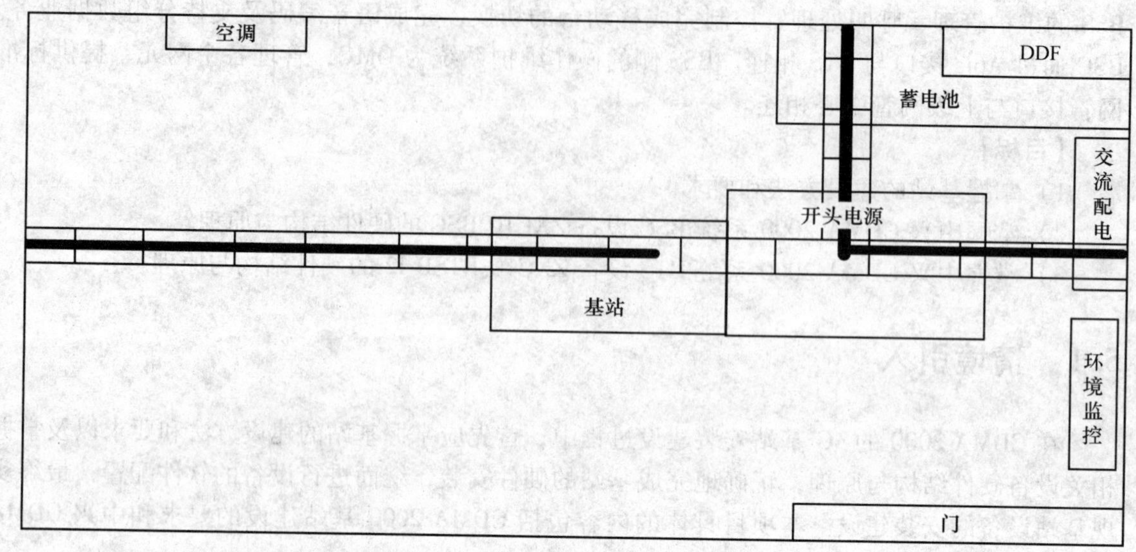

图 5-2 CDMA 基站系统示意图

CDMA 基站的建设要点：前期勘察、机房建设、天馈线安装、铁件安装、机架安装、接地部分、信号电缆部分、电源线部分、标签及蓄电池部分。

1. 天馈线安装要求

1）天线安装符合设计要求，应在避雷装置的 45°范围内。

2）天线安装位置正确，组装符合厂家说明书，注意双螺帽加固。

3）天线俯仰角正确，准确级为 ±1°；天线朝向正确，准确级 ±5°。

4）天线安装满足水平、垂直隔离度要求。

5）如采用电调天线，则其控制线要安装避雷器，并防雷接地。

6）天线抱杆和悬臂安装要求焊接或者螺栓连接，并保证垂直度。

7）天线与室外跳线接头处，室外跳线与馈线接头处均应按照先 3 层胶泥，再 5 层胶带的缠绕方式，最后用扎带扎紧两端。

8）馈线头必须按照安装说明制作，馈线截面切除平整，不留铜屑。

9）馈线必须每隔 1m 有一个固定。

10）一般室外馈线须有三点接地，若主馈线超过 60m 时，需在馈线中部增加一点接地。

11）金属馈线窗须防雷接地。

2. 铁件安装要求

1）凹型钢的安装工艺应符合施工图设计要求，立柱的垂直度偏差 <1.5‰。

2）走线架与架顶之间的距离不小于 30cm。

3）走线架接地必须除漆后使用毛刺垫片安装，毛刺垫片应在铜鼻子和走线架中间。

4）走线架、凹钢加固点或支撑点距离小于 2m。

5）机房走线架整体要保持水平，上下垂直偏差每米不超过 2mm。

3. 机架安装要求

1）按照设计图样固定机架，如有变更，应与客户和设计部门协商后，履行变更手续。

2）机架垂直度误差必须小于 1‰，同一列机架的设备面板应成一直线。

3）BTS 机架采用背加固，其他机架都必须有对顶加固。

4）机架上的防静电手环要求正确安装。

5）设备安装时应注意留有足够的操作维护空间。

4. 接地安装要求

1）室内外总保护地线应从地网上不同的引入点引入，两个引入点之间的距离不小于 5m。

2）基站所有设备外壳、避雷器的接地端均应做保护接地。

3）所有用于防雷接地电缆线径不小于 35 平方且防雷接地线越短越好。

4）接地线应顺直往下走，不得成直角弯、锐角弯甚至打圈往回。

5）传输机架内接光缆加强芯的端子板要单独放一根保护地线到室内接地排。

6）室内外地线连接处必须采取防腐措施。

5. 信号电缆安装要求

1）线缆的规格与走线路由符合设计及相关技术规范的要求，布放路由应不影响维护和将来扩容。

2）绑扎电缆松紧适度，线扣扎好后应将多余部分齐根剪掉，不留尖刺，线扣朝向一致，间距均匀。

3）尾纤在机柜外布放应采取保护措施，在槽道内（走线架上）应加套管或线槽道保护。

4）交直流电源线、射频线、地线、传输线、控制线不要相互缠绕，要分开走线。

5）电缆不得有破损、断裂。任何线缆中间不能有接头。

6）传输电缆每根都应做导通测试，以防短路、断路现象的发生。

6. 电源线安装要求

1）380V 电源线色谱要正确，ABC 三相依次是黄、绿、红，蓝色零线，黑色或黄绿线用做保护地。

2）交流零线不得经过任何熔丝、开关，必须直接与接地铜排相连。

3）机房内的交直流电源线必须采用阻燃电缆。

4）螺栓穿向应由内向外、由下向上，利于维护。

5）电源线与铜鼻子连接必须采用压接或焊接方式，压接不少于两道。

6）电源线和熔丝、接线端子连接处不能有应力，必须保留一段直线距离之后才可以拐弯，铜鼻子上套管长度要合适，不得影响到接触面积。

7. 标签、蓄电池安装要求

1）所有布放的线缆两端都必须有标签，并注明××设备→××设备。

2）蓄电池的组装要考虑出线路由，电池线尽可能短。

3）电源线不得交叉、不得触地。

4）单体电池应按顺序排放，连接条及螺钉截面应涂上电力脂，螺钉拧紧，接线端子保护套要套好。

5）每块电池应按顺序贴上电池序号标签，总电压 0V 处为 1 号，以此类推 2 号、3 号……

6）蓄电池抗震铁架要求对地加固并接地。

CDMA 基站在开通之前要做以下工作：①要检查硬件安装，对照规范逐项检查；②测试天馈线 VSWR（驻波比），一般要求不大于 1.5；③测试 GPS，要求经纬度和卫星追踪均测试良好；④告警测试良好；⑤其他必备测试项；⑥电源检查。

完成上述准备工作后，可按照对应厂家测试流程跟 BSC 侧人员一起配合开通基站，开通后还要进行以下工作：①拨打测试；②冗余测试；③切换测试；④基站没有告警项；⑤其他必备测试项。

5.4 中兴 CDMA 2000 系统 BSC 设备 ZXC10 BSC 硬件结构与原理

ZXC10 BSC 是基于 3G 统一硬件平台的 all IP BSC，具有网络承载接口包括 ATM、IP、TDM、HIRS 等，实现了网络架构的统一，具有完备的兼容性。ZXC10 BSC 既支持 CDMA 2000 1xRtt 语音，短消息及低速的分组数据业务，也支持 EVDO 高速数据业务。

5.4.1 ZXC10 BSC 的硬件体系结构

1. ZXC10 BSCB 系统逻辑结构

ZXC10 BSCB 系统的逻辑架构框图，如图 5-3 所示。

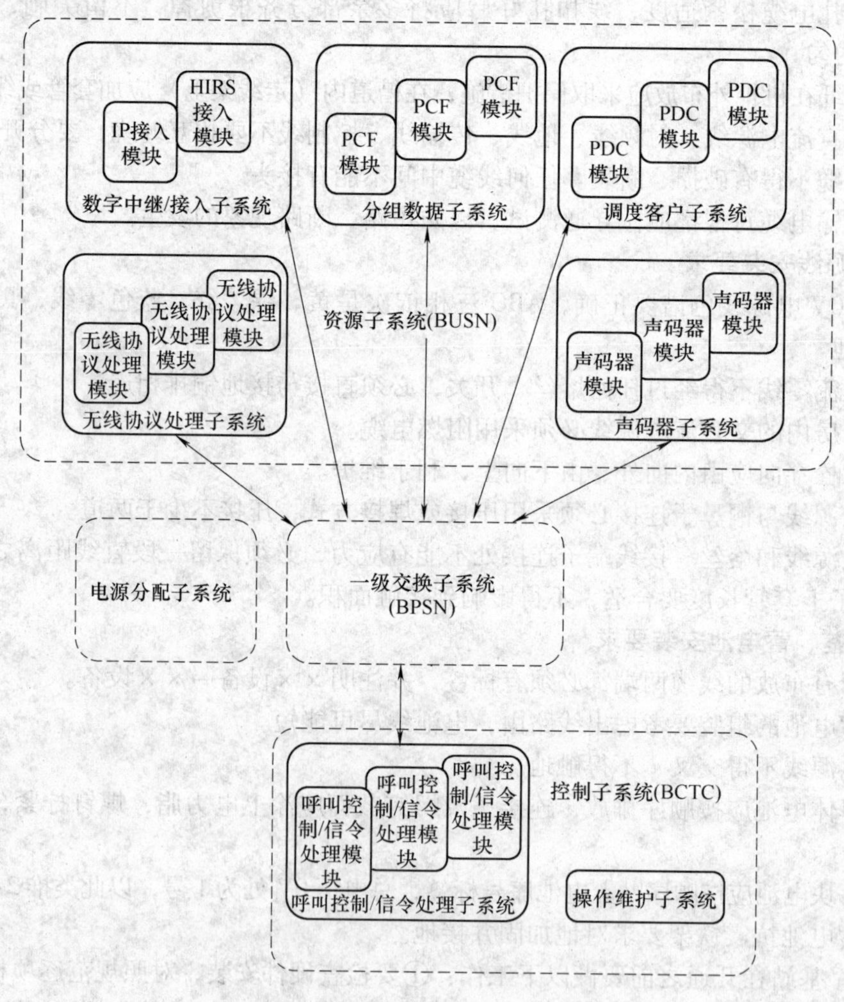

图 5-3 ZXC10 BSCB 系统的逻辑架构

ZXC10 BSCB 从逻辑功能上分为：数字中继/接入子系统、分组数据子系统、调度客户子系统、无线协议处理子系统、声码器子系统、呼叫控制/信令处理子系统、操作维护子系统。

2. ZXC10 BSCB 机架物理结构

ZXC10 BSCB 采用标准 19 英寸机架，机架外观示意图，如图 5-4 所示。

ZXC10 BSCB 机架包括 4 个框：配电插箱、风扇插箱、业务插箱和 GCM 插箱。业务插框将各种功能单板组合起来，实现不同的业务。按照功能划分为控制框、资源框、一级交换框，每个业务框有 17 块前面板和背板。

如图 5-5 所示，为 BSCB 机柜组成示意图。

图 5-4　ZXC10 BSCB 产品整机外观图

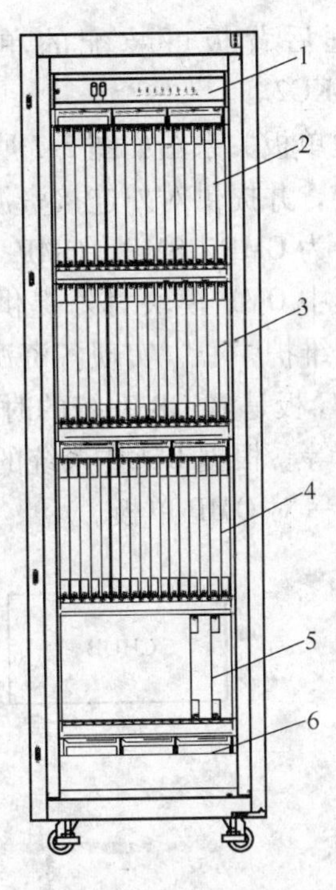

图 5-5　BSCB 单机柜组成

1—配电插框　2～4—业务插框

5—GPS 插框　6—风扇插框

3. ZXC10 BSCB 机框物理结构

按照功能和插箱所使用的背板分，ZXC10 BSCB 包含 3 种业务插框：控制框 BCTC、资源框 BUSN、一级交换框 BPSN。机框在机架中的配置图如图 5-6 所示。

（1）控制框 BCTC

控制子系统是 BSCB 的控制中心，负责整个系统的信令处理以及时钟信号的产生。控制框完成信令、协议控制消息等控制流数据交互，并产生各种时钟信号。在容量较小的配置局中可以不需要配置控制插框。

控制框前面板可装配的单板有：主处理板 MP，通用接口模块 UIM，控制面互联板 CHUB，时钟产生/分发单板 CLKG/CLKD，GCM。

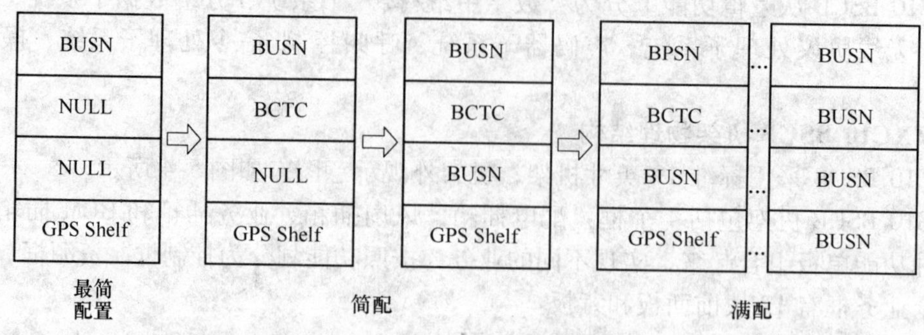

图 5-6　ZXC10 BSCB 机框配置示意图

控制框后背板可装配的单板有：RMPB，RUIM2/RUIM3，RCHB1/RCHB2，RGCM，RCKG1/RCKG2。

控制框单板关系图如图 5-7 所示，UIM 是控制系统的信令交换中心，用来完成各模块间的信息交换，并提供对外连接资源框的控制以太网通道。MP 板是通信控制中心，根据软件功能不同分为 CMP、SMP、OMP、RMP、DSMP、RPU、HMP、HBIMP、SPCF 等，其硬件完全相同，其中 OMP 模块对外提供操作维护以太网接口，用以连接后台。CHUB 板是 BSCB 系统的控制维护中心，实现各资源子系统、一级交换子系统、控制子系统等的控制流汇聚和管理。CLKG 板是 BSCB 系统的时钟单元，实现本网元与上级网元的同步、GPS 时钟信号的接收和分发等。根据 BSCB 系统的用户容量不同，可以有一个或多个控制子系统，但每个网元只能配置一对 OMP 单板。

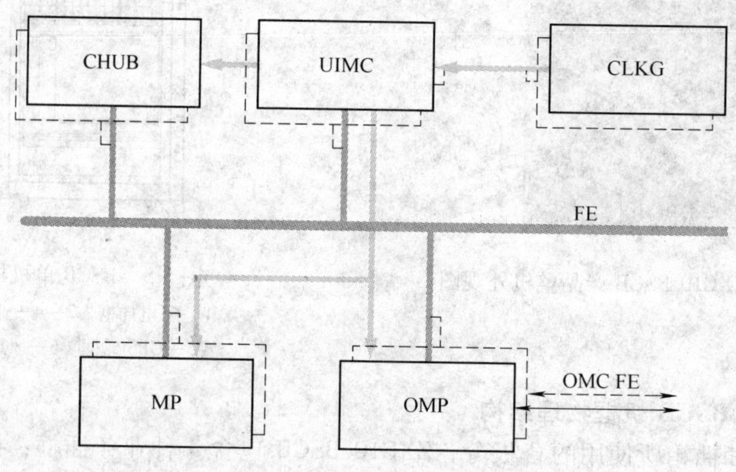

图 5-7　控制框单板关系

控制框典型配置如图 5-8 所示。

控制框单板配置说明：

1）通用接口板 UIMC 板为主备配置。固定配置在控制框的 9 号和 10 号两个槽位。

2）主处理板 OMP 板为主备配置。固定配置在控制框的 11 号和 12 号两个槽位。

3）时钟产生 CLKG 板为主备配置。固定配置在控制框的 13 号和 14 号两个槽位。

控制框 (BCTC): 前面板																
1	2	3	4	5	6	7	8	9	10	11	12	13	14	15	16	17
MP	MP	MP	MP	MP	MP	MP	MP	UIMC	UIMC	OMP	OMP	CLKG	CLKG	CHUB	CHUB	NC

控制框 (BCTC): 后背板																
1	2	3	4	5	6	7	8	9	10	11	12	13	14	15	16	17
NC	NC	NC	NC	NC	NC	NC	NC	RUIM2	RUIM3	RMPB	RMPB	RCKG1	RCKG2	RCHB1	RCHB2	NC

图 5-8　控制框典型配置图

4）控制面互联板 CHUB 板为主备配置。固定配置在控制框的 15 号和 16 号两个槽位。

5）1 ~ 8 号槽位配置 MP 板，可以去掉主备关系，根据业务类型配置逻辑模块，例如：SPCF、DOCMP、RMP、1xCMP、DSMP 等，每个 MP 板可配置两个模块。

（2）资源框 BUSN

资源子系统用来处理相关的底层协议，提供 BSC 的对外接口，完成各种方式的接入以及各种资源的处理。

资源框前面板可装配的单板有：通用接口模块 UIMU，数字中继板 DTB/DTEC/SDTB/ESDT，Abis 处理模块 ABPM，选择器数字单元 SDU，语音码型变换卡 VTC，IWF 处理单元 IWFB，HIRS 网关模块 HGM，BSC 互联模块 IBB，PCF 接口模块 IPCF，PCF 用户处理板 UP-CF，承载接入板 IPI，Sigtran IP 承载接入板 SIPI（SIGIPI），窄带信令处理板 SPB。

资源框后背板可装配的单板有：RDTB，RGIM1，RMNIC，RUIM1。

资源框单板关系如图 5-9 所示。

资源框典型配置如图 5-10 所示。

资源框单板配置说明：

1）通用接口板 UIMU 板为主备配置，固定配置在资源框的 9 号和 10 号两个槽位。

2）PCF 用户处理板 UPCF 为主备配置，固定配置在资源框的 11 号和 12 号两个槽位。

3）Abis 处理板 ABPM 为主备配置，固定配置在资源框的 7 号和 8 号两个槽位。

4）IPCF 板配置在资源框 5 号和 6 号槽位，可不加主备配置。

5）资源框的 13 号和 14 号两个槽位，可配置 DOSDU 板和 1xSDU 板。但是 1xSDU 板需要配置了无线接口后才能添加。

6）资源框的 15 ~ 17 号槽位，可根据需要配置 VTCD 板、SPB 板。

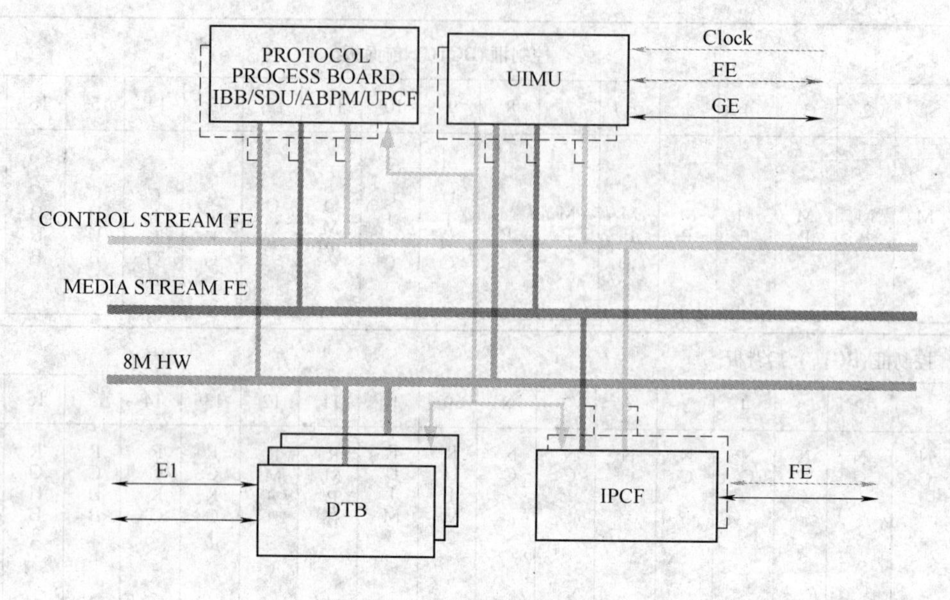

图 5-9　资源框单板关系

资源框 (BUSN) 前面板																
1	2	3	4	5	6	7	8	9	10	11	12	13	14	15	16	17
DTB	DTB	DTB	SPB	IPCF	IPCF	ABPM	ABPM	UIMU	UIMU	UPCF	UPCF	SDU	SDU	VTC	VTC	VTC

资源框 (BUSN) 后背板																
1	2	3	4	5	6	7	8	9	10	11	12	13	14	15	16	17
RDTB	RDTB	RDTB	NC	RMNIC	RMNIC			RUIM1	RUIM1	NC	NC	NC	NC	NC	NC	NC

图 5-10　资源框典型配置

7）　资源框的 1～3 号槽位，可根据需要配 DTB 板。

（3）一级交换框 BPSN

一级交换框作为 BSC 媒体流的处理中心，为系统内部各个功能实体之间以及系统外部各个功能实体之间提供必要的数据传递通道，完成包括语音业务、数据业务在内的媒体流数据交互，并根据业务的要求为不同用户提供相应的 QoS（服务质量）功能。当系统容量较小时（没有超过 2 × BUSN 的配置），则无需配置一级分组交换子系统。

交换框前面板有 3 种模块，包括：PSN（分组交换网板），GLIQV（GE 线接口板），UIMC（通用接口模块）。

交换框后背板包括：RUIM2，RUIM3。

一级交换框的典型配置如图 5-11 所示。

Primary switching shelf (BPSN):front boards																
1	2	3	4	5	6	7	8	9	10	11	12	13	14	15	16	17
GLIQV	GLIQV	GLIQV	GLIQV	GLIQV	GLIQV	PSN4V	PSN4V	GLIQV	GLIQV	GLIQV	GLIQV	GLIQV	GLIQV	UIMC	UIMC	NC

Primary switching shelf (BPSN):rear boards																
1	2	3	4	5	6	7	8	9	10	11	12	13	14	15	16	17
NC	NC	NC	NC	NC	NC	NC	NC	NC	NC	NC	NC	NC	NC	RUIM2	RUIM3	NC

图 5-11　一级交换框的典型配置

一级交换框的工作原理如图 5-12 所示。

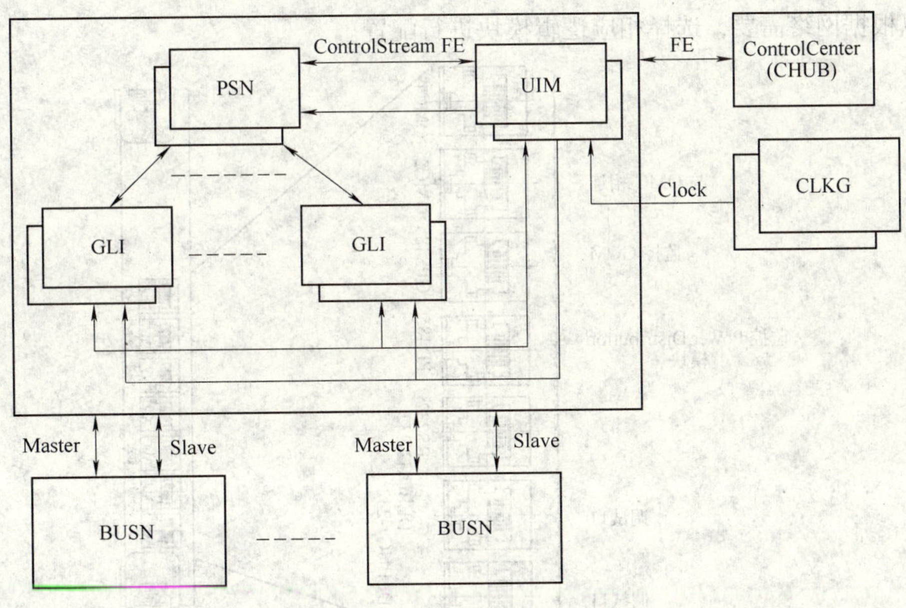

图 5-12　一级交换框的工作原理

（4）GCM 插框

GCM 插框是 GPS 控制模块，是 BSC 必不可少的插框，完成接收、分发 GPS 卫星系统的信号的功能。为了满足市场需求，还支持 GLONSS 卫星系统的信号提取，同时支持本国北斗卫星定位系统。

（5）电源分配插框

电源分配子系统由电源分配板（PWRD）和电源分配转接背板（PWRDB）组成，主要功能为：将 -48V 电源分配到各插箱；实现两路外部输入电源的自动切换功能，实现电源双备份；提供电源指示、环境监控和内部风扇的监控功能。

4. ZXC10 BSC 单板结构与功能

（1）控制框单板

1）MP 单板：有两个 CPU，可选择配置的逻辑模块如下。

- CMP _ 1x（1x 业务的呼叫主处理器）。
- HDMP（切换 MP）。
- DSMP（专用信号处理）。
- RMP（资源管理）。
- SPCF（PCF 的信令模块）。
- CMP _ DO（DO 业务的呼叫主处理器）。
- CRDDMP（CMP _ RMP _ DSMP _ HDMP）。
- CMP _ AP（AP 业务的呼叫主处理器）。
- CMP _ V5（V5 业务的呼叫主处理器）。
- OMP（MP 操作与维护），OMP 单板的后背板如图 5-13 所示。
- RPU（路由协议模块）。

可以根据网络需要，选择相应逻辑模块进行配置。

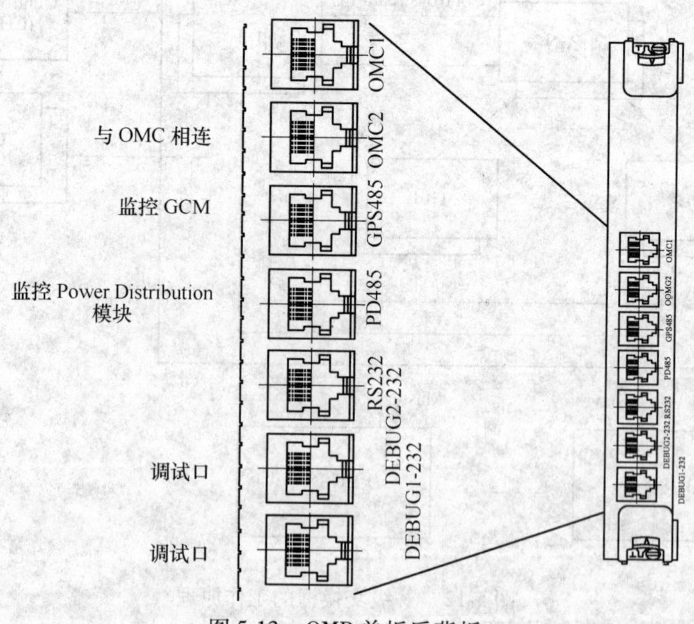

图 5-13　OMP 单板后背板

2）CLKG 板：为 BSC 系统的时钟发生板。由于一对 CLKG 单板只能对外提供 15 组系统时钟，因此，当 BSC 网元的子系统数目超过此限制后，需要配置时钟分发单板 CLKD。CLKD 单板接收一路 CLKG 分发的系统时钟，最终驱动分发多路给系统内部其他子系统使用。图 5-14 为 CLKG 板的两种后插板。

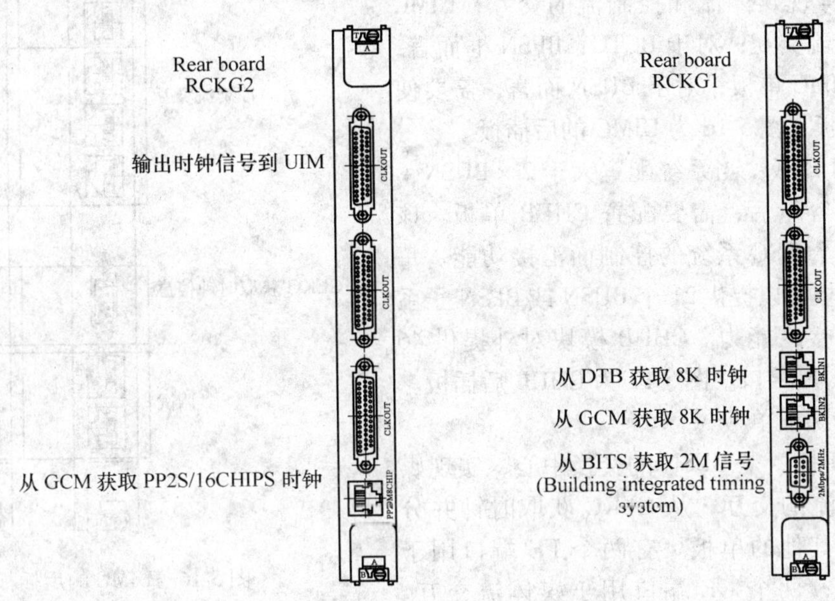

图 5-14　CLKG 的后插板 RCKG1 和 RCKG2

3）GCM 板：CDMA 系统中产生同步定时基准信号和频率基准信号的模块。GCM 的基本功能是接收 GPS 卫星系统的信号，提取并产生 1PPS 信号和相应的导航电文，并以该 1PPS 信号为基准锁相产生 CDMA 系统所需要的 PP2S、19.6608MHz、30MHz 信号和相应的 TOD 消息。图 5-15 为 GCM 后插板。

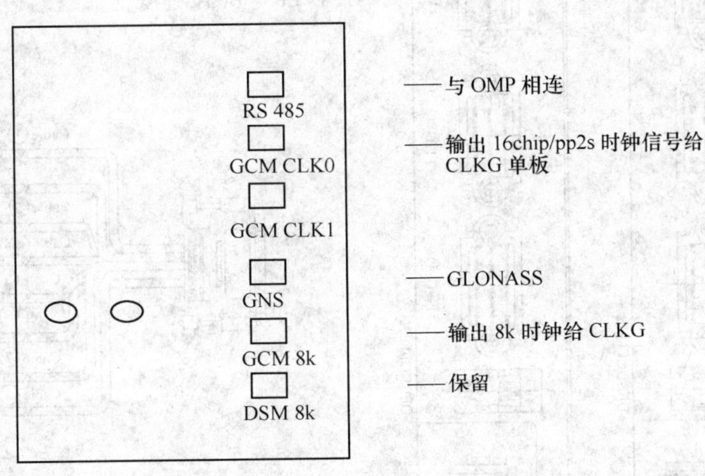

图 5-15　GCM 后插板

4）UIM 通用接口板：主要提供子系统内部各业务单板之间的控制面以太网交换功能；与控制面汇聚中心（CHUB）的汇接功能；提供系统时钟接口。UIM 单板包括 UIMU 和 UIMC 两种类型。UIMU 实现媒体流和控制流的交互；UIMC 仅进行控制流交互；对于 BCTC、BPSN 框而言，需要使用 UIMC 单板；对于 BUSN 而言，需要使用 UIMU 单板。图 5-16 为 UIMC 的后插板。

5）CHUB 板：当系统配置大于 2 × BUSN + 1 × BCTC 的容量后，需要配置 CHUB 单板。该单板提供整个 BSC 系统的控制面汇接功能。每对 CHUB 单板可以提供 21 个 BUSN 或 BPSN 子系统的控制面接入能力。CHUB 模块对外提供 46 个 100M 以太网接口。图 5-17 为 CHUB 后插板。

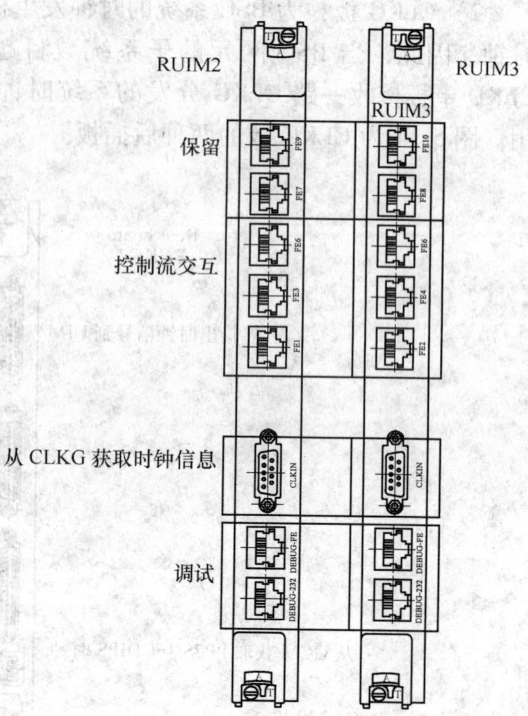

图 5-16　UIMC 的后插板

（2）资源框单板

1）UIM 板：是 BUSN 的交换中心，实现媒体流和控制流的交互，从 CLKG 获取时钟并分布到框中的其他的单板。有两个 FE 端口用于控制流交互；两个 GE 端口用于媒体流交互。图 5-18 为 UIMU 面板，图 5-19 为 UIMU 的后插板。

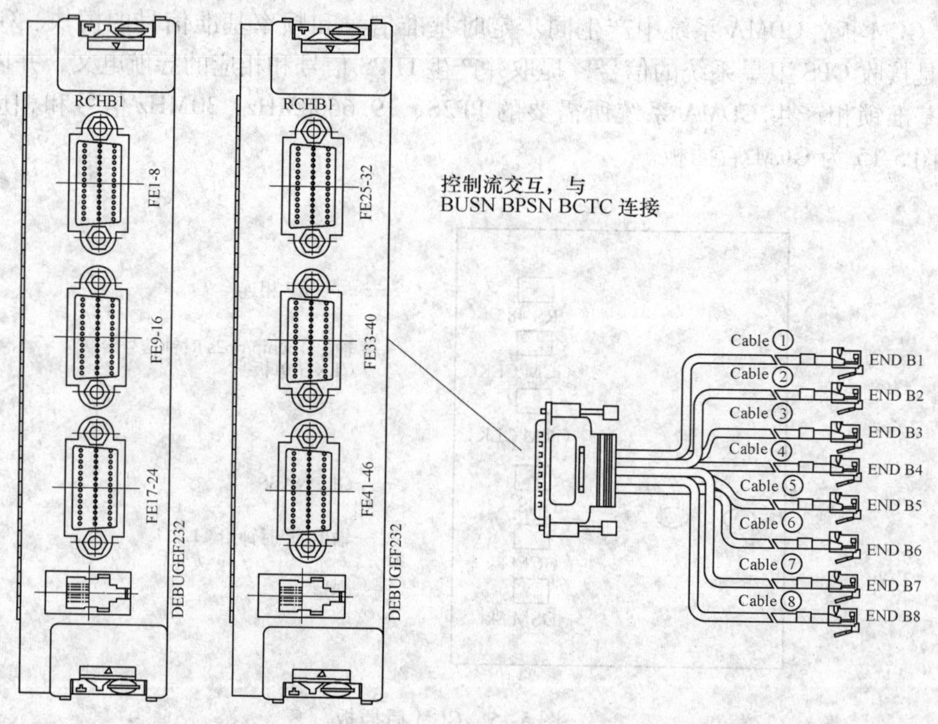

图 5-17　CHUB 的后插板

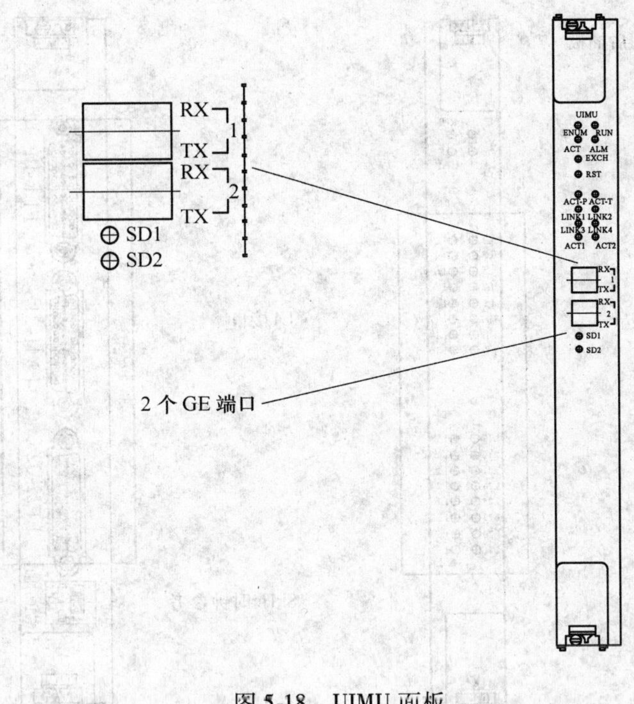

图 5-18　UIMU 面板

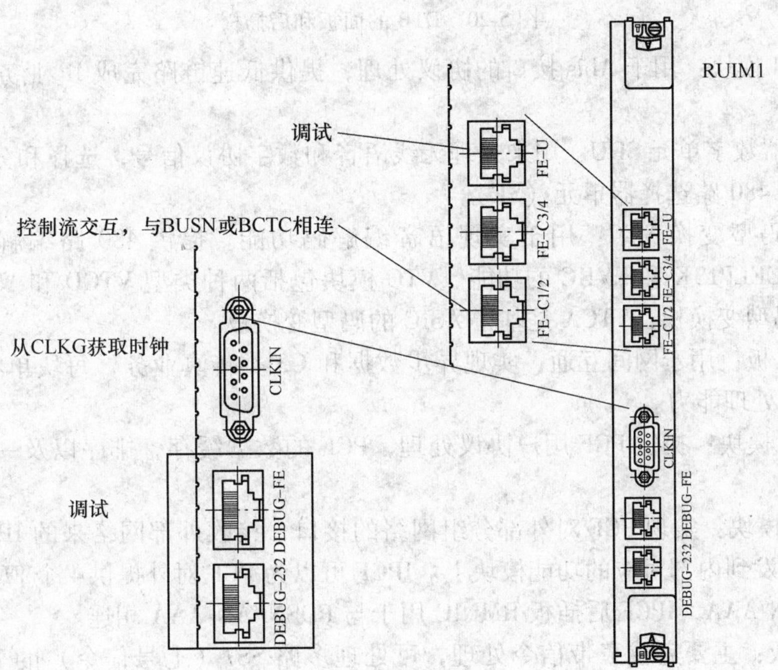

图 5-19　UIMU 的后插板

2）数字中继板 DTB：一个单板可以提供 32 条 E1，为 CLKG 单板提供 8K 时钟参考。DTB 和 DTEC 的区别是 DTEC 增加了 E/C（回声抑制）功能。SDTB 为 SONET DTB，ESDT 为 SONET DTB & EC。图 5-20 为 DTB 板的面板和后插板。

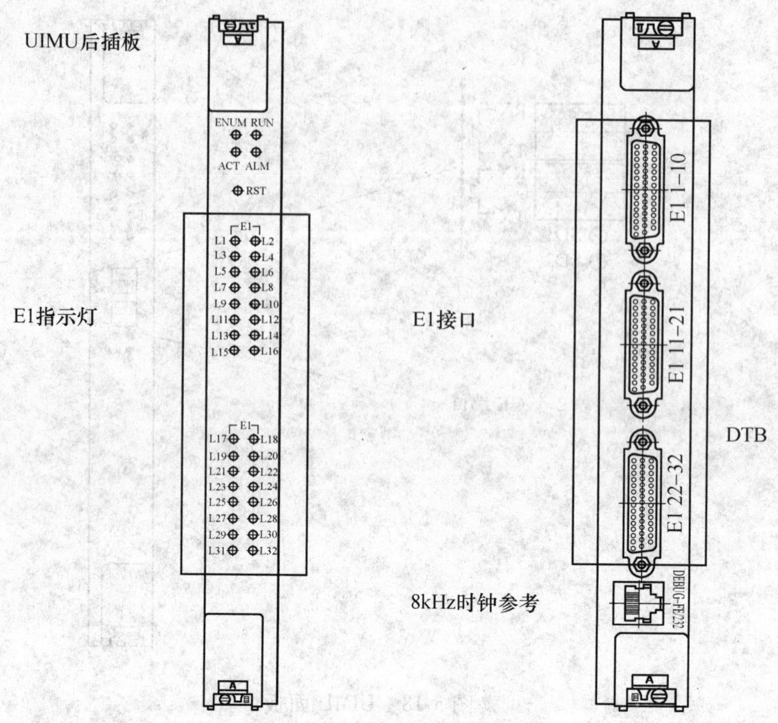

图 5-20　DTB 的面板和后插板

3）ABPM 模块：用于 Abis 接口的协议处理，提供低速链路完成 IP 业务承载的相关 IP 压缩协议处理。

4）选择器数字单元 SDU：用来处理无线语音和数字协议信号，选择和分离语音和数字业务。可提供 480 路选择器单元（SE）。

5）语音码型变换 VTC：用于实现语音编解码功能。提供 480 路编解码单元，支持 QCELP8K、QCELP13K 和 EVRC 的功能。VTC 模块包括两种类型 VTCD 和 VTCA：VTCD 是基于 DSP 的码型变换板；VTCA 是基于 ASIC 的码型变换板。

6）IWFB 板：用于网间互通，实现异步数据和 G3 类传真业务，每块单板提供 36 路电路数据业务的处理能力。

7）UPCF 模块：提供 PCF 用户协议处理，PCF 的数据缓存，排序以及一些特殊协议处理的支持。

8）IPCF 模块：实现 PCF 对外部分组网络的接口，接收外部网络来的 IP 数据，进行数据的区分，分发到内部对应的功能模块上。IPCF 可以为 PCF 对外提供 4 个 FE 端口，用来连接 PDSN 和 AN AAA，IPCF 后插板 RMNIC 用于与 PDSN/AN AAA 相连。

9）SPB 板：主要完成窄带信令处理，可处理多路 SS7（七号信令）的 MTP2（消息传递部分级别 2）以下层协议处理。

10）HGM 模块：是兼容 ZTE IS95、1x HIRS 设备的 HIRS 网关，提供 HIRS BTS 的 Abis 接入和 HIRS BSC 的 A3/A7 切换接入。

11）IBB 板：提供标准的 A3/A7 和 A13 接口。

12）IP 承载接入板：实现 BSC 与 MGW（媒体网关）的 A2p 接口功能，其后背板为

RMNIC。

13）SIPI 板：实现 BSC 与 MSCe（移动交换中心仿真）的 A1p 接口功能。

（3）一级交换框单板

1）UIM（通用接口模块）：为主备方式，实现框内的控制面以太网交换及其他控制等功能。

2）PSN（分组交换网板）：为主备方式，完成各 NP 处理板之间的 IP 层三核心分组交换，可提供交换能力为 40Gbit/s（PSN4V）、80Gbit/s（PSN8V）的多个版本。

3）GLI（GE 线接口）：GLI 包括 GLIQV（Vitesse 4 个 GE 线路接口板）、GLITV（Vitesse 8 个 GE 线路接口板）等。图 5-21 为 GLIQV 扩展接口。

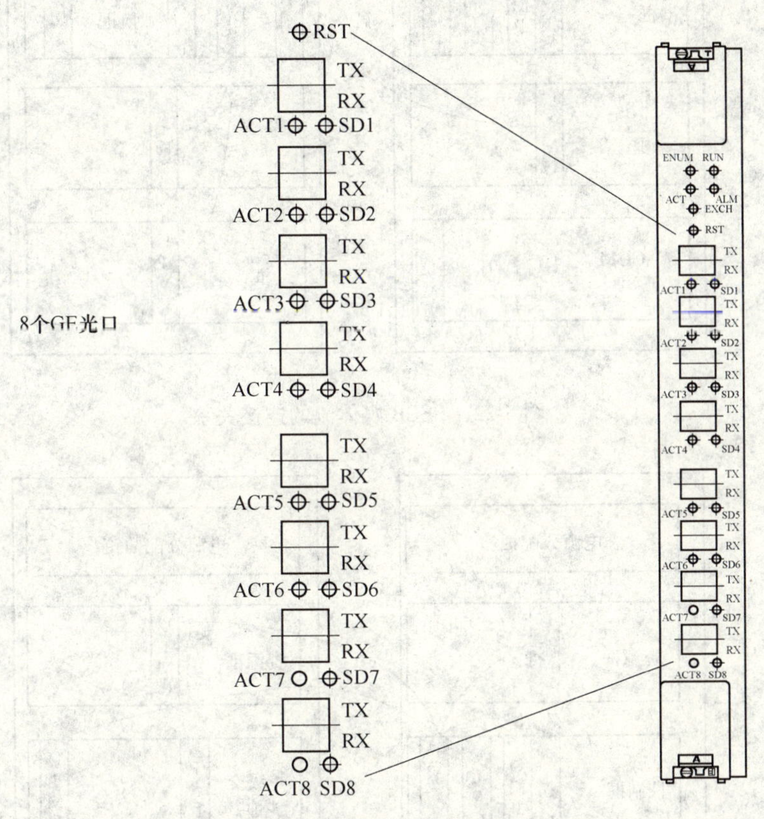

图 5-21　GLIQV 扩展接口

5. ZXC10 BSCB 系统通信关系与数据流程

（1）机框间通信关系说明

1）BSCB 系统媒体流的连接关系，如图 5-22 所示。

2）BSCB 系统控制流的连接关系，如图 5-23 所示。

3）BSCB 系统时钟信号的分发关系，如图 5-24 所示。

（2）外部连接关系说明

如图 5-25 所示，BSCB 通过 E1/T1/STM-1/网线/同轴电缆等与外部网元 BTS 基站收发信机、MSC 移动交换中心、MSCe 移动交换中心仿真、MGW 媒体网关、PDS 即 PTT 调度服务器、OMM 操作维护中心、AN AAA 接入鉴权、认证、计费服务器、PDSN 分组数据服务节

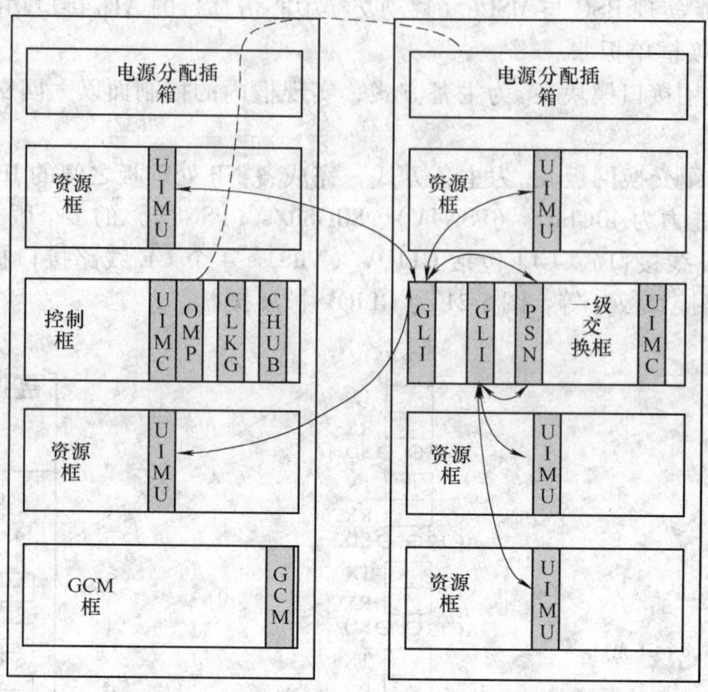

图 5-22　BSCB 媒体流的连接关系

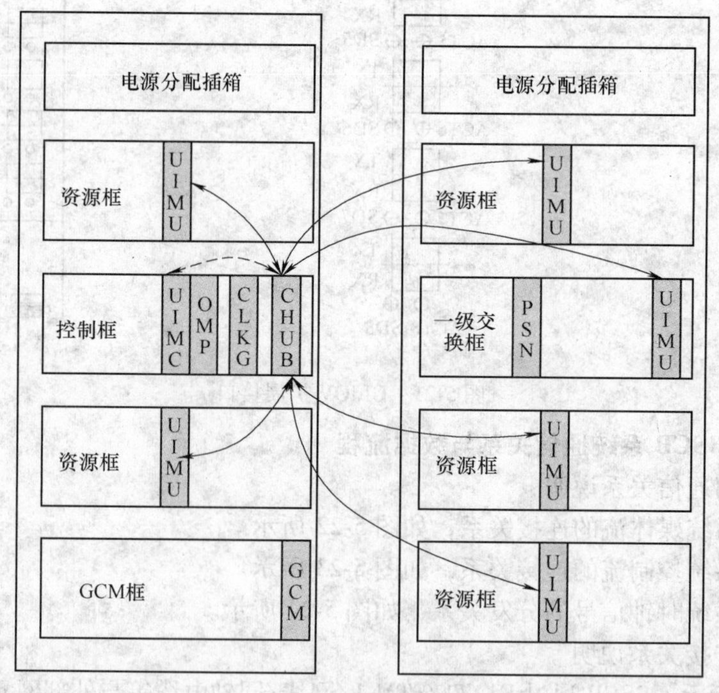

图 5-23　BSCB 控制流的连接关系

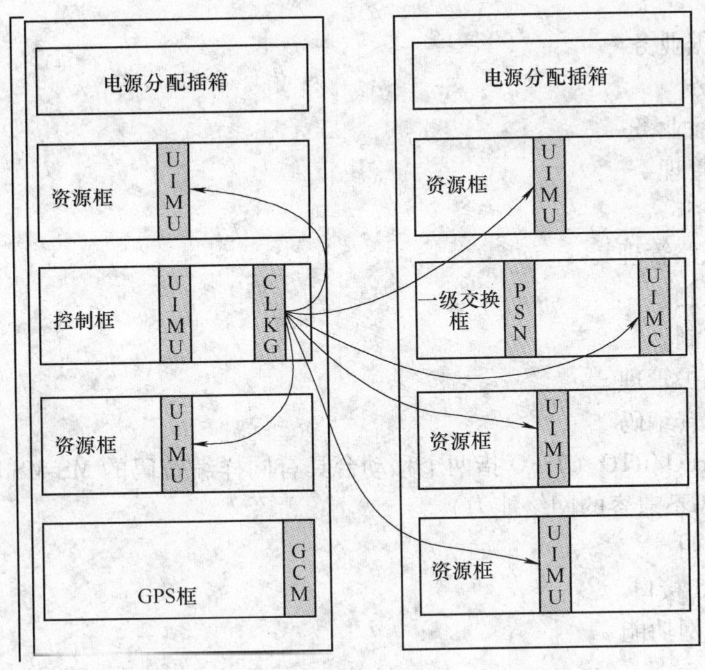

图 5-24　BSCB 时钟信号的分发关系

点、BSN 广播服务节点、GPS Antenna 全球定位系统天线。

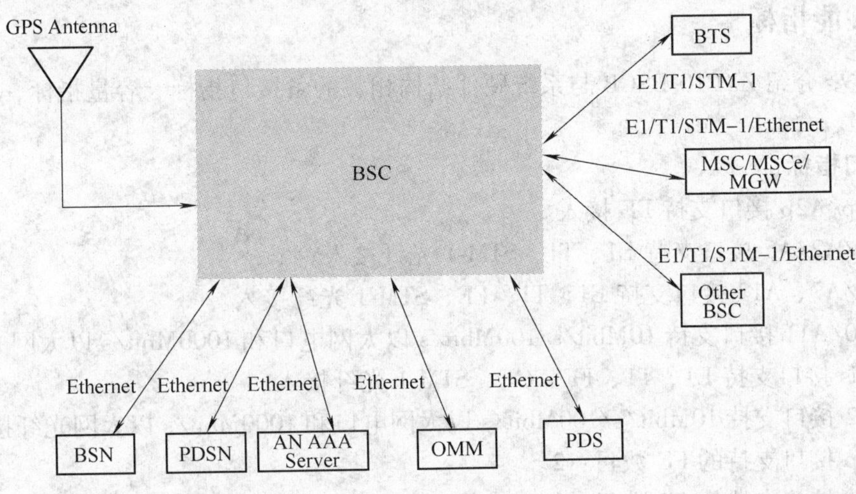

图 5-25　BSCB 与外部网元的连接关系

5.4.2　业务功能

ZXC10 BSCB 实现以下业务功能:

（1）语音业务

（2）1x 分组/1x 增强数据业务

（3）补充业务

（4）短消息

（5）电路数据业务

（6）并发业务

（7）广播多播业务

（8）移动性管理

（9）鉴权加密

（10）地面电路管理

（11）功率控制

（12）切换控制

（13）操作维护管理

（14）支持语音编码

（15）支持 TrFO/RTO（TrFO 指两个移动台具有同样编解码的 MS-MS 呼叫的网络能力，RTO 指端点编解码不兼容的网络能力）

（16）测试呼叫

（17）支持 V5 接口

（18）支持专网功能

（19）PTT 业务

（20）VOIP

（21）可视电话 VT

5.4.3 性能指标

下面主要介绍 ZXC10 BSCB 与系统硬件结构相关的备接口指标、容量指标、时钟指标和可靠性指标。

1. 接口指标

1）A1p/A2p 接口支持 FE 接入。

2）A1/A2/A5 接口支持 E1、T1、STM-1 光纤接入。

3）A3/A7、A13 接口支持 E1、T1、FE、STM-1 光纤接入。

4）A10/A11 接口支持 10Mbit/s/100Mbit/s 以太网电口和 1000Mbit/s 以太网光纤接入。

5）Abis 接口支持 E1、T1、FE、GE、STM-1 光纤接入。

6）A12 接口支持 10Mbit/s/100Mbit/s 以太网电口和 1000Mbit/s 以太网光纤接入。

7）A1p 接口支持的 FE 数目：2。

8）A2p 接口支持的 FE 数目：52。

9）A 接口支持的 E1/T1 数目：2400。

10）Abis 接口支持 E1/T1 数目：3840。

11）Abis 接口支持 FE 数目：285。

2. 容量指标

1）最大可控制 15360 个载扇。

2）最大支持语音话务量 50000Erl。

3）语音 BHCA（忙时呼叫次数）4700K。

4）声码器数（A1/A2 口 BSCB）50400。

5）数据吞吐量 6Gbit/s。

6）PPP 连接用户数 600 万。

7）激活 PPP 数据用户数 12 万。

3. 时钟指标

（1）GPS 时钟特点（GCM）

1）时钟参考源：卫星接收机输出的 1PPS 定时脉冲信号。

2）时钟系统工作模式包括：快捕、跟踪、记忆、自由振荡。

3）时钟系统提供卫星接收机信号接口，可以直接接入卫星接收机，跟踪 GPS 时满足二级钟标准。10MHz 在锁定 GPS 状态下频率准确度优于 10^{-10} 的精度，在 GPS 模块保持状态下频率准确度优于 10^{-10}。

4）相位误差：在锁定 GPS 状态下，相位误差小于 3US；在 GPS 模块保持状态下，在 72h 内相位误差小于 10μs。

（2）电路时钟特点（CLKG）

1）时钟系统工作模式包括：快捕、跟踪、记忆、自由振荡。

2）电路时钟信号等级：加强三级时钟。

3）自由频率准确度 $\leqslant 4.6\times10^{-6}$（一年）。

4）保持性能优于 $\pm1\times10^{-9}$Hz/天。

5）牵引范围不小于 $\pm4.6\times10^{-6}$Hz。

4. 可靠性指标

1）平均故障间隔时间（MTBF）大于 200000h。

2）平均故障修复时间（MTTR）0.25h。

3）可用率 A（%）大于 99.9999%。

5.5 中兴 CDMA 2000 系统 BTS 设备 ZXC10 CBTS I2 的硬件结构与原理

5.5.1 中兴 CDMA 2000 系统 CBTS I2 设备基本功能和特点

1. ZXC10 CBTS I2 设备基本功能

中兴 ZXC10 CBTS I2 是基于全 IP 技术的紧凑型室内基站，具有体积小、容量大、组网灵活、可靠稳定、传输方式多样等特点，适用于多种场合。如图 5-26 所示为中兴 ZXC10 CBTS I2 设备外观。

CBTS I2 具有如下特点：

1）支持多频段，包括 450MHz、800MHz、850MHz 和 1900MHz 等。

2）支持大容量：1 个 CBTS I2 基带资源最多可支持 12 载扇的 EV-DO 业务或 24 载扇的 CDMA 2000 1x 业务；一个 CBTS I2 的射频系统支持 4 载 3 扇，两个 CBTS I2 射频并柜支持 8 载 3 扇或 4 载 6 扇；CBTS I2 提供 6 对“基带-射频”光纤，每对光纤可传输 24 载扇的数据，可连接多个远端 RFS，实现大范围的信号覆盖。

3）高可靠性：先进的 EMC 和 EMI 设计；远端 RFS 支持光纤环形组网和链路备份倒换，且链路倒换与单板倒换独立，提高了传输可靠性；时钟系统兼容 GPS、GLONASS 系统；重要单板采用 1+1 热备份设计；GCM 提供短期稳定时钟，能在 GPS 同步信号丢失后 72h 内，保持时钟的锁定状态，保证基站能正常工作。

图 5-26　中兴 ZXC10 CBTS I2 设备外观

4）扩容方便：支持不同业务信道板的混插，灵活提供 1x 和 1x EV-DO 业务；CCM（通信控制单板）和 CHM（信道板）等单板采用子卡方式，配置、扩容和升级灵活方便；支持小容量向大容量平滑扩容，比如增加 CHM、RFS 个数；支持载扇的平滑扩容，支持单载频向 8 载频扩容，也支持单扇向多扇的平滑扩容。

5）组网灵活：Abis 接口支持 BTS 的星形、链形、树形和环形组网，满足不同的地形和组网需要；Abis 接口满足不同传输条件的需求，支持 75Ω/120ΩE1、100ΩT1 接口；Abis 接口支持卫星传输功能；提供基于 IP 标准的“基带-射频”接口，本基带资源可与其他 BTS 的射频系统共享，本射频系统也可接入到其他 BTS 的基带。另外，射频远端站的接入可以是星形、链形和环形。

6）安装方便：可靠墙安装，所有前台操作维护均可在前面板和机顶完成；机顶出线。无内部线缆连接；利用 SDH 自带网管通道，支持勤务电话；提供基站侧的本地维护 LMT，基站侧提供一 10M 以太网调试口作为本地操作维护的接口；单板支持热插拔，可远程进行逻辑、MCU 程序、BOOT 程序、FLASH 文件的下载，增强了维护方便性；图形化用户界面，友好直观，易于操作。

2. ZXC10 CBTS I2 特点

1）CBTS I2 外观尺寸：H×W×D = 850mm×600mm×600mm。

2）CBTS I2 工作电压如下。

- DC-48V 电压工作范围：-40～-57V。
- AC110V 电压工作范围：85～135V。
- AC220V 电压工作范围：150～300V。

3）CBTS I2 工作环境如下。

- 工作温度：5～45℃；推荐温度：15～35℃。
- 工作湿度：15%～93% RH；推荐湿度：40%～60% RH。

4）CBTS I2 容量：单机柜最大可支持 12 个载扇，即 S4/4/4。

5.5.2　CBTS I2 系统组成

1. ZXC10 CBTS I2 物理架构

CBTS I2 由 BDS（基带子系统）、RFS（射频子系统）、PWS（电源子系统），其中 PWS 为可选配置，RFS 和 BDS 共用一块背板，各部件间的信号连接均通过背板完成，大量减少了内部线缆的连接，提高了结构的紧凑性和系统的稳定性。CBTS I2 物理架构如图 5-27 所示。

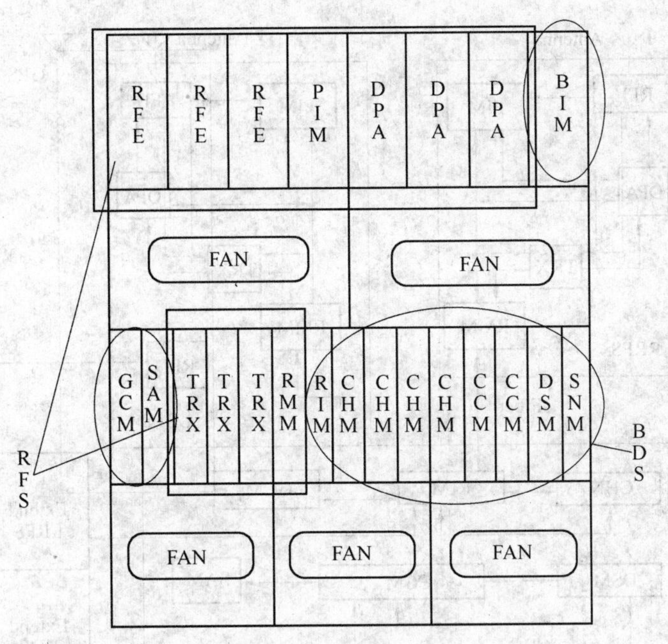

图 5-27　CBTS I2 物理架构

BDS 子系统是 BTS 中最能体现 CDMA 特征的部分，包含了 CDMA 许多关键技术：如扩频解扩、分集技术、RAKE 接收、软切换和功率控制。BDS 是 BTS 的控制中心、通信平台，实现 Abis 口通信以及 CDMA 基带信号的调制解调。包括的单板为：DSM、SNM、CCM、CHM、RIM、SAM、GCM、BIM。

RFS 子系统完成 CDMA 信号的载波调制发射和解调接收，并实现各种相关的检测、监测、配置和控制功能。RFS 由机柜部分和机柜外的天馈线部分组成。天馈线部分包括天线、馈线及相应的结构安装件。典型的天馈线部分由天线、天线跳线、主馈线、避雷器、机顶跳线、接地部件等组成。包括如下单板：RMM、TRX、DPA、RFE、PIM。

PWS 电源子系统实现 AC-to-DC 的转换、电源监控、蓄电池的管理。由 PPD、PRM 和 PMM 单元组成。

2. ZXC10CBTS I2 逻辑结构

CBTS I2 的逻辑结构如图 5-28 所示。

3. BDS 模块组成

图 5-29 为 BDS 的工作原理示意图。来自 STM-1 接口的 Abis 压缩数据包被 SNM 解复用后（或通过 E1/T1 接口到 DSM），送到 DSM 解压缩以及其他 Abis 接口协议处理。处理后的 IP 数据包分为媒体流和控制流两大类，两类信息完全分离，互不影响。其中，媒体流通过 CCM 上的媒体流 IP 通信平台交换到信道板，由 CDMA 调制解调芯片对其进行编码调制为前向基带数据流。来自所有信道板的前向基带数据流由 RIM 汇集、求和后送到 RFS 子系统。

控制流通过 CCM 上的控制流 IP 通信平台进行交换，控制流的目的地址可以是 CHM 或 CCM。

对于反向数据流，处理数据流与前向相反。

GCM 接收 GPS 卫星信号，产生精确的与 UTC（协调世界时）时间对齐的系统时钟，送

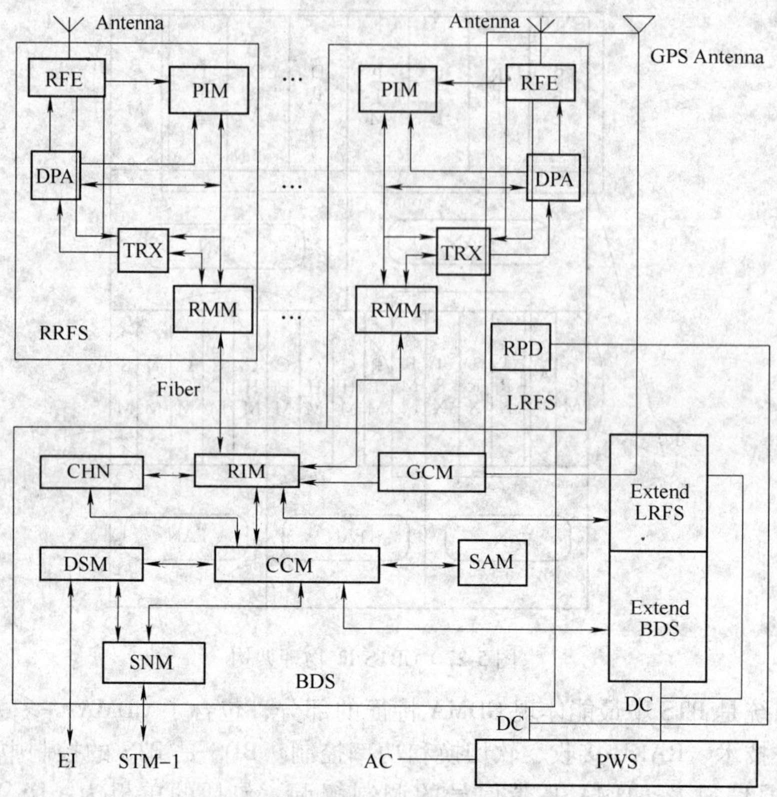

图 5-28　CBTS I2 的逻辑结构

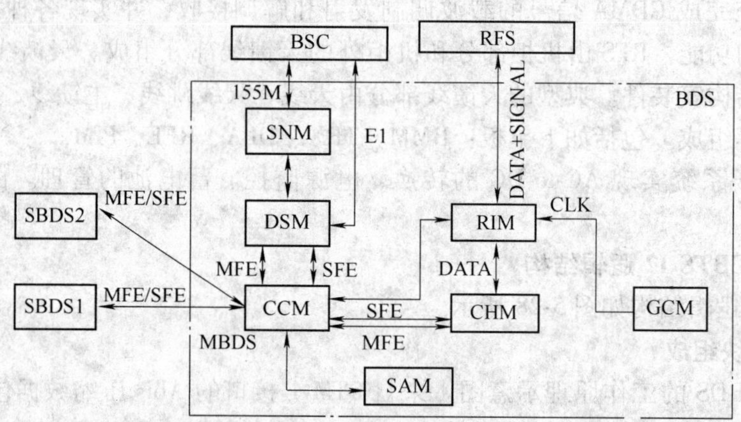

图 5-29　BDS 工作原理示意图

到 RIM，由 RIM 分发时钟给信道板、CCM。SAM 收集并上报系统环境参数、功放和电源的告警消息。

BDS 基带子系统的各模块功能如下：

（1）CCM 通信控制模块

CCM 主要提供两大功能：构建 BTS 通信平台和集中 BTS 所有控制。CCM 是整个 BTS 的信令处理、资源管理以及操作维护的核心，负责 BTS 内数据、信令的路由，也是信令传送证实的集中点，BTS 内各单板之间与 BTS 与 BSC 单板之间的信令传送都由 CCM 转发。

CCM 有两种型号：CCM _6、CCM _0。CCM _6 板支持 12 载扇 DO 业务以及 24 载扇的 1x 业务；扩展机柜配置时主机柜配置 CCM _0，扩展机柜内配置 CCM _6。

（2）DSM 数据服务模块

DSM 实现 Abis 接口的中继功能、Abis 接口数据传递和信令处理功能。DSM 单板根据需要对外可提供 4 条、8 条、12 条、16 条 E1/T1，DSM 可灵活配置用来与上游 BSC 连接以及与下游 BTS 连接 E1/T1。DSM 单板有 3 种型号，其中，DSMA、DSMB 支持 E1/T1 接口，DSMC 支持以太网接口。

（3）SNM 为 SDH 接口模块

SNM 单板主要完成将 Abis 口的低速链路承载在 STM1 上，从而实现 Abis 数据远距离传输的功能。SNM 单板对外提供一对光纤接口，该光纤接口可以用于与 BSC 接口或与其他 BTS 连接。SNM 单板通过 HW 接口和 DSM 进行通信，实现数据的传递。

（4）CHM 信道处理板

CHM 板主要完成基带的前向调制与反向解调，实现 CDMA 的多项关键技术，如分集技术、RAKE 接收、更软切换和功率控制等。目前 BDS 子系统中的 CHM 包括：CHM0、CHM1、CHM2、CHM3，其中：

1）CHM0 核心处理芯片是 CSM5000，单块芯片可提供前向 64 个 CE，反向 32 个 CE；通过扩展子卡可提供前向 512 个 CE，反向 256 个 CE（8 块芯片）。

2）CHM3 核心处理芯片是 CSM6700，单块芯片可提供前向 285 个 CE，反向 256 个 CE，通过扩展子卡可提供前向 570 个 CE，反向 512 个 CE（2 块芯片）。

3）CHM1 提供 CDMA 2000 1x EVDORelease 0 业务。前向数据业务速率最大支持 2.4576Mbit/s，反向数据业务速率最大支持 153.6kbit/s，核心处理芯片为 CSM5500，一块芯片可以支持 24 个反向 CE。一块 CHM1 最多支持 4 块 CSM5500 芯片用于反向调制，所以最多可支持 96 个反向 CE。

4）CHM2 支持 CDMA 2000 1x EV-DO Release 0 & REV A 业务。前向数据业务速率最大支持 3.1Mbit/s，反向数据业务速率最大支持 1.8Mbit/s，核心处理芯片是 CSM6800。一块 CHM2 单板上有一块 CSM6800 用于反向调制，最多可以支持 192 个用户。

5）CHM0、CHM3 单板支持 CDMA 2000-1x 的业务，CHM1 单板支持 CDMA 2000-1x EV-DO Release 0 业务，CHM2 单板支持 CDMA 2000 1x EV-DO Release 0 & REV A 业务。

（5）RIM 射频接口模块

RIM 是基带系统与射频系统的接口。前向链路上 RIM 将 CHM 送来的前向基带数据分扇区求和，将求和数据、HDLC 信令、GCM 送来的 PP2S 信号复用后送给 RMM；反向链路上 RIM 通过接收 RMM 送来的反向基带数据和 HDLC 信令，根据 CCM 送来的信令进行选择，并将选择后的基带数据和 RAB 数据广播送给 CHM 板处理，HDLC 数据送给 CCM 板处理。RIM 接收 GCM 时钟，并将其分发给信道板、CCM 和本地/远端射频模块。

RIM1 提供 12 载扇射频信号处理能力，与 RMM7 成对配置；RIM3 提供 24 载扇射频信号处理能力，与 RMM5 成对配置。

（6）BIM 为 BDS 接口模块

BIM 为可插拔的无源单板，完成系统各接口的保护功能及接入转换，提供 BDS 级联接口、测试接口、勤务电话接口，与 BSC 连接的 E1/T1/FE 接口以及模式设置等功能。

（7）SAM 现场告警板

SAM 位于 BDS 插箱中，主要功能是完成 SAM 机柜内的环境监控，以及机房的环境监控。SAM 有 3 种型号：SAM3、SAM4、SAM5。其中，SAM3 用在单机柜配置（不包括机柜外监控和扩展监控接入）；SAM4 在扩展机柜配置时主机柜使用；SAM5 在扩展机柜配置时从机柜使用。

（8）GCM 为 GPS 接收控制模块

GCM 是 CDMA 系统中产生同步定时基准信号和频率基准信号的单板。GCM 接收 GPS 卫星系统的信号，提取并产生 1PPS 信号和相应的导航电文，并以该 1PPS 信号为基准锁相产生 CDMA 系统所需要的 PP2S、16CHIP、30MHz 信号和相应的 TOD 消息。GCM 具有与 GPS/GLONASS 双星接收单板的接口功能。

4. RFS 模块组成

RFS 工作原理示意图如图 5-30 所示。RFS 包括如下单板：RMM、TRX、DPA、RFE 和 PIM。来自 BDS 的前向数据流在 RMM 上汇集并分发到 TRX，TRX 首先对信号进行中频变频，再经过上变频成射频信号，通过 PDA 放大功率，再通过 DUP 和天馈系统发射出去。在反向，从天线接收到的无线信号通过 DUP 和 DIV 滤波，送到 LAB 对信号进行低噪声放大，放大后的信号送到 TRX 进行下变频，然后进行数字中频处理，将射频信号变为基带信号，送到 RMM。RMM 将来自 TRX 的数据打包成一定格式，通过基带射频接口送往 BDS。

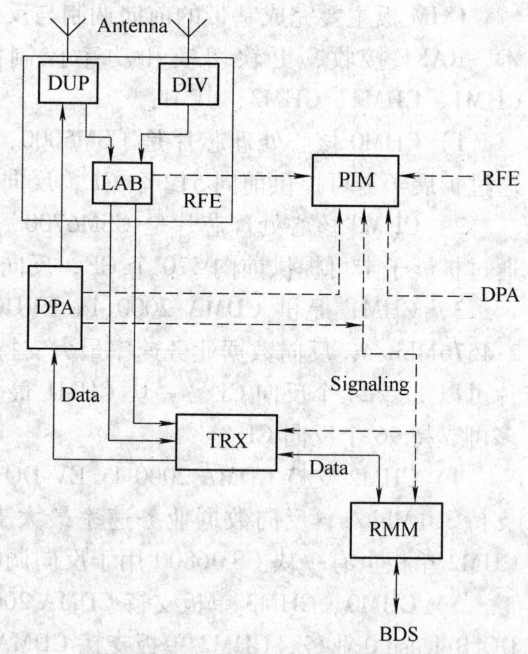

图 5-30 RFS 工作原理示意图

（1）RMM 射频管理模块

RMM 作为射频系统的主控板，主要完成 3 大功能：对 RFS 的集中控制，包括 RFS 的所有单元模块，如 TRX、PA、PIM；完成“基带—射频接口”的前反向链路处理；系统时钟、射频基准时钟的处理与分发。

RMM 有 3 种型号：RMM5、RMM6、RMM7。RMM5 用于近端射频，支持 24 载扇，与 RIM3 成对配置；RMM6 用于拉远射频或扩展机柜射频，支持 24 载扇，与 RIM3 成对配置；RMM7 用于近端射频，支持 12 载扇，与 RIM1 成对配置。

（2）TRX 收发信机模块

TRX 位于 BTS 的射频子系统中，是射频子系统的核心单板，也是关系基站无线性能的关键单板。1 块 TRX 可以支持 4 载扇的配置，TRX 有两种类型：TRXB 和 TRXC。

（3）DPA 数字功放

DPA 将来自 TRX 的前向发射信号进行功率放大，使信号以合适的功率经射频前端滤波处理后，由天线向小区内辐射。DPA 采用了功率回退技术，是用于基带预失真系统的功率放大器。支持800MHz、1900MHz、450MHz三个频段，有30W、40W、60W、80W等类型。

（4）RFE射频前端

RFE主要实现射频前端功能及反向主分集的低噪声放大功能。RFE有两种类型：RFEC和RFED。RFEC由DUP（双工器）、DIV（分集接收滤波器）、LAB（低噪声放大器板）组成，适用4载波及其以下情况。RFED由DUP（双工器）、LAB组成，适用4载波以上应用。

（5）PIM功放接口模块

PIM单板位于PA/RFE框，主要实现对DPA与RFE进行监控，并将相关信息上报到RMM。如图5-31所示为PIM与其他功能模块间的连接关系。

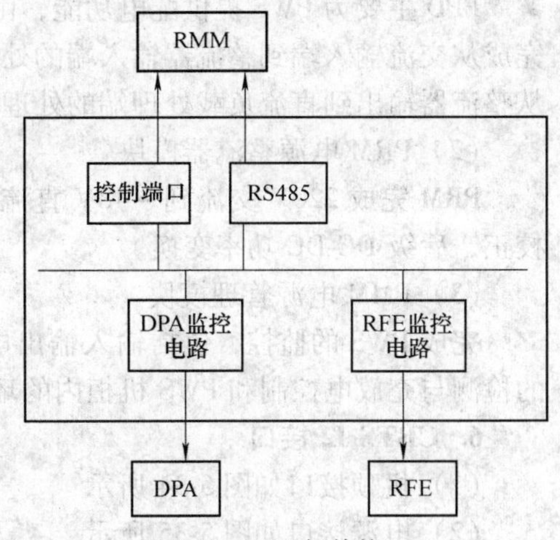

图5-31　PIM与其他功能模块间的连接关系

5. PWS模块组成

PWS子系统工作原理如图5-32所示。PWS由PPD、PRM和PMM单元组成。硬件结构如图5-33所示。

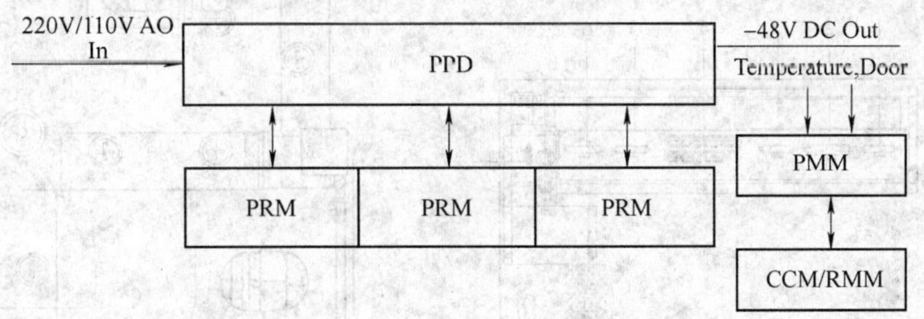

图5-32　PWS子系统工作原理示意图

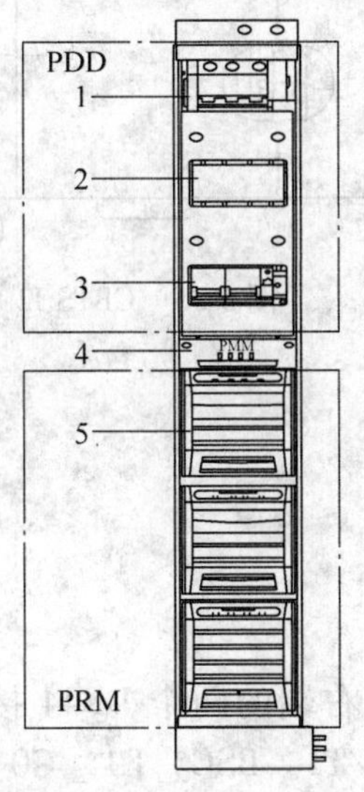

图5-33　PWS子系统硬件结构

（1）PPD 为 PWS 电源分配模块

PPD 主要为 PWS 提供配电功能，由交流配电部分和直流配电部分构成。交流配电部分完成从交流输入端到整流器输入端的处理，包括开关、防雷和电流滤波。直流配电部分完成从整流器输出到直流负载处理端的处理，包括电流取样、断路器、负载输出、蓄电池输出。

（2）PRM 电源整流器模块

PRM 完成 220V 交流到 -48V 直流的转换。PRM 由两级电路组成：前级 PFC 功率因数校正，后级 DC-DC 功率变换。

（3）PMM 电源管理模块

完成 PWS 的监控，包括输入输出电压、输出电流、开关量采集（如防雷器）、蓄电池的检测与充放电控制和 PWS 机柜内的环境监控。

6. CBTS I2 接口

（1）机顶接口如图 5-34 所示

（2）电源接口如图 5-35 所示

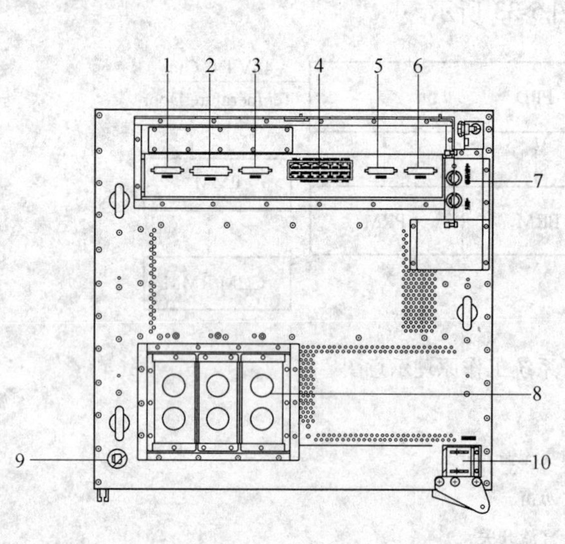

图 5-34　CBTS I2 机顶接口

1—EXT-MON　2—EXT-BDS　3—ROOM-MON

4—FE 接口组　5—E1/T1 接口组 0　6—E1/T1 接口组 1

7—电源接口　8—主天馈接口

9—GPS 天馈接口　10—光纤通道

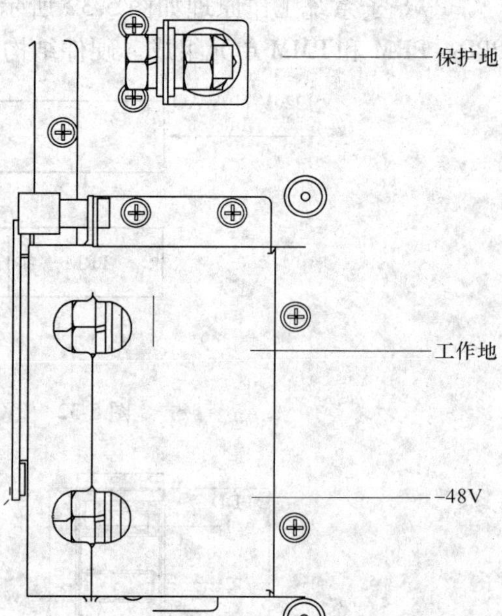

图 5-35　CBTS I2 电源接口

（3）E1/T1 接口

机柜顶部上端有一排接口，E1/T1 接口是位于最右端的两个 DB44 接口，分别标识为 BSC _ E1 _ G0、BSC _ E1 _ G1，每个接口支持 8 个 E1/T1。BSC _ E1 _ G0 一般用来接 BSC，BSC _ E1 _ G1 一般用来接菊花链下级 BTS。

（4）CBTS I2 以太网接口如图 5-36 所示

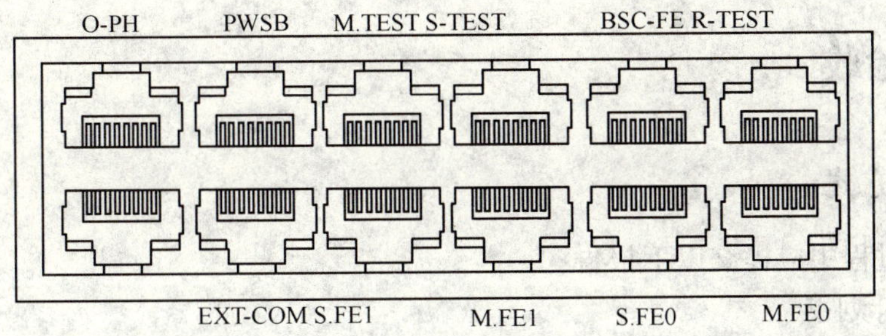

图 5-36　CBTS I2 以太网接口

O _ PH：勤务电话接口　PWSB：PWSB 接口　M. TEST：媒体流测试口
S _ TEST：信令流测试口　BSC _ FE：BSC 级联口　R _ TEST：RMM 板测试口
M. FE0：媒体流级连 FE0 口　M. FE1：媒体流级连 FE1 口
S. FE0：信令流级连 FE0 口　S. FE1：信令流级连 FE1 口
EXT _ COM：第三方电源设备告警连接口

（5）CBTS I2 其他接口如图 5-37 所示

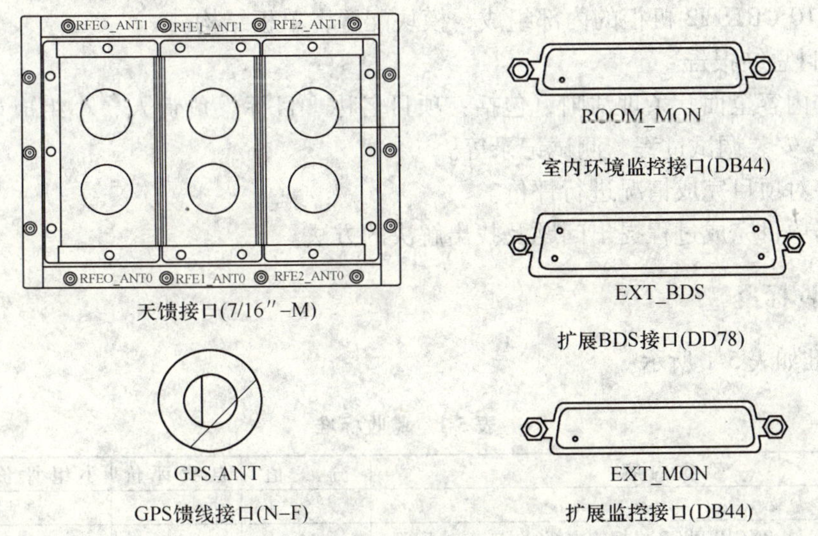

图 5-37　CBTS I2 其他接口

（6）转接板接口

转接板接口包括转接开关输入量、转接控制量输出、转接烟雾传感器、转接温湿度传感器、转接红外传感器。转接板右侧为 16 个 E1 转接口。

5.6　任务实施

任务实施需要学生完成以下内容：

1）描述 CDMA 基站的建设方法和要求。

2）说明 ZXC10 BSCB 机柜的内部组成，模块配置。

3）描述 ZXC10 BSCB 设备单板结构与功能。

4）描述 ZXC10 CBTS I2 机柜的内部组成，模块配置，单板结构。

5.7 成果验收

5.7.1 验收方式

项目完成过程中应提交以下报告。

（1）工作计划书

1）计划书内容全面、如实，应包括项目名称、项目目标、小组负责人、小组成员及分工、子任务名称、项目开始及结束时间、项目持续时间等。

2）计划书中附有项目进度表，项目验收标准。

（2）项目工作记录单

1）基站的建设方法和要求。

2）ZXC10 BSCB 设备单板结构与功能。

3）ZXC10 BSCB 机柜的内部组成，模块配置。

4）ZXC10 CBTS I2 机柜的内部组成，模块配置，单板结构。

（3）项目总结报告

1）报告内容全面、条理清晰，包括：项目名称、目标、负责人、小组成员及分工、用户需求分析、安装调试过程、测试记录等。

2）能够对项目完成情况进行评价。

3）根据项目完成过程提出问题及找出解决的方法。

5.7.2 验收标准

验收标准如表 5-1 所示。

表 5-1 验收标准

验收内容		分值	自我评价	小组评价	教师评价
工作计划		5			
项目工作记录单	ZXC10 BSCB 机柜的内部组成，模块配置	15			
	基站的建设方法和要求	15			
	ZXC10 BSCB 设备单板结构与功能	15			
	ZXC10 CBTS I2 机柜的内部组成，模块配置，单板结构	15			
安全文明生产	安全、文明的操作	4			
	有无违纪和违规现象	3			
	良好的职业操守	3			
学习态度	不迟到，不缺课，不早退	4			
	学习认真，责任心强	3			
	积极参与完成项目	3			
项目总结报告	对项目完成情况进行评价	10			
	提出问题及找出解决的方法	5			
自我，小组，教师评价分别总计得分					
总分					

5.8 思考与练习

1. 简述 BSCB 的业务框种类及基本配置方法。
2. 叙述 BSC 系统媒体流、控制流的连接关系。
3. 简述 CBTS I2 的组成及各子系统的工作原理。
4. RMM 有哪些种？区别是什么？
5. CBTS I2 的工作电压是多少？
6. CBTS I2 的外部接口有哪些？

项目6　中兴 CDMA 2000 基站设备开通配置

【背景】

根据某区域的某基站规划，需要完成基站的硬件安装，并在硬件安装后进一步配置中兴 ZXC10 BSS 基站子系统：BSC 设备 ZXC10 BSC 和 BTS 设备 ZXC10 BTSB I2 设备，最终实现基站的开通。

应根据当地的实际情况结合合同中的技术描述、工程勘察报告、网络规划情况制定 ZXC10 BSS 系统运行配置数据，并将小区、位置区识别码、A 接口相关的七号信令链路、中继电路、信令点等相关数据及早通知 MSC 侧做相关数据，并提出时间要求。

【目标】

1）掌握 CDMA 2000 基站的开通配置方法和要求。

2）掌握中兴 CDMA 2000 系统 BSC 设备 ZXC10 BSC 的数据配置。

3）掌握中兴 CDMA 2000 系统 BTS 设备 ZXC10 BTSB I2 的数据配置。

6.1　情境引入

本项目根据某基站规划，完成中兴 ZXC10 BSS 基站子系统的数据配置，实现该基站的开通。

6.2　任务分析

6.2.1　任务实施条件

1）中兴 CDMA 2000 系统 BSC 设备 ZXC10 BSC，中兴 BTS 设备 ZXC10 BTSB I2。

2）在没有真实设备的情况下，本项目可以采用中兴 CDMA 2000 实验仿真教学软件 ZXC10 VBOX 来进行教学。

6.2.2　任务实施步骤

1）制订工作计划。

2）描述基站数据协商和配置规划方案。

3）通过数据配置相关的文档、视频、录像来学习基站数据配置。

4）说明中兴 CDMA 2000 系统 BSC 设备 ZXC10 BSC 的配置流程。

5）说明中兴 CDMA 2000 系统 BTS 设备 ZXC10 BTSB I2 的配置流程。

6）能够对项目完成情况进行评价。

7）根据项目完成过程提出问题及找出解决的方法。

8）撰写项目总结报告。

6.3 基础知识

ZXC10 BSS 系统支持 1x RA 业务（包括语音业务和数据业务，数据业务速率最高可达 307kbit/s）、1x EV-DO 业务（指高速分组数据业务，前向业务速率最高可达 2.4Mbit/s）和 PTT 业务（指集群业务：群组呼叫、私密呼叫和呼叫管理）。

1. 配置前的准备

配置业务前，必须保证前后台的各种连接关系正确；已经规划好 BSS 的物理地址、逻辑地址和 BSS 的外部 IP 地址；保证前台拨码开关和跳线设置正确，安装了后台软件（注意：后台的配置部分必须与前台实际设置保持一致）。

（1）设备连接关系

BSC 软件架构由前台软件和后台软件两部分组成。BSC 设备与网络管理系统之间通过 TCP/IP 协议相连。BSC 软件架构如图 6-1 所示。

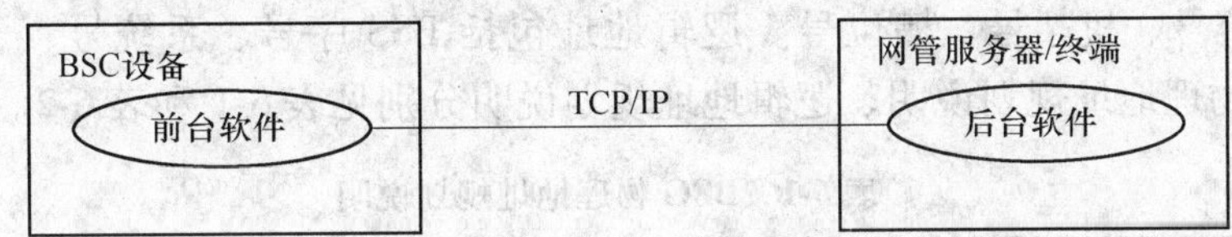

图 6-1　BSC 软件架构图

“前台”指的是 BSS 产品设备的硬件平台。前台软件运行在 BSC 机柜设备上，包括：操作系统子系统、数据库子系统、控制子系统、网管子系统、承载子系统、信令子系统、业务处理子系统。

“后台”指的是 OMC（操作维护中心）网络管理的软件平台，运行在后台服务器和客户端上，完成以下功能：配置管理、性能管理、故障管理、安全管理、系统工具、本地维护。

BSS 连接示意图如图 6-2 所示。BSC 内部的连接指各单板间的连接，在设备出厂前已全

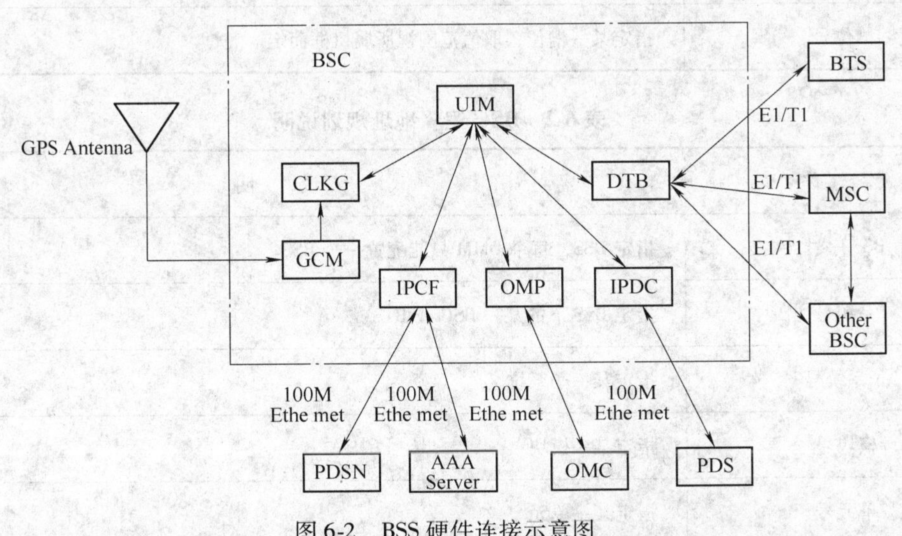

图 6-2　BSS 硬件连接示意图

部连接布线完毕。BSC 外部的连接指与其他网元、GPS 之间的连接，包括网线连接、E1/T1 传输线连接、GPS 跳线连接，需要在工程现场，根据实际情况完成。

网线连接包括：

1）BSC 与 OMC 之间的连接。BSC 上的主备 OMP（操作维护处理板）与 HUB（集线器），HUB 板与 OMC 之间各有一条网线，用于前后台的通信。线缆采用标准直连网线。

2）BSC 与 PDSN（分组数据服务节点）、AAA server（认证、授权、记账服务器）之间的连接。

3）BSC 与 PDS（PTT 调度服务器）之间的连接。

E1/T1 电缆连接主要指 BSC 与 BTS（基站收发信机）之间、BSC 与 MSC（移动交换中心）之间的连接。其中，BSC 与 BTS 之间的中继线从 BTS 的 DSM（数据服务模块）的后插板 BIM0 连接到 BSC 的 DTB（数字中继板）的后插板 RDTB。

（2）规划网络地址和外部 IP 地址

网络地址包括物理地址和逻辑地址，需要根据现场组网要求规划。其中，物理地址包括 BSS 序号、系统号、机架号、槽位号。逻辑地址包括 BSS 序号、系统号、子系统号、模块号、单元号。物理地址规划说明、逻辑地址规划说明分别见表 6-1 和表 6-2。

表 6-1　BSC 物理地址规划说明

名　称	说　明
BSS 序号	指定 BSS，每个 OMM 操作维护模块只能配置一个 BSS
系统号	指定 BSS 下的某一 BSC 或 BTS，BSC 的系统号为 0，BTS 的系统号为 1～1800
机架号	指定某一机架，BSC 机架号的取值为 1～16，BTS 机架的取值视 BTS 类型而定。如果是 IP BTS，则 BDS 机架号为 1，RFS 机架号为 2～121
机框号	指定某一机框，取值范围视所属机架而定
槽位号	指定某一槽位，取值范围视所属机框而定

表 6-2　BSC 逻辑地址规划说明

名　称	说　明
BSS 序号	指定 BSS，每个 OMM 只能配置一个 BSS
系统号	指定 BSS 下的某一 BSC 或 BTS
子系统号	指定某一子系统
模块号	指定某一模块
单元号	指定某一单元

BSS 外部的 IP 地址包括：OMC IP 地址、PDSN IP 地址、PDS IP 地址和 AAA 服务器 IP 地址。其中，OMC IP 地址为 OMP 的对外 IP 地址，固定设置为 129.0.31.0 或 129.0.31.1，不可修改。在 OMC 网络中，服务器与客户端 IP 地址与前台 OMP 的对外 IP 地址必须在同一子网中。

在配置 1x RA 的数据业务和 1x EV-DO 数据业务时，需要在后台配置 PDSN 的 IP 地址和绑定 IP 地址，不同的组网方式需要配置不同的 IP 地址，以图 6-3 所示为例，当 IPCF、R-P 传送（即无线侧-PDSN 传送网络在 ZXC10 BSS 中 IPCF 单板到 PDSN 的一段路由和传输）、PDSN 处在同一网络内时，PDSN 的 IP 地址与 PDSN 的绑定 IP 地址相同。

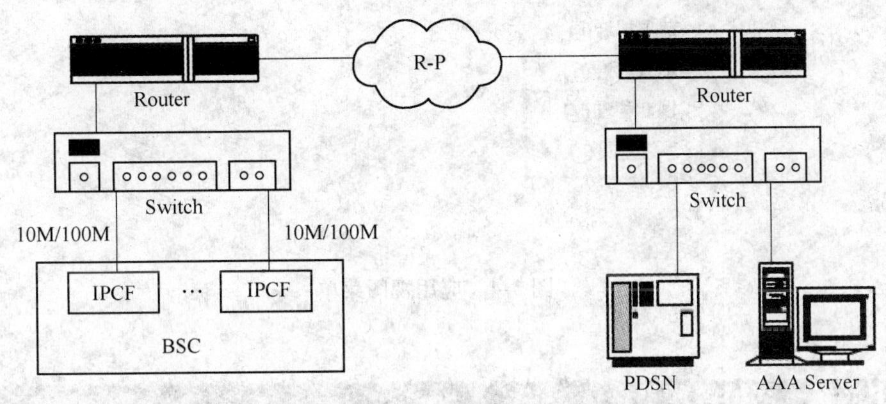

图 6-3　数据业务组网方式之一

PDS 的 IP 地址规划方法与 PDSN 的 IP 地址规划方法相同，跟组网方式有关。

（3）检查拨码开关和跳线器

在进行后台数据配置前必须检查 BSC 和 BTS 的拨码开关盒跳线器设置是否正确。

（4）安装后台软件

驻留在前台单板上的 OMC 软件在设备出厂前已安装并调试完毕，现场只需安装 OMC 的后台软件。

2. OMC 软件配置环境

后台数据的配置在 OMC 网管系统软件的配置管理视图中完成，如图 6-4 和图 6-5 所示。

在配置管理视图左侧是配置资源管理树，它反映了整个基站系统的层次结构，包括：网管中心节点、局节点、BSS、BSC、BTS、BSC/BTS 机架的层次结构等。每个 BSC 的配置包括物理配置、无线参数配置和七号信令配置，每个 BTS 的配置包括物理配置和无线参数配置。

配置资源管理树的节点左侧有相应折叠符号，打开/关闭折叠符号，可以进行子节点设置或隐藏子节点操作，如图 6-6 所示。BSC 可下挂多种类型的 BTS，如：IP BTS HIRS 宏基站、HIRS 微基站、I2 BTS、紧凑型基站和室外基站等。

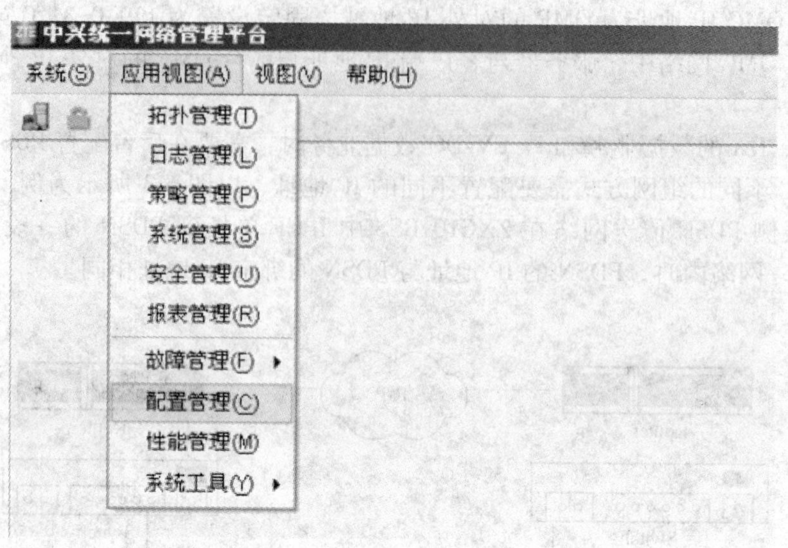

图 6-4　应用视图菜单

图 6-5　配置管理界面

3. 1x RA 业务和 1x EV-DO 业务配置流程

BSS 的后台数据配置基于网元，在进行配置前，必须按照实际现场规划和组网结构增加网元。增加网元的顺序为 OMMR→BSS→BSC→BTS。其中，OMMR 网元是虚拟网元，已经默认创建。

1）配置 1x RA 业务，需要完成 BSC 的物理配置、无线参数配置和七号信令配置；BTS 的物理配置和无线参数配置。1x RA 业务配置流程如图 6-7 所示。

2）配置 1x EV-DO 业务，需要完成 BSC 的物理配置和无线参数配置；BTS 的物理配置和无线参数配置。配置流程与 1x RA 业务配置流程类同。

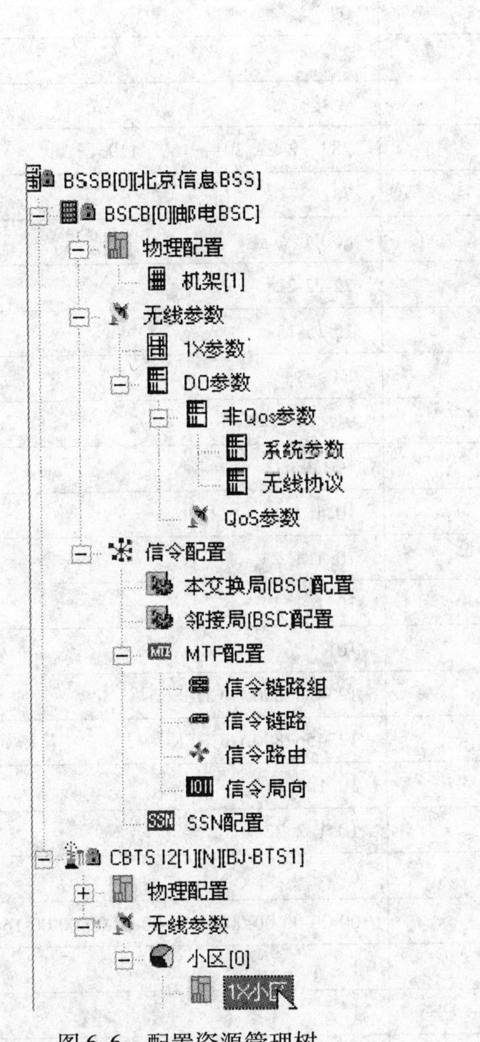

图 6-6　配置资源管理树

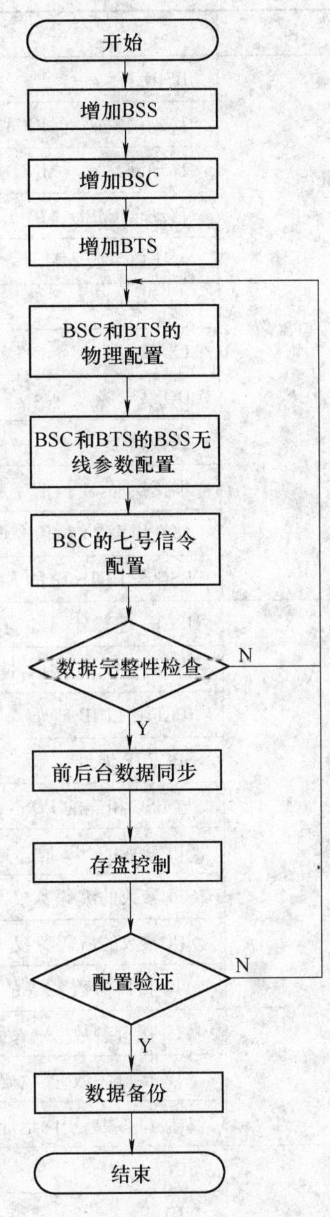

图 6-7　1x RA 业务配置流程

6.4　任务实施

BSS 的物理配置包括 BSC 侧和 BTS 侧的配置。下面以一台 ZXC10 BSC 下挂一台 BTS 设备 ZXC10 BTSB I2 为例进行说明。

本示例以中兴 CDMA 2000 实验仿真教学软件 ZXC10 VBOX 实现。具体配置规划如表 6-3 所示。

表 6-3　BSS 配置参数规划示例

项　目	属　性	参　数
BSC-A 接口配置	BSID	0
	移动国家码（MCC）	460
	移动网络码（MNC）	03
	移动台 IMSI _ 11 _ 12	09
	A 接口主版本号	4
	接口类型	A 接口
	1X 载频频点	283，242，201，160，119
	DO 载频频点	78，37
	载频频带	800M
	本交换局 24 位信令点	22-22-22
	邻交换局 24 位信令点	15-15-15
	BSC 与 CBTS I2 的 E1 连接端口	E1［3］
数据业务额外配置	IPCF _配置外网口_子单元	9
	IPCF _配置外网口_速率	100Mbit/s
	IPCF 接口 IP 地址	10. 1. 1. 1
	SPCF IP 地址	10. 1. 1. 2
	与 BSC 相连的 PDSN IP 地址	10. 1. 1. 3
	SPI 参数的 SPI 值	101
	SPI 参数的编码鉴权	1234567890ABCDEF
	SPI 参数的解码鉴权	1234567890ABCDEF
	A12 接口参数_ AN 的 IP 地址	10. 1. 2. 21
	A12 接口参数_ AAA 服务器地址	10. 1. 2. 22
	A12 接口参数_颜色码	6
	A 接口参数_子网地址	00-00-00-00-00-00-00-00-00-00-00-16-00-00-00
BTS 配置相关参数	SIN	1
	NID	1
	LAC	2
	小区识别码	21、22、23
	时差	16
	当前时间相对系统时间偏置	GMT +08:00 北京

6. 4. 1　中兴 CDMA BSC 数据配置

1. 物理配置

BSC 侧的物理配置步骤如表 6-4 所示。

表 6-4　BSC 侧的物理配置步骤

序　号	步 骤 内 容	备　注
1	增加 BSS、BSC	语音/数据业务必配
2	增加机架、机框和单板	语音/数据业务必配
3	配置 MP 单板的模块类型	语音/数据业务必配
4	配置模块/单元的从属关系	语音/数据业务必配
5	配置 BSC 的 HDLC	语音/数据业务必配
6	配置 BSC 的 UID	语音/数据业务必配
7	配置 SPCF 的参数信息	数据业务必配
8	配置防火墙的 IP 地址	数据业务必配
9	配置 PDSN	数据业务必配
10	配置 IP 协议栈的接口	数据业务必配
11	配置 IP 协议栈的静态路由	数据业务必配
12	配置 IPCF 与 PDSN 的连接关系	数据业务必配
13	配置 DSMP 与 RMP 的连接关系	语音业务必配
14	配置 PCM	语音业务必配
15	配置 CMP	可实现分布式处理呼叫
16	统一 VTC 工作模式	语音业务必配
17	配置 UIM 单板的 MDM 服务类型	语音/数据业务必配
18	配置 SPB 单板的窄带信令链路	语音业务必配：根据 7 号信令物理链路连接方式选配

BSC 侧的物理配置以 BPSN（一级 IP 交换机框）+BCTC（控制机框）+BUSN（资源机框）+GCM 成局为例说明。实现 1x RA 业务和 1x EV DO 业务，BSC 单板配置示例如图6-8所示。

（1）增加 BSS、BSC 节点

在“配置管理”视图左侧的配置资源管理树中，展开网管节点，用鼠标右键单击“增加 BSS”按钮，在弹出的快捷菜单中，输入 BSS 别名（根据规划命名），用左键单击“确定”按钮，完成增加 BSS 操作，如图 6-9 所示。在 BSS 节点上，用鼠标右键单击“增加 BSC”按钮，在弹出的快捷菜单中，输入系统别名和序列号，用左键单击“确定”按钮，完成增加 BSC 的操作，如图 6-10 所示。

（2）增加机架、机框和单板

物理设备增加的顺序为：机架—机框—单板，删除物理设备顺序与增加顺序相反：单板—机框—机架。

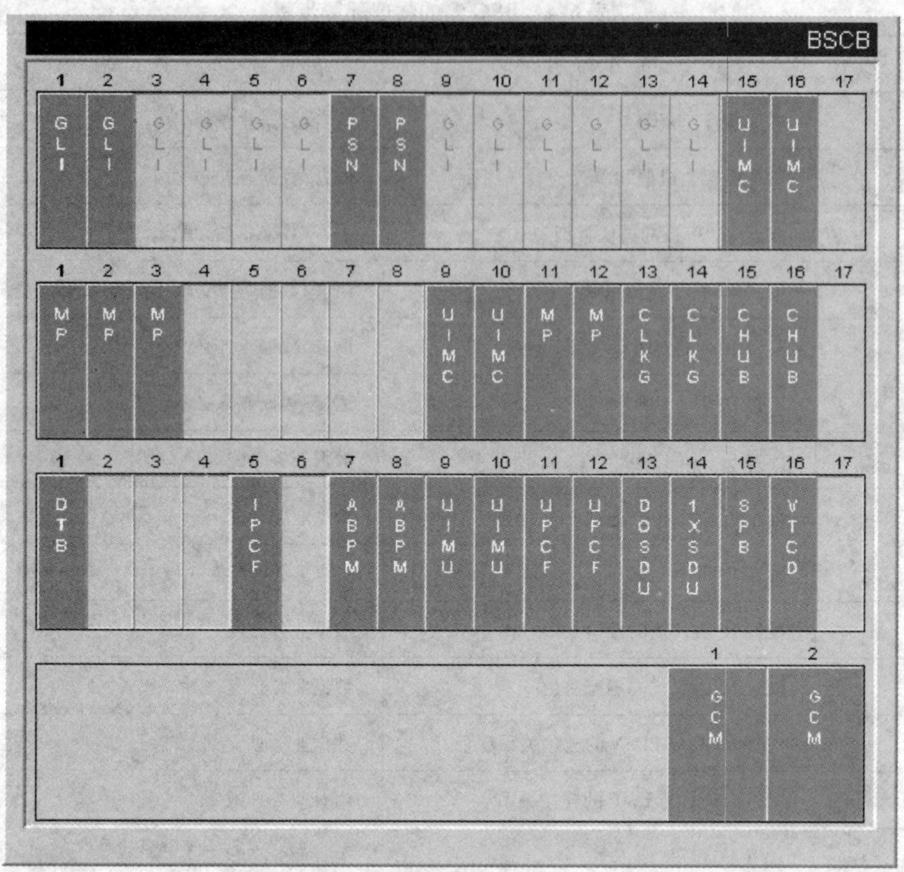

图 6-8　BSC 单板配置示例

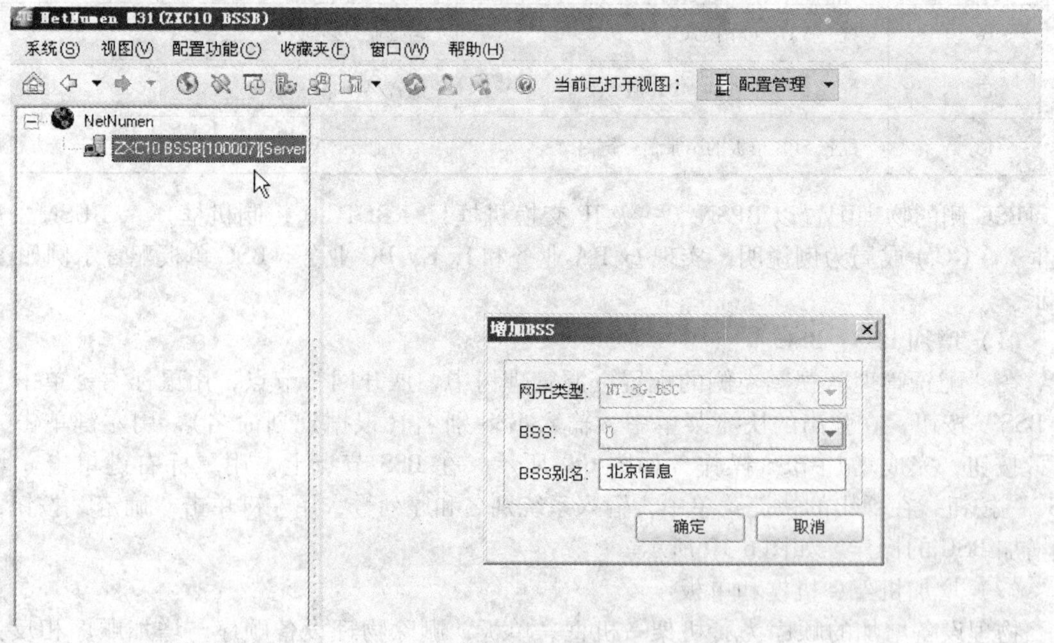

图 6-9　增加 BSS

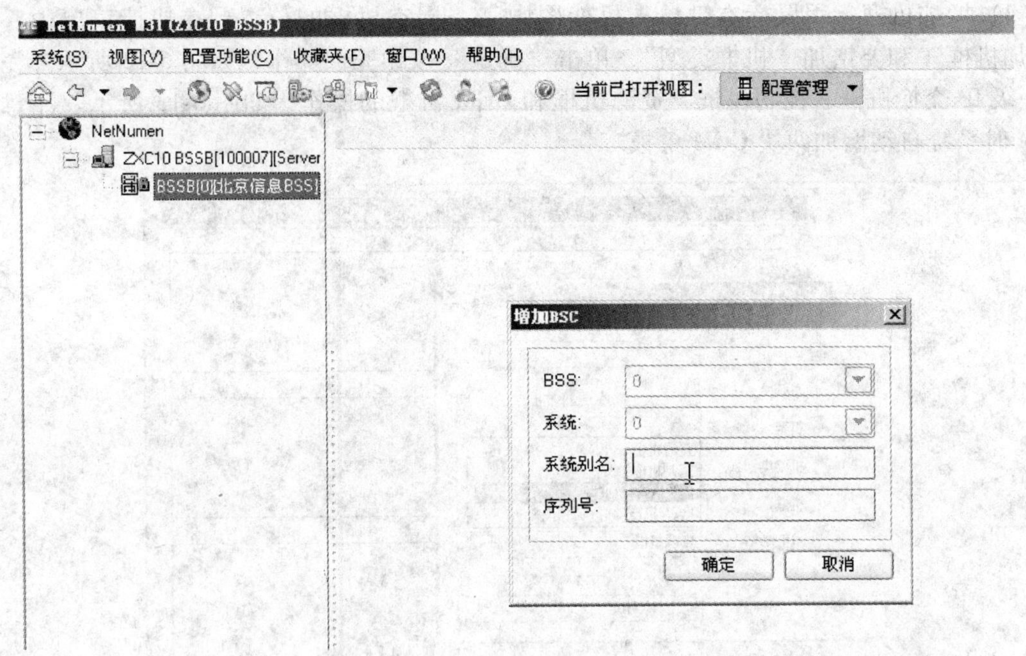

图 6-10　增加 BSC

1）增加机架：在“配置管理”视图左侧的配置资源管理树中，展开“BSCB”节点，用鼠标右键单击“物理配置”，在弹出的快捷菜单中，选择“增加 IP 机架”，从下拉列表框中选择“机架号”，其他参数采用默认设置，单击“确定”按钮，完成 IP 机架的增加，如图 6-11 所示。

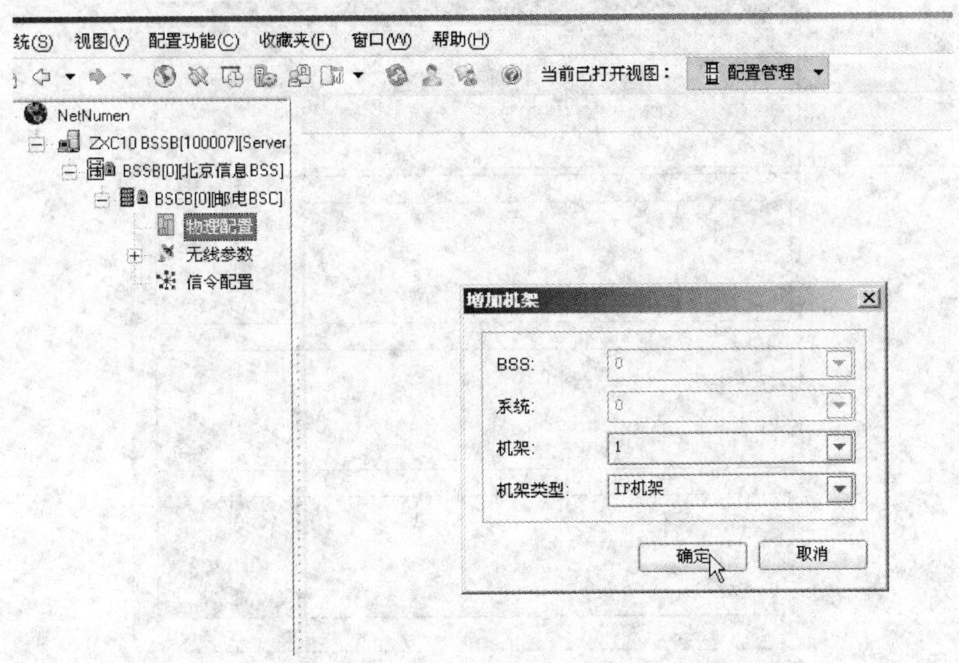

图 6-11　增加机架

2）增加机框：用鼠标右键单击机架图中某一层空机框的位置，在快捷菜单中，选择“增加机框”和要增加“机框类型”，单击“确定”按钮完成操作，如图 6-12 所示。完成增加一级 IP 交换机框、控制机框、资源机框和 GCM 机框的操作，如图 6-13 所示。注意增加 GCM 时系统自动增加两块 GCM 单板。

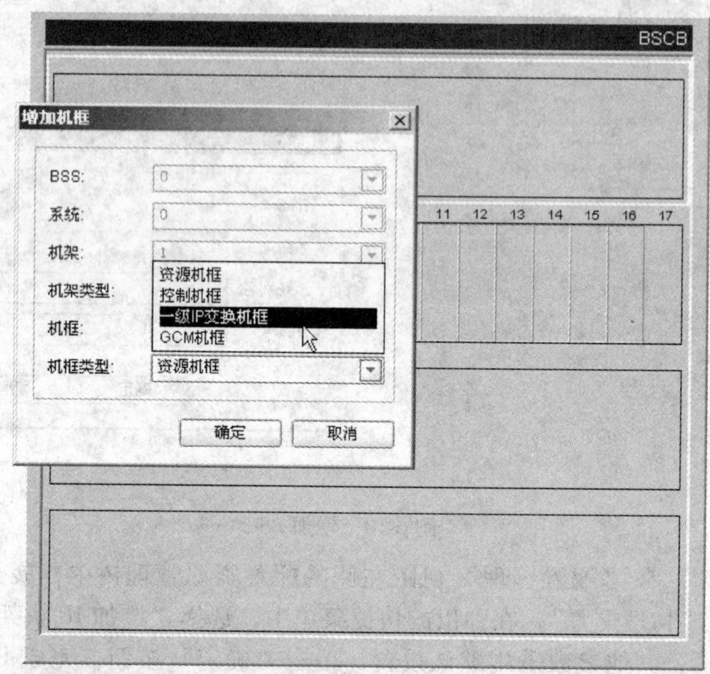

图 6-12　增加机框

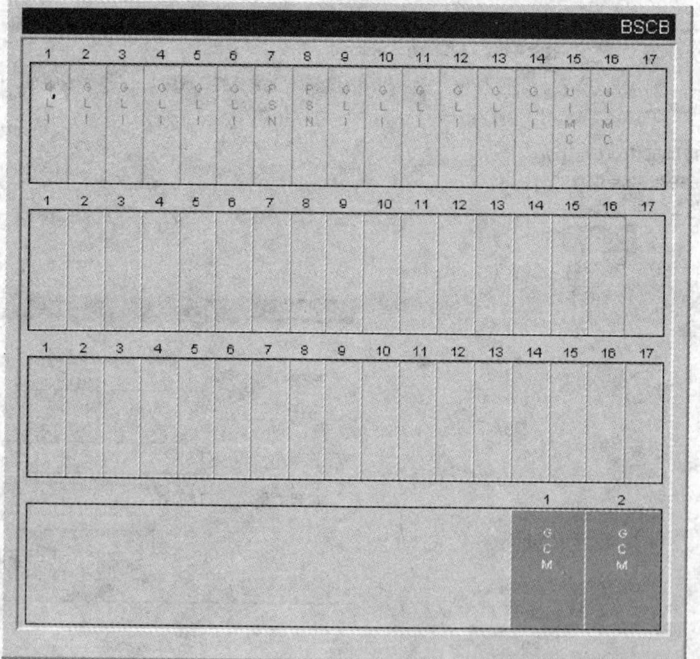

图 6-13　增加机框示例

3）增加单板：在机框的相应空槽位，用鼠标右键单击，在快捷菜单中，选择“增加单板”，在弹出的“增加单板”对话框中，选择相应单板类型，单击“确定”按钮，完成增加操作。

本示例在 ZTE 中兴 CDMA-BSS 实验仿真教学软件中完成，其中各单板选择的逻辑板类型如表 6-5 所示。具体配置需根据现场硬件配置完成增加操作。

表 6-5　单板选择的逻辑板类型示例

逻辑板类型	母板类型	第一个子卡类型	业务范畴	所属机框
UIMC	BT_3G_UIM	SCT_3G_GCS	1x RA/ EV-DO	控制框
	BT_3G_UIM	SCT_3G_GCS	1x RA/ EV-DO	一级 IP 交换框
UIMU	BT_3G_UIM	SCT_3G_GXS	1x RA/ EV-DO	资源框
OMP	BT_3G_WPBCB	SCT_3G_85XX	1x RA/ EV-DO	控制框
MP 注：根据不同业务的需求配置不同的模块类型，具有不同的逻辑板功能	BT_3G_WPBCB	SCT_3G_85XX	1x RA/ EV-DO	控制框
CLKG	BT_3G_CLKG	SCT_3G_NULL	1x RA/ EV-DO	控制框
CHUB	BT_3G_CHUB	SCT_3G_NULL	1x RA/ EV-DO	控制框
GLI	BT_3G_GLIQV	SCT_3G_NULL	1x RA/ EV-DO	一级 IP 交换框
PSN	默认设置	默认设置	1x RA/ EV-DO	一级 IP 交换框
UPCF	BT_3G_MNIC	SCT_3G_NULL	1x RA/ EV-DO	资源框
DOSDU	BT_3G_SPB_2	SCT_3G_85XX	仅 1x EV-DO	资源框
1xSDU	BT_3G_SPB_2	SCT_3G_85XX	1x RA/ EV-DO	资源框
SPB	BT_3G_SPB	SCT_3G_D8260	仅 1x RA	资源框
VTCD	BT_3G_VTCD	SCT_3G_D8260	仅 1x RA	资源框
DTB	BT_3G_DTB	SCT_3G_NULL	1x RA/ EV-DO	资源框
IPCF	BT_3G_MNIC	SCT_3G_NULL	1x RA/ EV-DO	资源框
ABPM	BT_3G_MNIC_2	SCT_3G_PPC755	1x RA/ EV-DO	资源框

需要说明的有以下几点：

① OMP 板固定在控制框的 11、12 号槽位。

② MP 板一般成对配置，互为备份。根据情况，也可去掉主备关系进行配置（本示例中 MP 板无主备关系）。

③ 资源框的 UIM 板固定在机框的 9、10 号槽位。

④ 若采用 SDH 光纤网络，DTB 板的逻辑板类型选择 UT_3G_SDTB。

（3）配置MP单板的模块类型

由于MP板上的CPU有两个，可配置为不同的功能模块，与备份槽位对应的CPU为主备关系。

用鼠标右键单击机架中的MP板，在快捷菜单中，选择“配置模块类型”，如图6-14所示。

双击要配置的CPU编号，在弹出的对话框中选择MP板的模块类型，如图6-15所示，单击“确定”按钮完成本模块配置，同样操作步骤完成其他模块配置。配置好MP单板的模块类型后，机架图上的MP单板颜色由草绿色变为绿色。本示例控制框共配置3块MP单板，配置模块类型配置如表6-6所示。

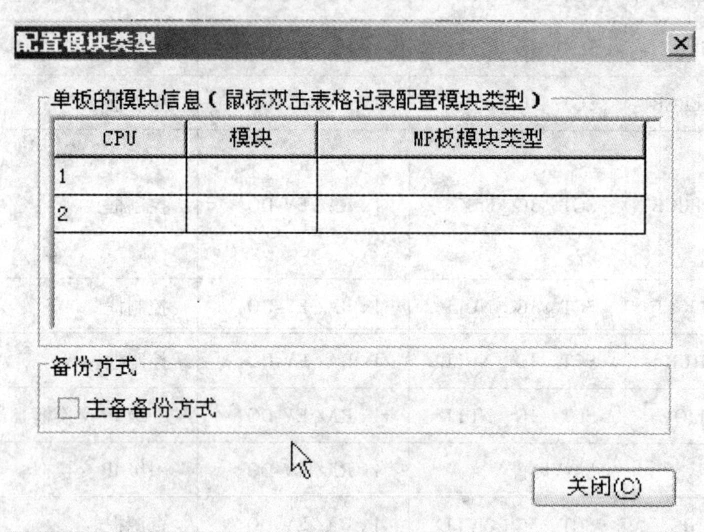

图6-14 配置MP板模块类型窗口

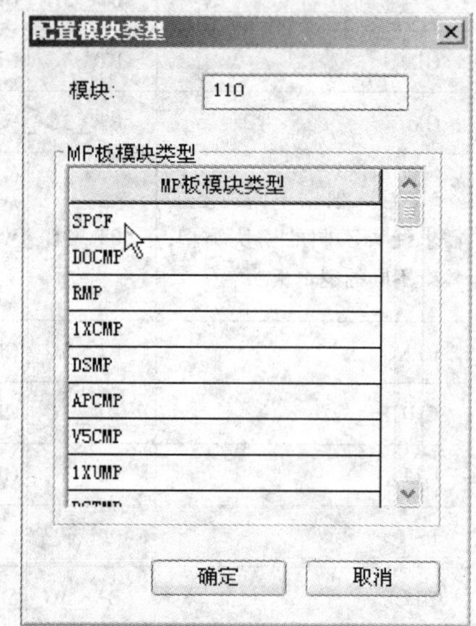

图6-15 MP板模块类型选择窗口

表6-6 MP单板模块类型配置示例

槽位号	模块类型1	模块类型2
1	SPCF	DOCMP
2	RMP	1XCMP
3	DSMP	1XCMP

（4）配置模块/单元从属关系

任何一个单板都必须从属于一个模块，上电时，单板从所从属的模块处获取配置信息。在要配置的单板上，用鼠标右键单击，在弹出的菜单中，选择“配置模块单板从属关系”，如图6-16所示。

在“可配置模块从属关系的单元”列表中选取相应记录，单击“增加”按钮，完成配置。依次完成其他单板的配置后，机架图上所有单板的颜色都变成绿色。本示例模块/单元从属关系见表6-7。

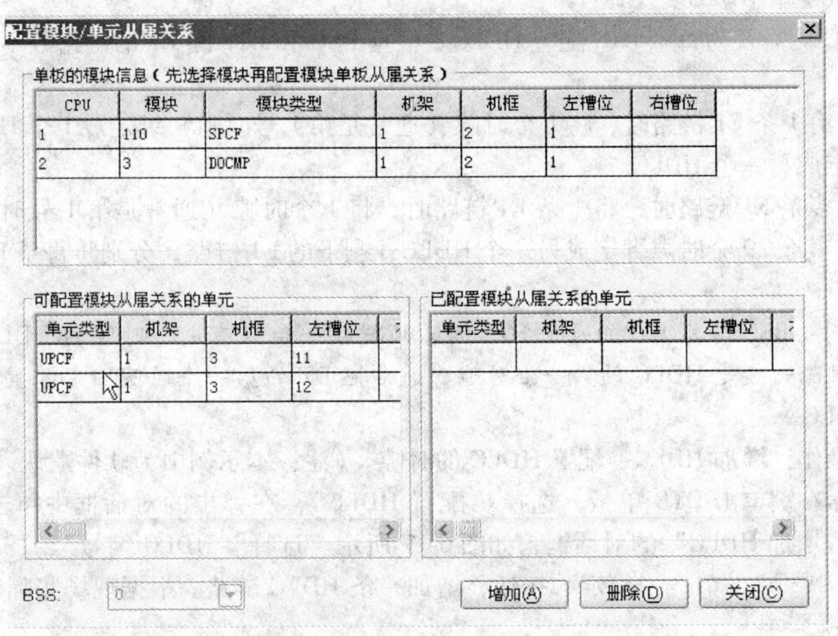

图 6-16　配置模块/单元从属关系窗口

表 6-7　模块/单元从属关系示例

机　　框	单元板槽位号	单　　板	从属的模块
2—控制框	11/12	OMP	全部“可配置模块从属关系的单元”
	1	MP	SPCF：UPCF
			DOCMP：DOSDU
	2	MP	RMP：VTCD、DTB
			1XCMP：/
	3	MP	DSMP：/
			1XCMP：/
3—资源框	仿真软件默认设置		
1——级 IP 交换框	仿真软件默认设置		

（5）配置 BSC 的 HDLC

HDLC 高级数据链路协议是 E1 中多个时隙的绑定，属于物理层概念。在 BSC 和 BTS 侧都需要配置 HDLC，用于传输。BSC 侧的 HDLC 在 DTB 板上配置。

HDLC 配置原则如下：

1）1 个 HDLC 可由 1 条 T1 或 E1 上的一个或多个时隙绑定而成。

2）如果两个时隙属于不同的 T1 或 E1，则这两个时隙不能绑定一个 HDLC。

3）1 条 T1 或 E1 上的每个时隙都可以绑定成 1 个 HDLC。一般将 1 条 T1 或 E1 的所有时隙绑定成 1 个 HDLC。

在 BSC 侧需要为每个 BTS 配置 HDLC。根据 BSC 和 BTS 间 E1 的链路数不同，配置方法也不同：

1）只有 1 条 E1 链路时，将 1 个时隙（通常是第 1 号时隙）绑定成 1 个 HDLC，其余 29 个时隙绑定成另一个 HDLC。

2）有多条 E1 链路时，将 1 条 E1 链路时，将 1 个时隙（通常是第 1 号时隙）绑定成 1 个 HDLC，其余 29 个时隙绑定成另一个 HDLC；剩下的 E1 链路，分别将每条 E1 绑定成 1 个 HDLC。

【注意】：BSC 与其下挂的每个 BTS 间必须提供一条只有 1 个时隙的 HDLC 给上电 UID 使用，此时隙一般是 HDLC 的第一条时隙。通常把 DT 的第一个时隙固定配置给供上电 UID 使用的 HDLC。

具体操作：增加 HDLC→配置 HDLC 的时隙。（注：本示例中为软件默认设置。）

用鼠标右键单击 DTB 单板，选择“配置 HDLC”，在弹出的对话框中单击“增加”按钮，进入“增加 HDLC”的对话框，如图 6-17 所示。选择“HDLC 编号”、“DT 的 E1 号”、“ABPM 的 E1 号”，单击“确定”按钮，增加一条 HDLC 链路。根据现场实际继续增加其他 HDLC 链路。

图 6-17　增加 HDLC

在“配置 HDLC”对话框中选择一条已配好的 HDLC，用鼠标右键单击，在菜单中选择“配置 HDLC 的时隙”，弹出相应对话框，如图 6-18 所示。

选择 1 条或多条可配的 DT 时隙和同样数量的可配 ABPM 时隙，单击“增加”按钮，完成 1 条 HDLC 的时隙绑定。继续完成其余 HDLC 的时隙绑定。

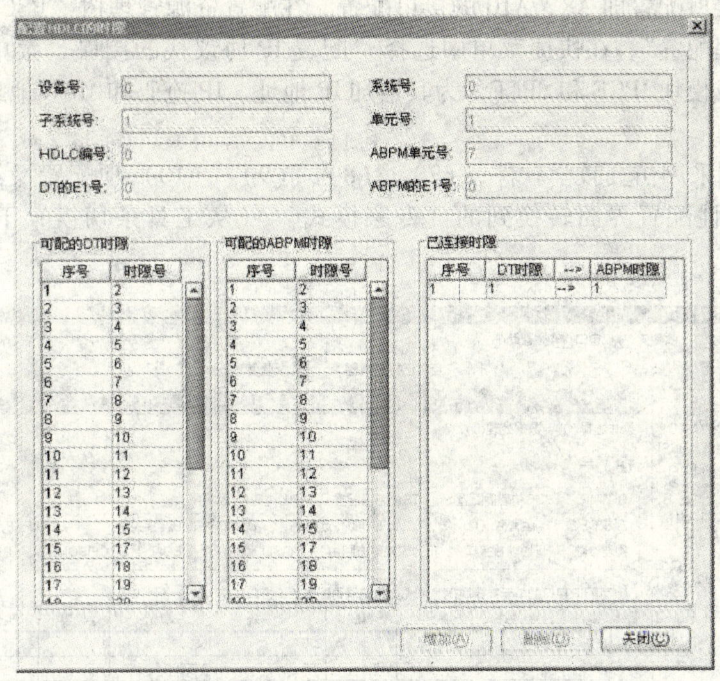

图 6-18 配置 HDLC 的时隙

（6）配置 BSC 的 UID

UID 即为 BSC 的 ID 号，每个 BTS 具有 1 个上电 UID 和 1 个业务 UID，其中，上电 UID 用于 BTS 上电时与 BSC 交互使用，上电完成后，只有简单的维护信令。上电 UID 占用 1 个时隙，业务 UID 可占用多个时隙。在 BSC 侧和 BTS 侧都要进行 UID 配置，二者的时隙数必须一致。BSC 侧的 UID 在 ABPM 单板上配置。

BSC 侧 UID 的编号分配，一般是 0-41 用于业务 UID，42-63 保留，64-127 用于上电 UID。本示例 UID 配置采用软件默认值。

（7）配置 SPCF 的参数信息

配置 SPCF 的参数信息即配置 SPCF 的 A8/A10 地址。需要配置在 SPCFMP 单板上。分别配置 PCF _ A8 接口的 IP 地址和 PCF _ A10 接口的 IP 地址。本示例没有配置 SPCFMP 单板。

（8）配置防火墙 IP 地址

用于设置 IPCF 提供给外部防火墙的 IP 地址，在 IPCF 单板上进行配置。用鼠标右键单击 IPCF 单板，在弹出的快捷菜单中，选择“配置防火墙的 IP 地址”，填写防火墙的外部 IP 地址，单击“确定”按钮完成。

（9）配置 PDSN

在配置资源管理树“BSCB”节点，用鼠标右键单击“物理配置”，在快捷菜单中选择“配置 PDSN”菜单，在弹出的对话框中，单击“增加”按钮，在“增加 PDSN”对话框中，填写 PDSN 的 IP 地址、绑定 IP 地址、PDSN 名称和位置信息，选择 A11 的 UDP 端口号，其他参数采用默认设置，单击“确定”按钮完成配置。

(10) 配置 IP 协议栈的接口

IP 协议栈接口配置即 A8、A10 的接口配置。在配置资源管理树“BSCB”节点，用鼠标右键单击“物理配置”，在快捷菜单中选择“配置 IP 协议栈的接口”菜单，依次选择可配 IP 接口的单元或模块 IPCF 和 SPCF，为其增加 IP 地址、IP 掩码和 MAC 地址，其余采用系统默认配置。

由于本示例采用仿真教学软件，(7)、(8)、(9)、(10) 项配置操作在单击 BSCB 的“物理配置”属性配置界面转换到的“专家模式”（从工具条切换）下进行，如图 6-19 所示。

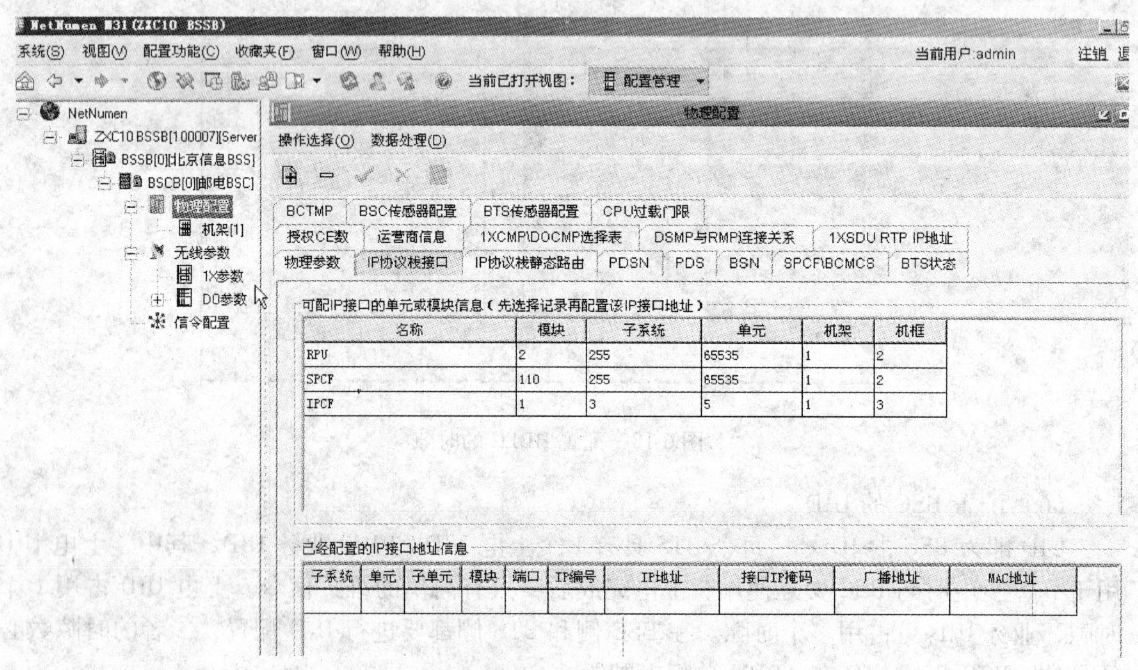

图 6-19 “专家模式”界面上 IP 协议栈配置界面

左键单击“IP 协议栈接口”进入配置界面，依次为 SPCF、IPCF 增加 IP 协议栈的接口。如图 6-20 所示。“增加 IP 协议栈的接口”配置窗口如图 6-21 所示，填写相应 IP 地址即可，掩码、广播地址、MAC 地址均为默认。

本示例中，IPCF 接口 IP 地址为 10.1.1.1，SPCF IP 地址为 10.1.1.2，与 BSC 相连的 PDSN IP 地址为 10.1.1.3。在“专家模式”界面上，左键单击“PDSN”就进入“增加 PDSN”配置窗口，如图 6-22 所示，输入 PDSN IP 地址、绑定 IP 地址、PDSN 名称和位置，单击“确定”按钮完成配置操作。

(11) 配置 IP 协议栈的静态路由

当 IPCF 通过路由器与 PDSN 连接时，需要配置 IP 协议栈的静态路由，如果 IPCF 与 PDSN 直接连接则不需要配置此项。本示例不用配置。

(12) 配置 IPCF 与 PDSN 的连接关系

在“专家模式”界面上，左键单击“SPCF \ BCMCS”就进入 SPCF 相关配置窗口，如图 6-23 所示，用鼠标右键单击“SPCF 类型”，弹出 SPCF 的相关配置快捷菜单，如图 6-24 所示。

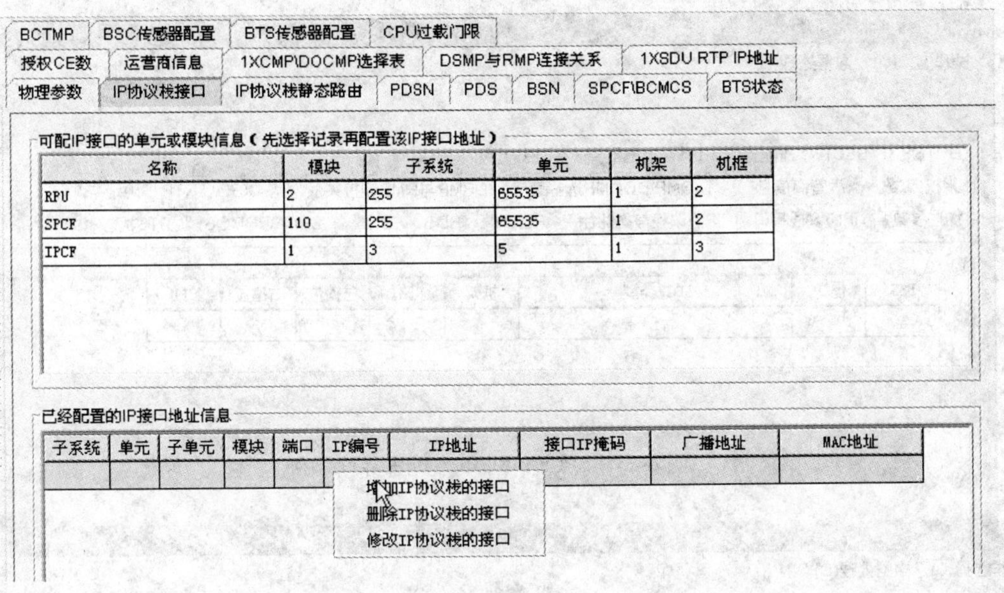

图 6-20　为 SPCF 模块增加 IP 协议栈示例

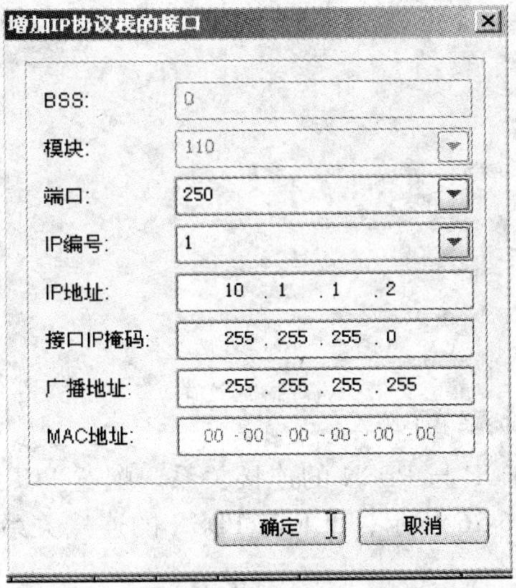

增加IP协议栈的接口

BSS: 0
模块: 110
端口: 250
IP编号: 1
IP地址: 10 . 1 . 1 . 2
接口IP掩码: 255 . 255 . 255 . 0
广播地址: 255 . 255 . 255 . 255
MAC地址: 00 - 00 - 00 - 00 - 00 - 00
确定　取消

图 6-21　增加 IP 协议栈的接口配置窗口示例

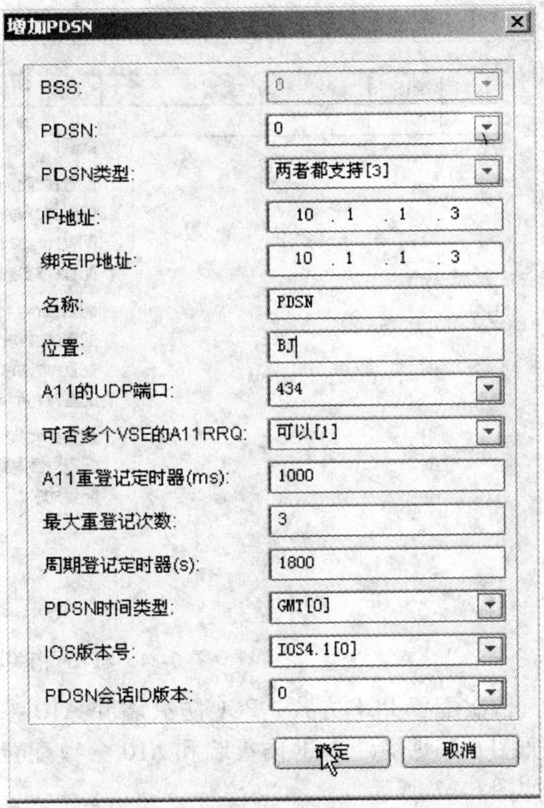

增加PDSN

BSS: 0
PDSN: 0
PDSN类型: 两者都支持[3]
IP地址: 10 . 1 . 1 . 3
绑定IP地址: 10 . 1 . 1 . 3
名称: PDSN
位置: BJ
A11的UDP端口: 434
可否多个VSE的A11RRQ: 可以[1]
A11重登记定时器(ms): 1000
最大重登记次数: 3
周期登记定时器(s): 1800
PDSN时间类型: GMT[0]
IOS版本号: IOS4.1[0]
PDSN会话ID版本: 0
确定　取消

图 6-22　增加 PDSN 配置窗口示例

物理配置
操作选择(O) 数据处理(D)
BCTMP
BSC传感器配置
BTS传感器配置
CPU过载门限
授权CE数
运营商信息
1XCMP\DOCMP选择表
DSMP与RMP连接关系
1XSDU RTP IP地址
物理参数
IP协议栈接口
IP协议栈静态路由
PDSN
PDS
BSN
SPCF\BCMCS
BTS状态
BSS 模块 SPCF类型 机架 机框 左槽位 右槽位 CPU
0 110 1 2 1 1

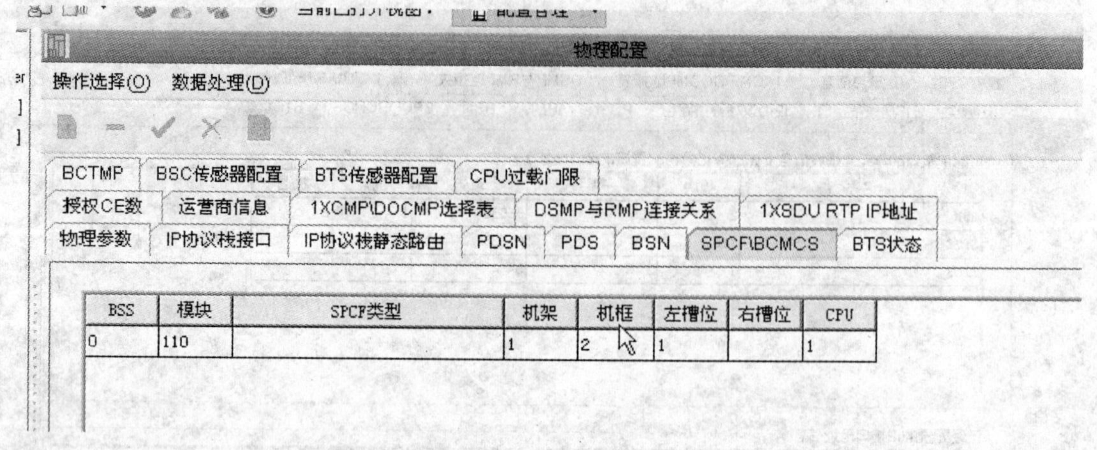

图 6-23 SPCF \ BCMCS 配置界面示例

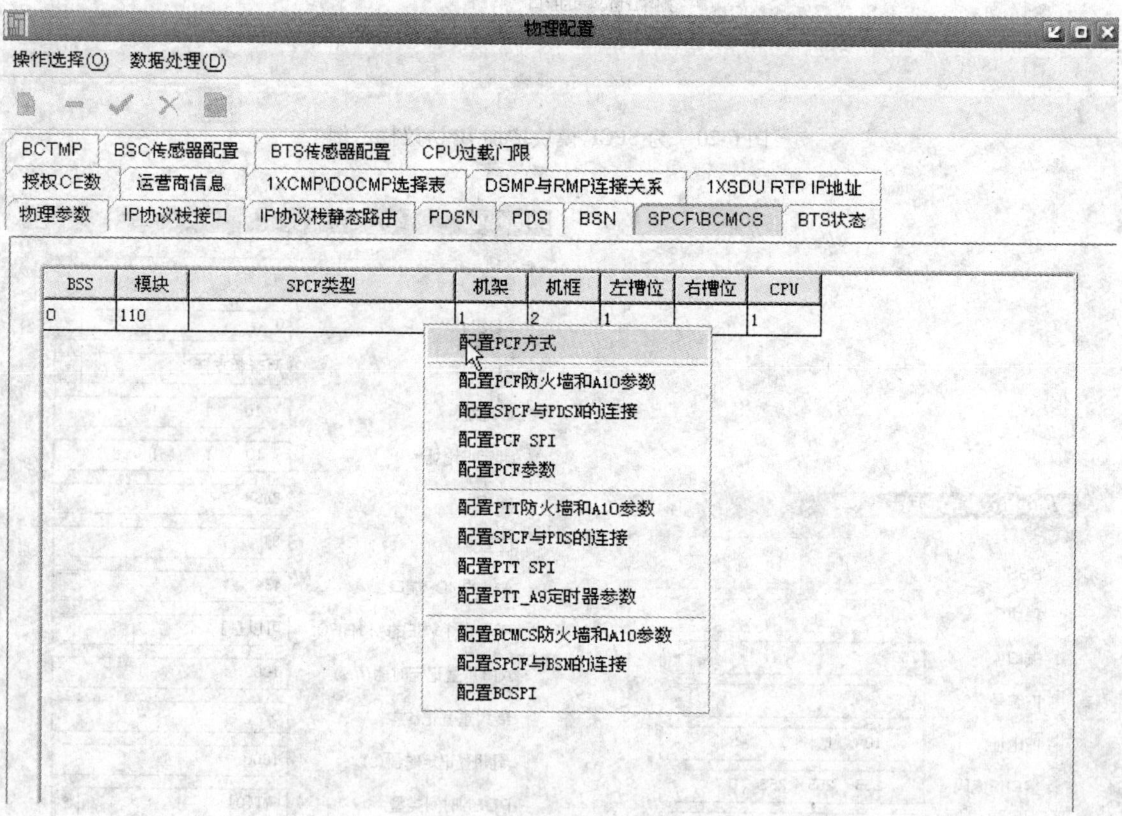

物理配置
操作选择(O) 数据处理(D)
BCTMP
BSC传感器配置
BTS传感器配置
CPU过载门限
授权CE数
运营商信息
1XCMP\DOCMP选择表
DSMP与RMP连接关系
1XSDU RTP IP地址
物理参数
IP协议栈接口
IP协议栈静态路由
PDSN
PDS
BSN
SPCF\BCMCS
BTS状态
BSS 模块 SPCF类型 机架 机框 左槽位 右槽位 CPU
0 110 1 2 1 1
配置PCF方式
配置PCF防火墙和A10参数
配置SPCF与PDSN的连接
配置PCF SPI
配置PCF参数
配置PTT防火墙和A10参数
配置SPCF与PDS的连接
配置PTT SPI
配置PTT_A9定时器参数
配置BCMCS防火墙和A10参数
配置SPCF与BSN的连接
配置BCSPI

图 6-24 SPCF 相关配置快捷菜单示例

依次配置 PCF 方式、PCF 防火墙和 A10 参数、PCF 与 PDSN 的连接关系。配置 PCF 方式如图 6-25 所示，PCF 防火墙和 A10 参数配置如图 6-26 所示，PCF 与 PDSN 的连接关系配置如图 6-27 所示。

配置 PCF 防火墙和 A10 参数配置时，从快捷菜单进入“PCF 防火墙和 A10 参数配置”配置窗口，用鼠标左键单击“增加”按钮，确定 A10 IP 地址 10. 1. 1. 2（本示例防火墙与

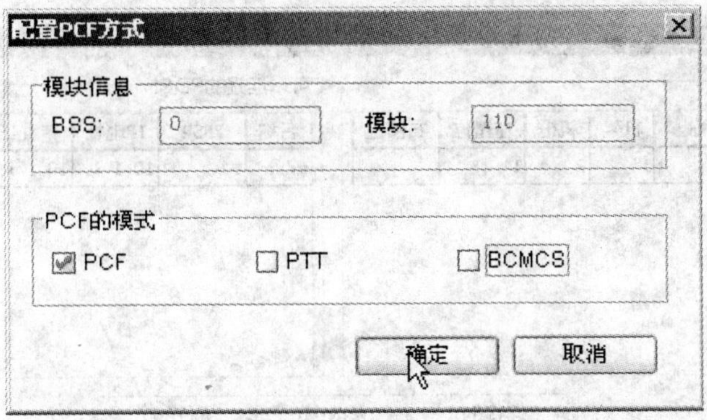

图 6-25　配置 PCF 方式示例

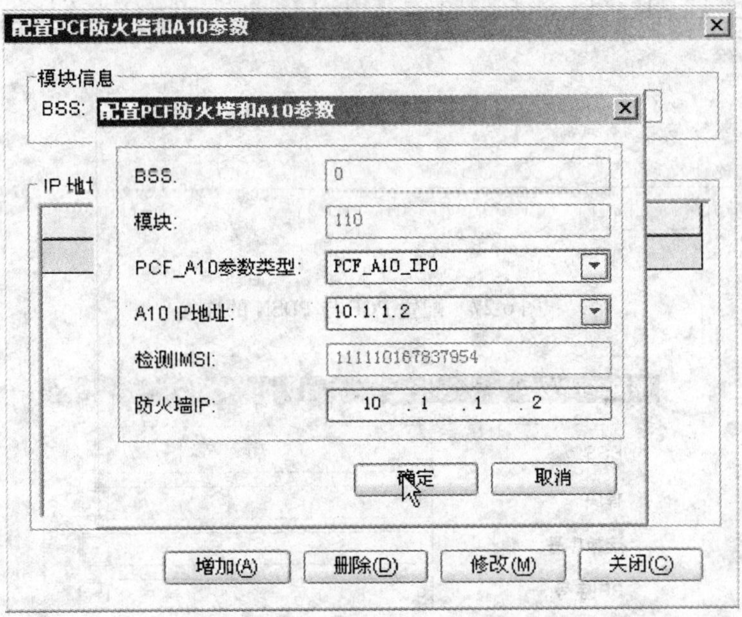

图 6-26　配置 PCF 防火墙和 A10 参数

A10 IP 地址一致)。

从快捷菜单进入“PCF 与 PDSN 的连接关系”配置界面，如图 6-27 所示，分别在“可以连接的 PCF”和“可以连接的 PDSN”列表中选择需要连接的 PCF 和 PDSN，然后单击“连接”按钮，在打开的窗口中确定默认的设置。在弹出的“增加 SPI 参数”窗口中，输入 SPI 值“101”，编解码鉴权“1234567890ABCDEF”，如图 6-28 所示。需要注意的是：SPI 的值与 PDSN 上的配置的值要一致；一个 R-P 连接，需要设置至少一个 SPI，如果更改了 IPCF 与 PDSN 之间的连接关系，必须重新配置 SPI。

从快捷菜单进入“PCF 参数”配置界面，设置为默认值，并单击“确定”按钮。

(13) 配置 DSMP 和 RMP 的连接关系

DSMP（专用信令主处理模块）是 CMP（呼叫主处理模块）细分出来的一种模块类型。DSMP 与 RMP（路由协议处理模块）之间的关系为：DSMP 上的资源划归到多个 RMP 管理

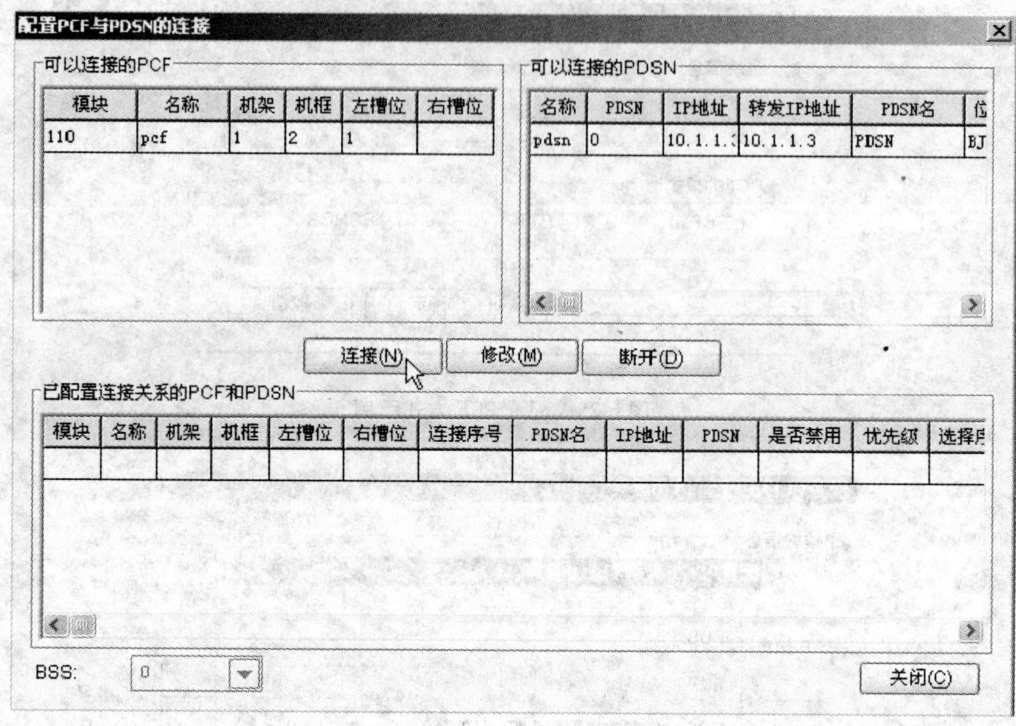

图 6-27 配置 PCF 与 PDSN 的连接

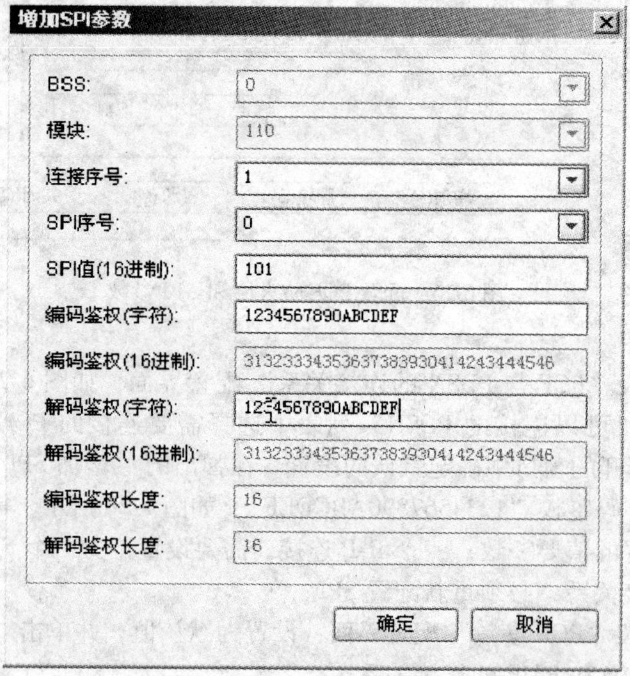

增加SPI参数

BSS: 0

模块: 110

连接序号: 1

SPI序号: 0

SPI值(16进制): 101

编码鉴权(字符): 1234567890ABCDEF

编码鉴权(16进制): 31323334353637383930414243444546

解码鉴权(字符): 1234567890ABCDEF

解码鉴权(16进制): 31323334353637383930414243444546

编码鉴权长度: 16

解码鉴权长度: 16

确定 取消

图 6-28 增加 SPI 参数配置窗口示例

时，DSMP 上的进程号分段，对应不同的 RMP；多个 DSMP 划归到 1 个 RMP 管理时，每个 DSMP 的所有进程都划归到这个 RMP 处理，但同一个 DSMP 的两个进程分段不能划归到同一个 RMP 处理。

在实际设备配置时，展开配置资源管理树上的 BSCB 接点，用鼠标右键单击“物理配置”，在弹出的快捷菜单中，选择“配置 DSMP 和 RMP 的连接关系”，在弹出的对话框中选择需要配置的模块编号进行配置。

本示例以仿真教学软件为例说明，在“物理配置”的专家模式下，用鼠标左键单击选择“DSMP 与 RMP 连接关系”项，进入配置对话框，如图 6-29 所示。

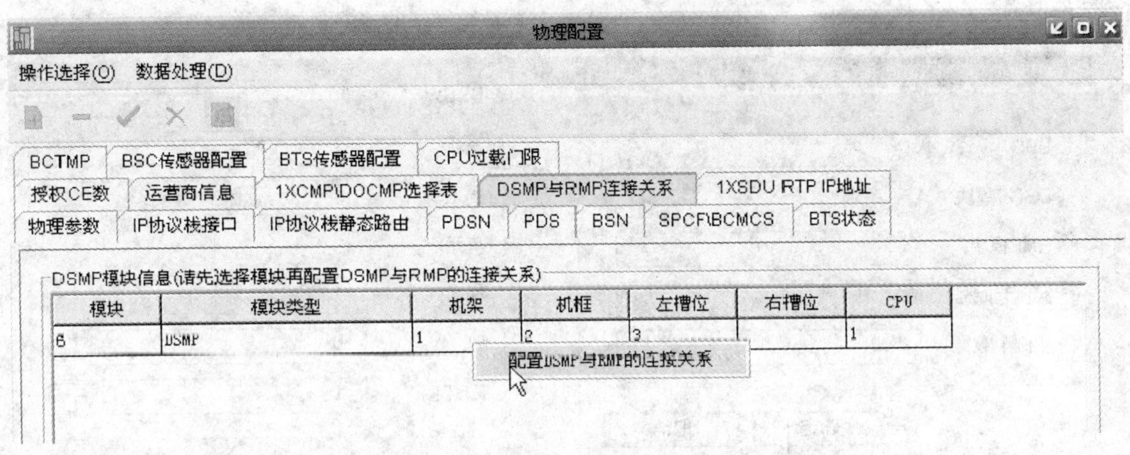

图 6-29　DSMP 与 RMP 连接关系界面示例

在 DSMP 模块信息条上用鼠标右键单击，从快捷菜单中，选择“配置 DSMP 与 RMP 的连接关系”，进入配置窗口，如图 6-30 所示。选择可用的 DSMP 和可用的 RMP 记录，单击

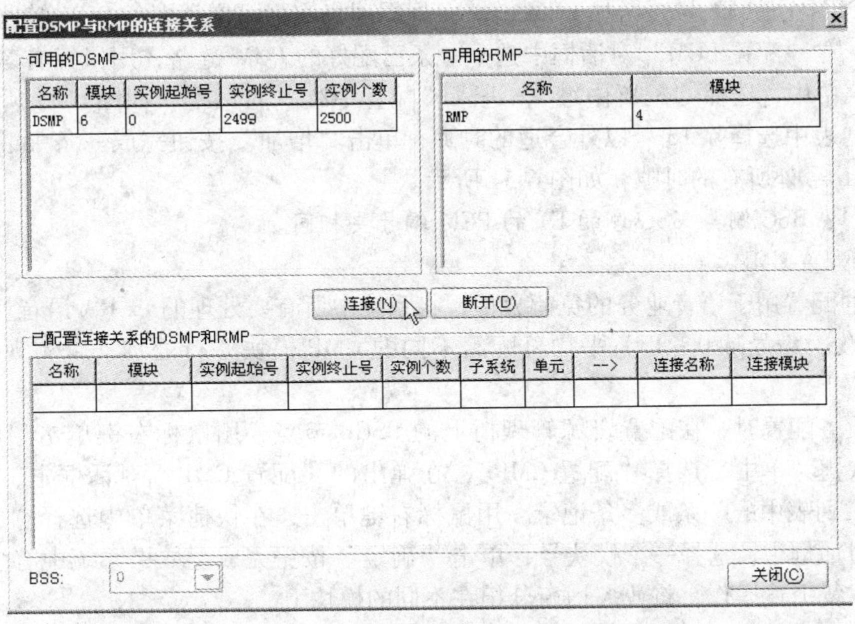

图 6-30　“配置 DSMP 与 RMP 的连接关系”对话框 1

“连接”按钮，弹出配置的相应对话框，确定默认的实例个数，单击“确定”按钮，建立DSMP和RMP之间的连接，如图6-31所示。

（14）配置PCM

PCM在DTB板上配置，1个PCM对应物理配置中的1条T1或E1，用来连接BSC和MSC。

在BSC机架图中，用鼠标右键单击DTB单板，在弹出的快捷菜单中，选择“配置PCM”，在随后弹出的对话框中单击“增加”按钮，出现“增加PCM”的对话框，如图6-32所示。

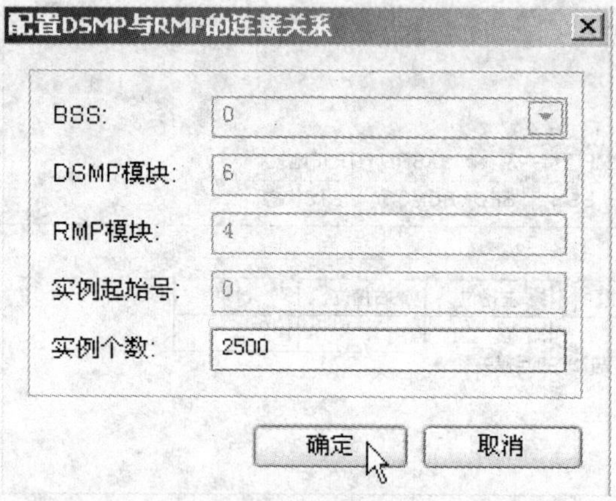

图6-31 “配置DSMP与RMP的连接关系”对话框2

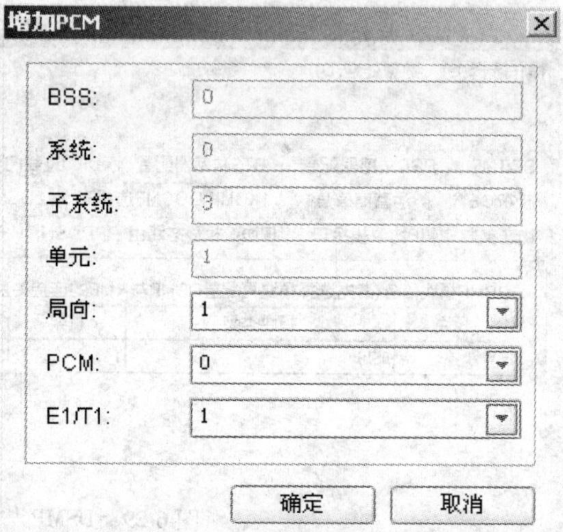

图6-32 “增加PCM”窗口

选择PCM号和E1号，增加PCM链路，根据现场实际可增加多条PCM链路。本示例按默认设置。在“配置PCM”对话框中选中一条已配好的PCM链路，用鼠标右键单击，在弹出的快捷菜单中，选择“配置中继”，进入“配置中继”对话框，如图6-33所示。在“可用时隙”列表中选择除16号以外合适的时隙，单击“增加”按钮完成一条中继配置。本示例选择除16号外所有的时隙，如图6-34所示。

【注意】：BSC侧与MSC侧的E1的PCM编号要相同。

（15）配置CMP

CMP的配置用于语音业务的负荷分担，将系统中所有要处理的1x RA语音业务和DO业务分成16份，编号从0～15，平均分配给不同的CMP模块并行处理，以实现分布式处理呼叫。

实际设备配置时，在配置资源管理树上的BSCB节点，用鼠标右键单击“物理配置”，在弹出的快捷菜单中，选择“配置CMP”，在弹出的“配置CMP”对话框中，选择“CMP模块信息”列表中的一条或多条记录，用鼠标右键单击，在快捷菜单中选择“配置CMP”，在弹出的对话框中，选择一个模块号，单击“确定”按钮完成。如果系统中有多个CMP模块，可以重复上述操作，将业务均衡分担在不同的模块上。

本示例在“物理配置”的专家模式下，左键单击选择“1xCMP \ DOCMP选择表”项，

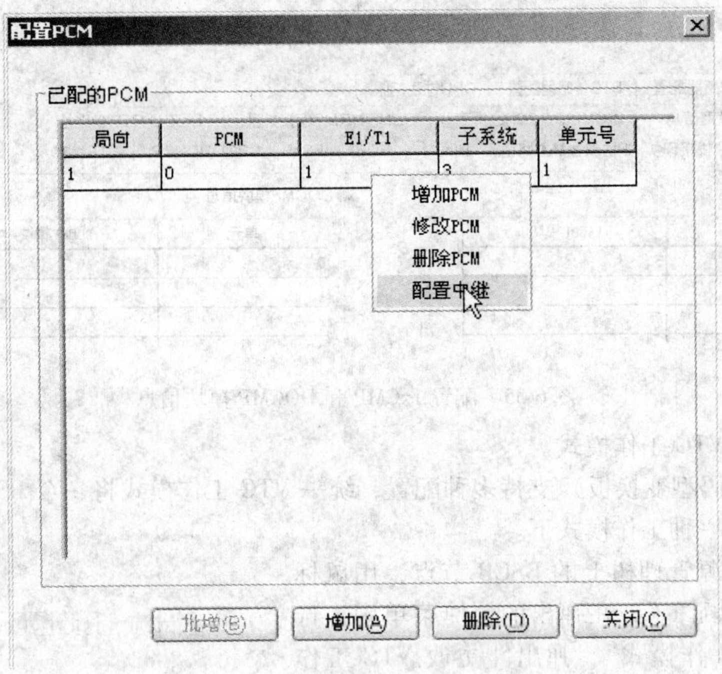

配置PCM

已配的PCM

局向	PCM	E1/T1	子系统	单元号
1	0	1	3	1

增加PCM
修改PCM
删除PCM
配置中继

批增(B) 增加(A) 删除(D) 关闭(C)

图 6-33 配置中继操作界面示例

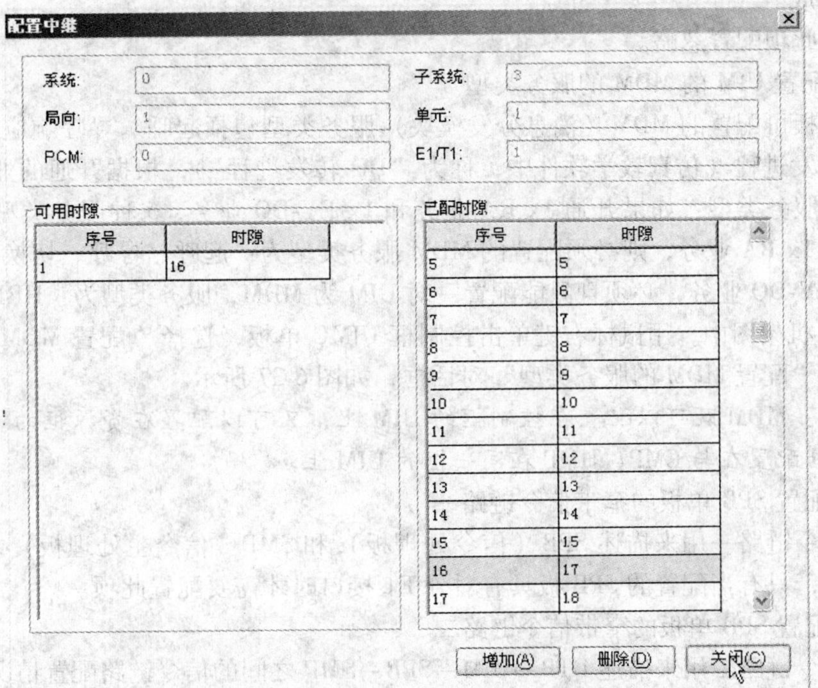

配置中继

系统: 0 子系统: 3
局向: 1 单元: 1
PCM: 0 E1/T1: 1

可用时隙

序号	时隙
1	16

已配时隙

序号	时隙
5	5
6	6
7	7
8	8
9	9
10	10
11	11
12	12
13	13
14	14
15	15
16	17
17	18

增加(A) 删除(D) 关闭(C)

图 6-34 配置中继时隙选择示例

进入配置对话框，如图 6-35 所示。模块编号与 MP 模块 1xCMP 和 DOCMP 配置对应。

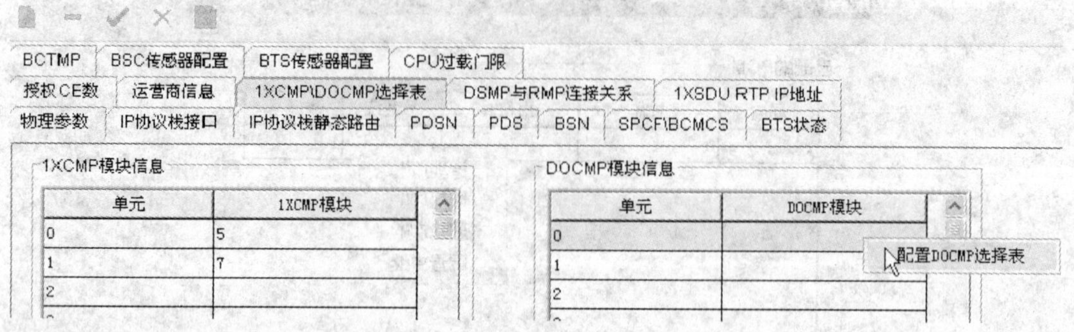

图 6-35　配置 1xCMP 和 DOCMP 模块信息

（16）统一 VTC 工作模式

VTC（语音码型变换板）支持多种配置，统一 VTC 工作模式将一个 BSC 下所有 VTC 工作模式都统一到一种工作模式下。

展开配置资源管理树上的 BSCB 节点，用鼠标右键单击“物理配置”，在弹出的快捷菜单中，选择“统一 VTC 工作模式”，弹出“更改 VTC 工作模式”对话框，根据系统要求选择编码方式，建议选择“8K + EVRC”，如图 6-36 所示，单击“确定”按钮完成。

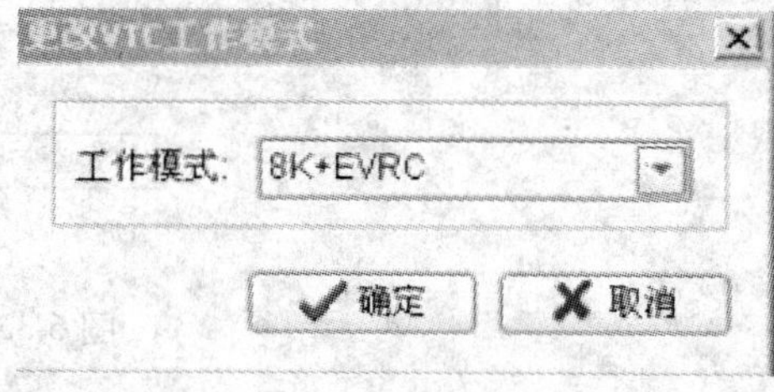

图 6-36　“更改 VTC 工作模式”对话框

本示例此项配置忽略。

（17）配置 UIM 的 MDM 的服务类型

UIM 单板可配置的 MDM（消息分发模块）服务类型包括起呼、寻呼响应、切换、登记和 HRPD 转发进程（仿真教学软件中，称为“DO 转发进程”），根据开通的业务种类不同，选择不同的服务类型：如果开通 1x RA 业务和 1x EV-DO 业务，5 种服务类型都需要配置；如果只开通 1x RA 业务，则必须配置的 MDM 服务类型为：起呼、寻呼、切换、登记；如果只开通 1x EV-DO 业务，必须且只能配置一对 UIM 为 MDM，服务类型为：HRPD 转发进程。

在 BSC 机架图中，用鼠标右键单击控制框 UIMC 单板，选择“配置 MDM 的服务类型”菜单，弹出“配置 MDM 的服务类型”对话框，如图 6-37 所示。

【注意】：MDM 既可以配置在控制框的 UIM 上，又可以配置在资源框的 UIM 上，一般建议将 MDM 配置在与 CMP、HMP 在同一框的 UIM 上。

（18）配置 SPB 单板的窄带信令链路一

窄带信令链路一用来描述 SPB（信令处理板）和 SMP（信令主处理板）之间的信令链路配置情况，只有当配置的 SPB 板具有对外 E1 接口时才需要配置此项。

（19）配置 SPB 单板的窄带信令链路二

窄带信令链路二用来描述 DTB→UIM→SPB→SMP 之间的信令链路配置情况。

在 BSC 机架图中用鼠标右键单击 SPB 板，在快捷菜单中，选择“配置窄带信令链路二”，在弹出的对话框中单击“增加”按钮，出现“增加窄带信令链路二”对话框，如图 6-38所示。

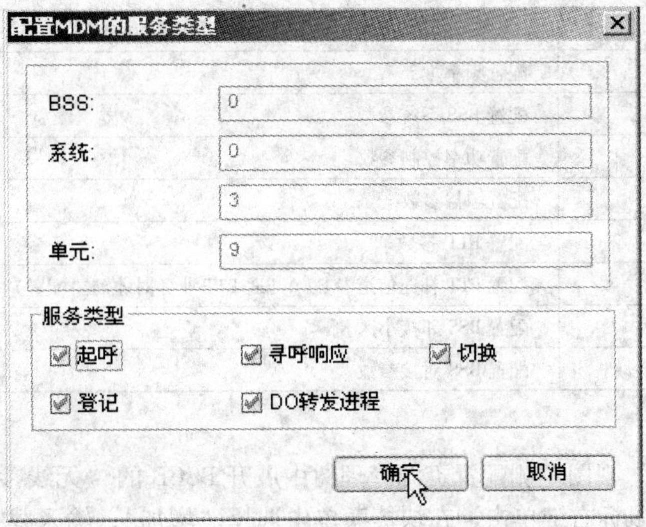

图 6-37　“配置 MDM 的服务类型”对话框

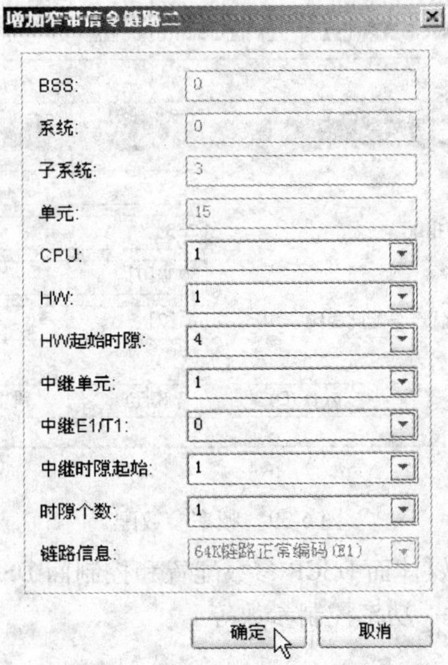

图 6-38　“增加窄带信令链路二”对话框

其中，CPU 号对应 SPB 上的不同子卡，中继单元号对应 DTB 单板的槽位号，中继 E1/T1 是该 DTB 板上 E1 链路序号，时隙起始号对应配置给信令链路的时隙号，BSC 与 MSC 侧必须相同，时隙个数对应配置给信令链路的时隙个数，SC 与 MSC 侧必须相同。

2. 无线参数配置

BSC 侧无线参数的配置步骤如表 6-8 所示。

表 6-8　BSC 侧无线参数的配置

序　　号	步 骤 内 容
1	配置频率
2	配置 BSS 系统参数
3	配置功率控制参数
4	配置增益参数
5	配置 RLP 参数
6	配置 PTT 补充信道参数（开通 PTT 业务时才需要配置）
7	配置 BSS 邻接小区
8	配置 BSS 对接参数

（1）配置频率

在“配置管理”视图左侧配置资源管理树中展开 BSCB 的“无线参数”，进入“频率参数”配置界面，用鼠标右键单击，在快捷菜单中选择“增加”，输入载频频率指配值和载频的频带值，增加两个载频点：283 和 37，分别用于 1x RA 业务和 1x EV-DO 业务，如图 6-39 所示。

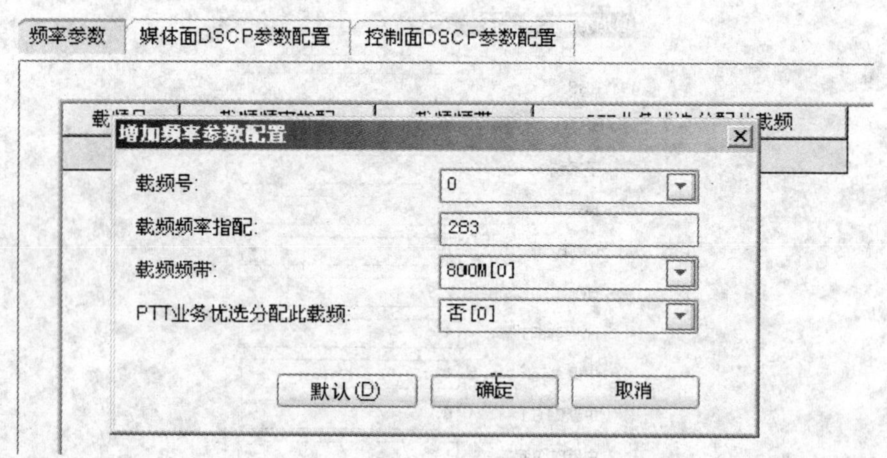

图 6-39　频率参数配置

频率参数配置界面中的媒体面 DSCP 参数配置和控制面 DSCP 参数配置均按默认。

（2）配置 BSS 系统参数、功率控制参数等

一般采用默认配置。

展开配置资源管理树中的“无线参数”节点，用鼠标右键单击其子节点“1x 参数”，进入 1x 系统参数配置界面，根据实际情况填写交换机标识号、序号、移动国家码、移动台网号、移动台 IMSI _ 11 _ 12、Marketld 等，完成后左键单击工具栏上“确认修改”绿色对号按钮，保存配置，结果如图 6-40 所示。

功率控制参数包括：前向功控参数、1x 前向功控参数和反向功控参数，都采用默认配置。以前向功控参数为例，在 1x 系统参数配置界面中选择相应页面，单击工具栏“默认参数”按钮，完成配置并单击“确认修改”按钮保存配置。

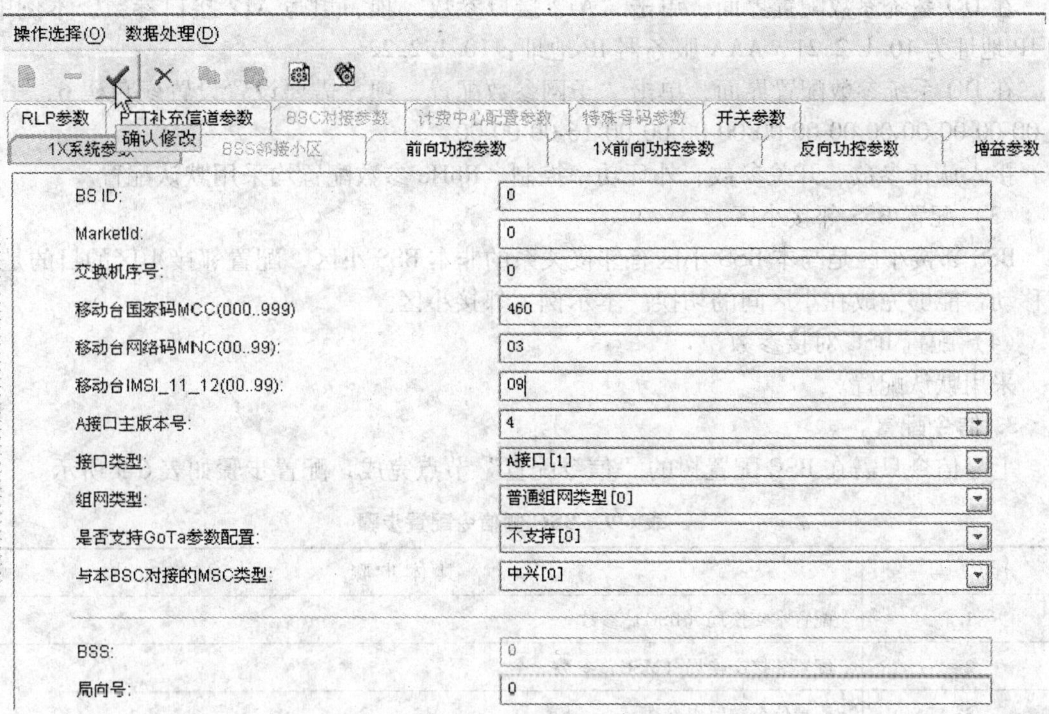

图 6-40　1x 系统参数配置结果示例

增益参数配置也采用默认配置。

RLP（无线链路协议）参数采用默认配置。

PTT 补充信道参数在开通 PTT 业务时，才需要配置。

展开配置资源管理树中的“无线参数”节点，用鼠标右键单击其子节点“DO 参数”，进入 DO 系统参数配置界面，单击“总体参数”项，填写 AN _ ID、SID、NID，按“修改确认”按钮保存配置，如图 6-41 所示。

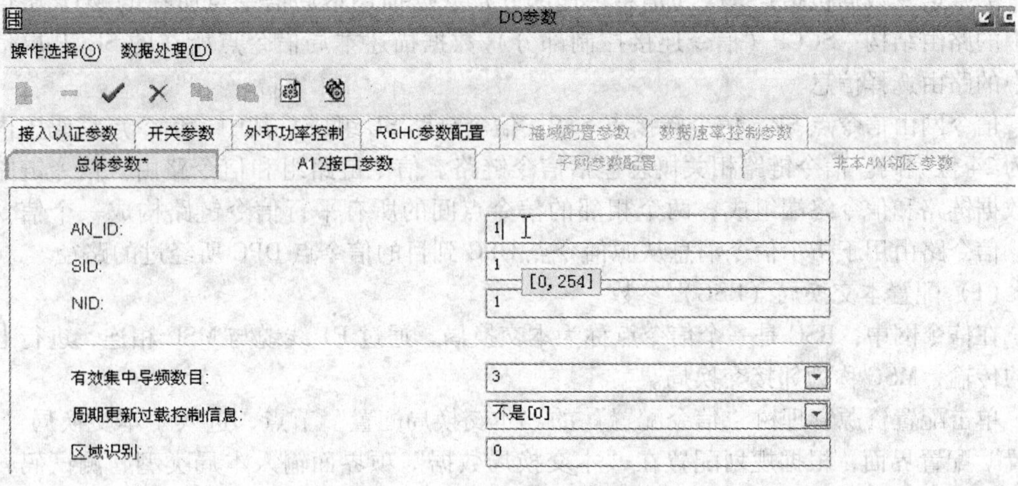

图 6-41　DO 总体参数配置示例

在 DO 系统参数配置界面，单击“A12 接口参数”项，填写 A12 接口参数，本例中 AN 的 IP 地址为 10. 1. 2. 21、AAA 服务器 IP 地址：10. 1. 2. 22。

在 DO 系统参数配置界面，单击“子网参数配置”项，需要设置设置颜色码 6，子网地址 00-00-00-00-00-00-00-00-00-00-00-00-16-00-00-00。

接入认证参数、开关参数、外环功率控制、RoHc 参数配置均采用默认配置。

(3) 配置 BSS 邻接小区

BSS 邻接小区是与本 BSS 小区有邻接关系的非本 BSS 小区，配置邻接小区的目的是为了使移动台能够完成在小区间的切换。本示例无邻接小区。

(4) 配置 BSC 对接参数

采用默认配置。

3. 信令配置

七号信令只需在 BSC 配置树的“信令配置”节点完成，配置步骤如表 6-9 所示。

表 6-9 BSC 侧信令配置步骤

序号	具体步骤
1	配置本交换局（BSC）参数
2	配置邻接交换局（MSC）参数
3	配置信令链路组参数
4	配置信令链路参数
5	配置信令路由参数
6	配置信令局向参数
7	配置 SSN 参数

七号信令数据配置主要涉及 BSC、MSC、PTSN 网元之间的信令链路数据，通过建立的信令链路，完成各网元间信令交互，实现各种具体的控制和管理。

七号信令数据包括：MTP（消息传递部分）数据描述本局信令点所在的 MTP 层信令网络中的路由结构；SCCP（信令连接控制部分）数据描述本局信令点所在的 SCCP 层信令网络中的路由选择信息。

信令网由信令点 SP、信令转接点 STP、信令链路 SL 组成。其中，信令点编码国内网类型为 24 位编码。信令链路相关概念包括信令链路、信令链路组和信令路由。信令链路由信令数据链路和信令终端组成；两个相邻的信令点间的所有平行信令链路构成一个信令链路组；信令路由用于指示信令消息从源信令点 OPC 到目的信令点 DPC 所经过的路径。

(1) 配置本交换局（BSC）参数

在信令网中，BSC 是一个信令点称为本交换局，通过 E1 线缆与 MSC 相连，进行七号信令的传输，MSC 称为邻接交换局。

单击配置资源管理树“信令配置”的“本交换局配置”节点，进入“本交换局（BSC）配置”配置界面，根据规划配置在“本交换局数据”项界面输入本局类型、测试码，单击“确认修改”按钮保存配置，如图 6-42 所示。

在“本交换局信令点数据”界面中，根据规划配置输入信令点编码，如图 6-43 所示。

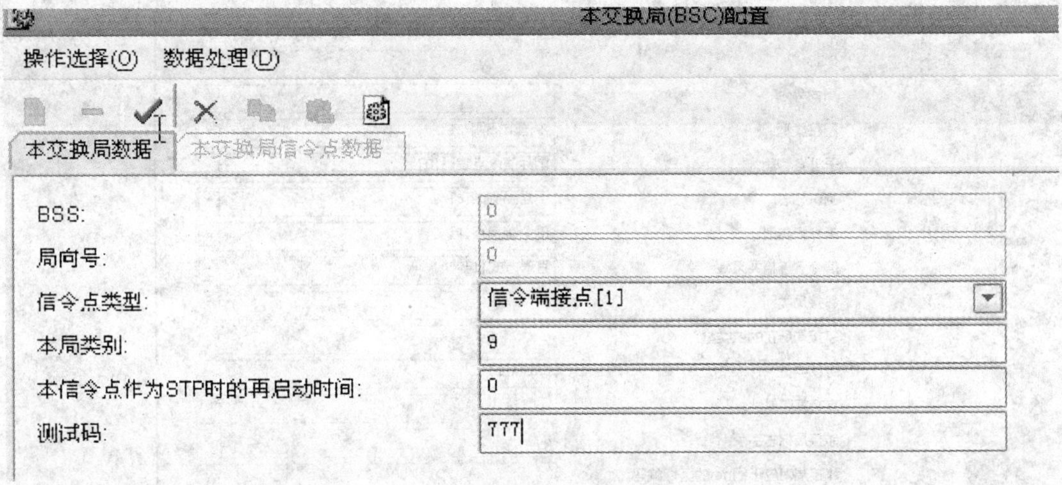

图 6-42　本交换局（BSC）配置示例

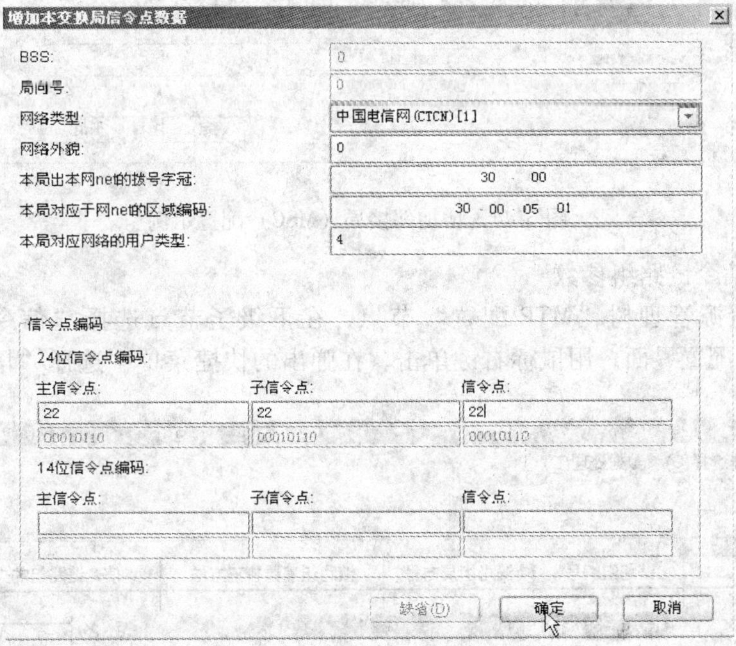

图 6-43　增加本交换局信令点数据

【注意】：信令点类型、网络类型和信令点编码与 MSC 侧要一致。

（2）配置邻接交换局（MSC）参数

一个 MSC 通过多条 E1 连接多个 BSC，在 BSS 系统中，不仅要配置本交换局（BSC）的属性，还需配置邻接交换局（MSC）的属性。

单击配置资源管理树“信令配置”的“邻接交换局配置”节点，进入“邻接交换局（BSC）配置”配置界面，根据规划配置填写邻接局信令点编码，其他项采用默认设置，如图 6-44 所示。单击“确认修改”按钮保存配置。

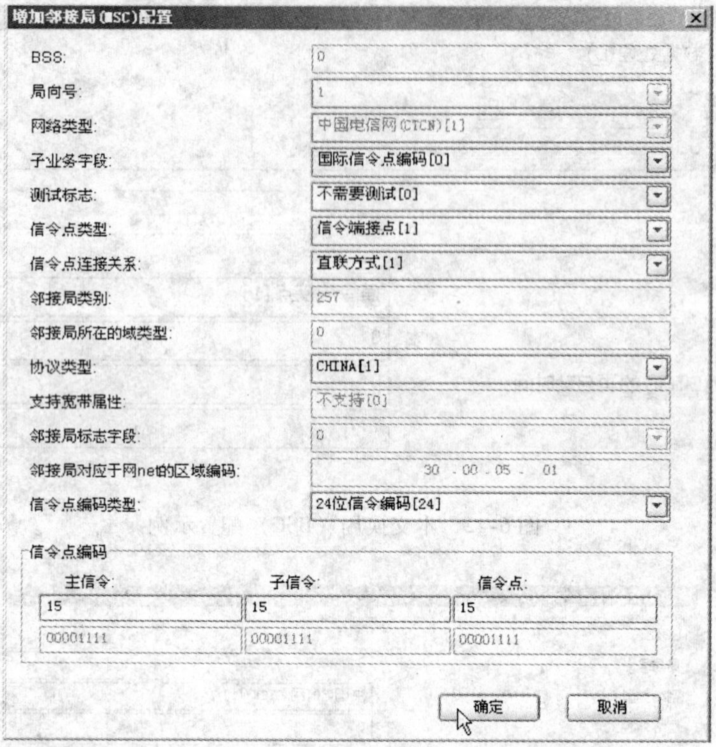

图 6-44　增加邻接局（MSC）配置示例

（3）配置信令链路组参数

展开配置资源管理树“MTP 配置”节点，在下级子节点选择“信令链路组”，进入“信令链路组”配置界面，用鼠标右键单击，在弹出的快捷菜单中选择“增加”，如图 6-45

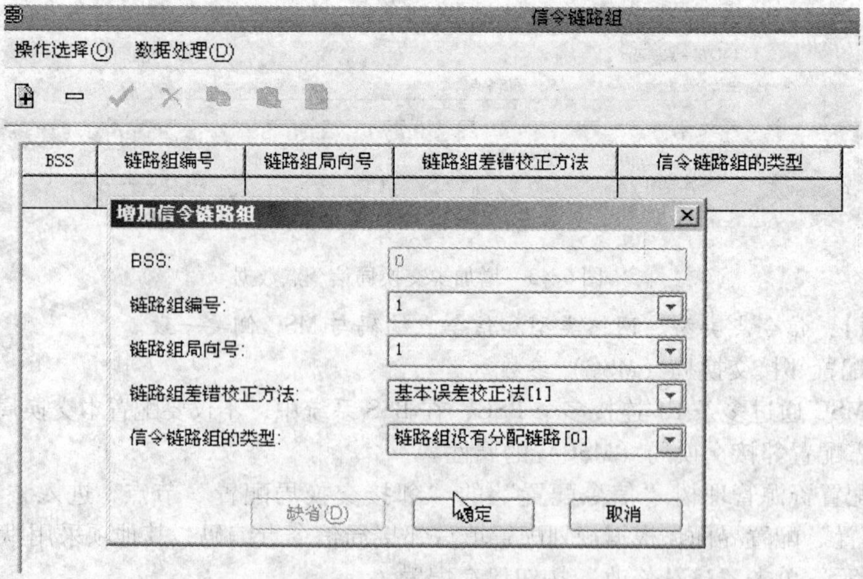

图 6-45　信令链路组配置示例

所示。配置采用默认值。

（4）配置信令链路参数

信令链路时传输信令的通道，每条信令链路占用 E1 线的一个时隙。

展开配置资源管理树“MTP 配置”节点，在下级子节点选择“信令链路”，进入“信令链路”配置界面，用鼠标右键单击，在弹出的快捷菜单中选择“增加”，配置采用默认值。

【注意】：必须在物理配置中对 SPB 单板进行窄带信令的配置，配置 SMP 后才能配置信令链路。

（5）配置信令路由参数

展开配置资源管理树“MTP 配置”节点，在下级子节点选择“信令路由”，进入“信令路由”配置界面，用鼠标右键单击，在弹出的快捷菜单中选择“增加”，配置采用默认值。

（6）配置信令局向参数

配置信令局向就是对路由进行选择，一个信令局向可以由多个信令路由组成。

展开配置资源管理树“MTP 配置”节点，在下级子节点选择“信令局向”，进入“信令局向”配置界面，用鼠标右键单击，在弹出的快捷菜单中选择“增加”，配置采用默认值。配置如图 6-46 所示。

信令局向

操作选择(O) 数据处理(D)

BSS	局向号	直达迂回路由	第一迂回路由	第二迂回路由	第三迂回路由
0	1	1			

图 6-46　信令局向配置示例

由于 BSS 系统采用多个 BSC 和一个 MSC 之间的星形连接，BSC 与 MSC 之间都是直达路由，BSC 与 MSC 间消息发送不需要其他局转发的路由，故 3 个转发路由设置为“无”。

（7）配置 SSN 参数

SSN 是子系统号码。子系统完成七号信令的用户部分 UP 的功能，配置 SSN 参数是在各个局向上对子系统进行增加和删除工作。

单击配置资源管理树“SSN 配置”节点，进入“SSN 配置”配置界面，用鼠标右键单击，在弹出的快捷菜单中选择“增加”，配置采用默认值，完成子系统添加，配置如图 6-47 所示。

局向号为 0 指本交换局，一个局向下可配置 5 个子系统。

6.4.2　中兴 CDMA BTS 数据配置

BTS 侧的配置步骤如表 6-10 所示。

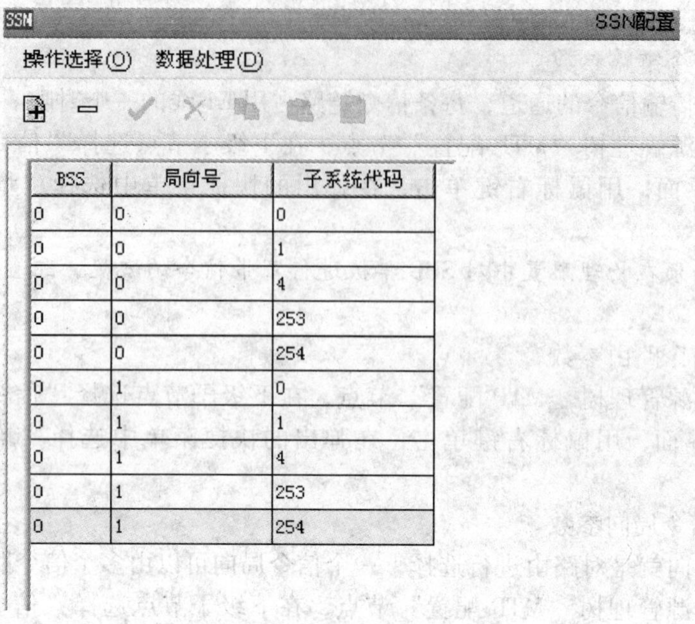

BSS	局向号	子系统代码
0	0	0
0	0	1
0	0	4
0	0	253
0	0	254
0	1	0
0	1	1
0	1	4
0	1	253
0	1	254

图 6-47 SSN 配置示例

表 6-10 BTS 侧数据的配置步骤（单载频三扇区）

序 号	步 骤 内 容
1	增加 BTS
2	增加机架
3	增加单板
4	配置 BTS I2 的 HDLC
5	配置 BTS I2 的 UID
6	配置 GCM 接收模式
7	配置 CCB 子卡工作模式
8	配置 BTS I2 与 BSC 的连接关系

1. 物理配置

（1）增加 BTS I2

在配置资源管理树 BSS 节点上，用鼠标右键单击，从快捷菜单中选择“增加 BTS”，然后在展开的下级菜单中选择“增加 CBTS I2”，如图 6-48 所示。

在“增加 CBTS I2”窗口中，填写 BTS 系统别名和序列号，结果如图 6-49 所示。在增加 CBTS I2 时系统自动配置载扇，也可自定义配置。在仿真教学软件中，系统自定义为单载频三扇区。

（2）增加机架

单击展开配置资源管理树 CBTS I2 节点，在“物理配置”中用鼠标右键单击，在快捷菜单中选择“增加 CBTS I2”，在展开的下一级菜单中选择“不支持 CBM”，进入“增加机架”对话框，填写相关信息，确定完成增加机架操作，结果如图 6-50 所示。系统会自动增加相应机架、机框和单板，并配置好 RIM 与 TRX，TRX 与 RFE 之间的连接关系。

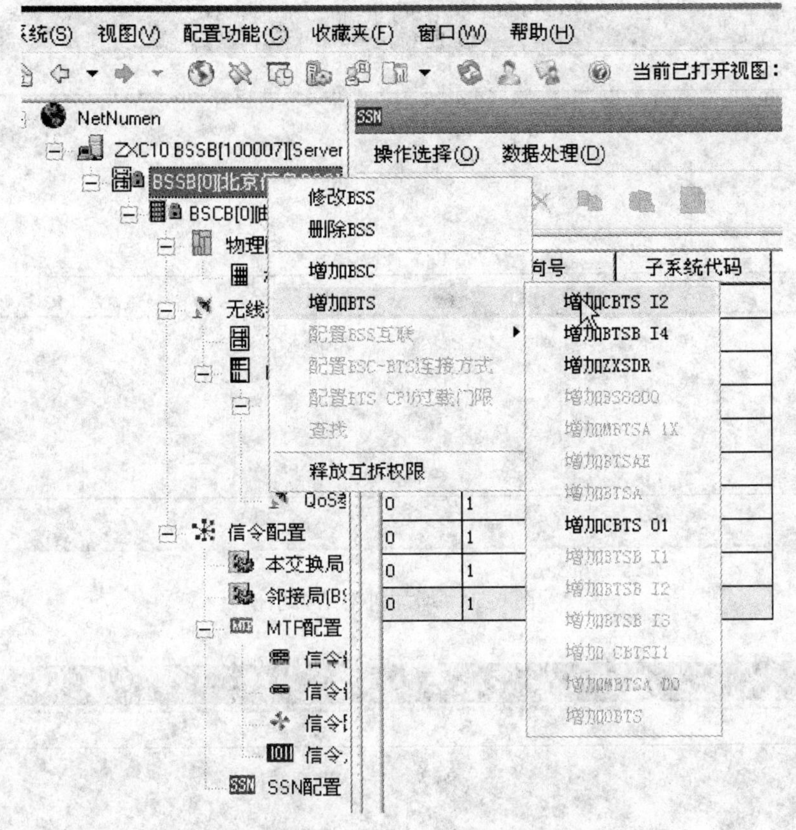

图 6-48 增加 CBTS I2

图 6-49 增加 BTS I2 示例

(3) 增加单板

本示例采用仿真教学软件，需要完成增加单板的操作，在 CBTS I2 机架图中用鼠标右键单击相应单板槽位，从快捷菜单中根据现场实际选择单板型号，单板配置结果如图 6-51 所示。

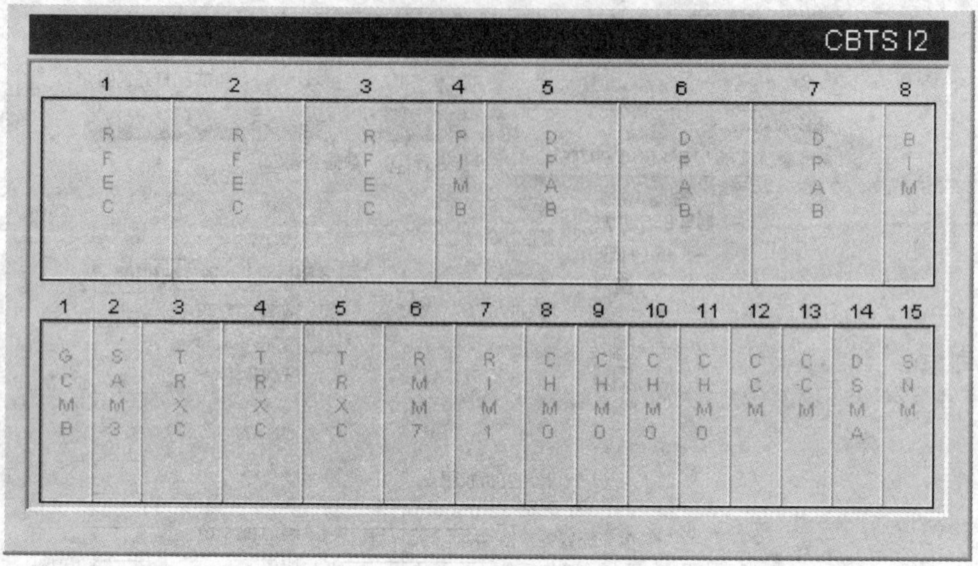

图 6-50　增加机架结果示例

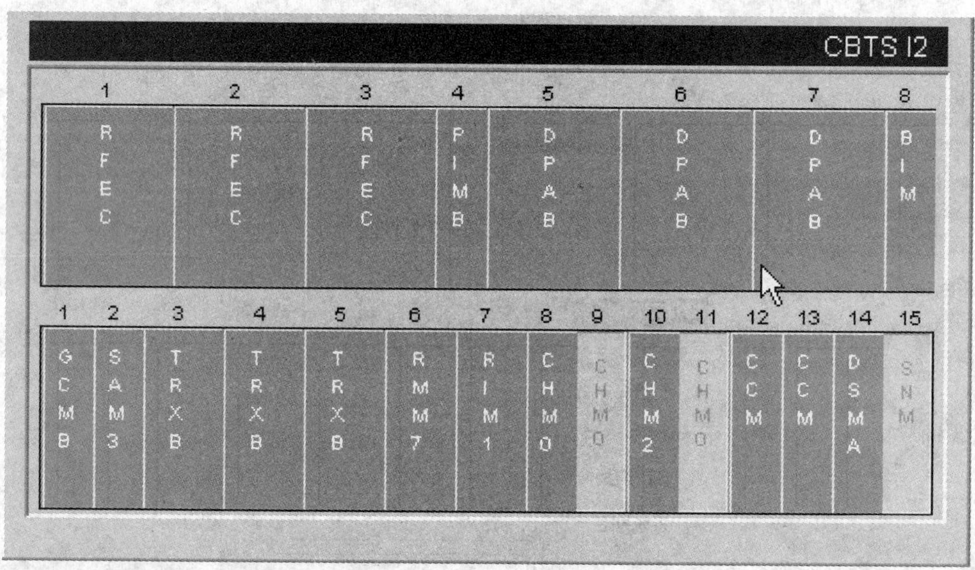

图 6-51　CBTS I2 配置结果示例

（4）配置 CBTS I2 的 HDLC

CBTS I2 的 HDLC 要在 DSM 单板上配置。在 CBTS I2 机架图上用鼠标右键单击 DSM 单板，在快捷菜单中，选择“配置 HDLC”，在弹出的对话框中，单击“增加”按钮，在“增加 HDLC”对话框中选择 E1 编号，其他参数采用默认设置，单击“确定”按钮，完成增加一条的新 HDLC 链路的操作，如图 6-52 所示。此处设置的 HDLC 数量应与 BSC 侧为该 BTS 配置的一致。

完成 HDLC 链路的配置后，返回到“配置 BTS _ HDLC”对话框，选择已配好的 HDLC 时隙，单击鼠标右键，在弹出菜单中选择“配置 HDLC 的时隙”，弹出“配置 BTS _ HDLC”

对话框，在“可用时隙”列表中选择第一条记录，单击“增加”按钮，增加 1 条新的 BTS HDLC 时隙连接。重复上述操作完成其余配置，注意每条 BTS HDLC 选择的时隙数应与 BSC 侧对应的 HDLC 的时隙数相同。

本示例采用 BSC 与 BTS 的 E1/T1 连接方式，HDLC 配置为默认方式，不用配置。

（5）配置 CBTS I2 的 UID

CBTS I2 侧的 UID 在 DSM 板上配置。每个 CBTS I2 需要有 1 个上电 UID 和 1 个业务 UID。

（6）配置 GCM 接收模式

在 GCM 单板上配置。在机架图上用鼠标右键单击 GCM 单板，在弹出的快捷菜单中，选择“配置 GCM 的接收模式”，根据实际情况选择接收模式，如图 6-53 所示。

增加HDLC

设备号: 0

系统号: 2

子系统号: 250

单元号: 12

HDLC编号: 0

E1编号: 0

可配的时隙

序号	时隙号
0	1
1	2
2	3
3	4
4	5
5	6
6	7
7	8

确定　取消

图 6-52　“增加 HDLC”对话框

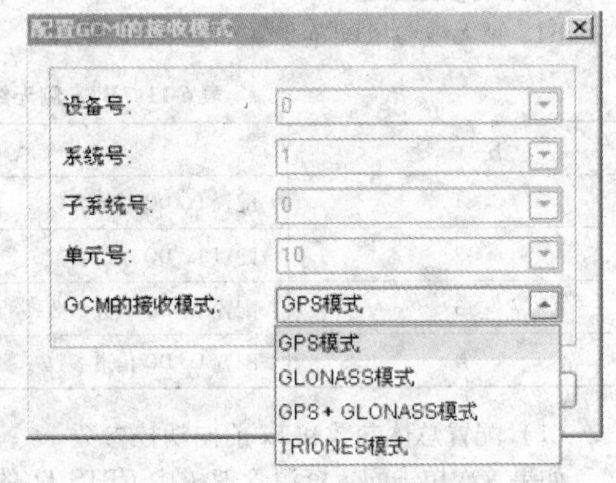

图 6-53　配置 GCM 的接收方式

其中：GPS 美国全球卫星定位系统、GLONASS 俄罗斯全球导航卫星系统、TRIONES 三模式，即 GPS + GLONASS + 中国的“北斗”卫星系统。

（7）配置 CCB 子卡工作模式

CCB 子卡工作模式在 GCM 单板上配置。在机架图上用鼠标右键单击 GCM 单板上，在弹出的快捷菜单中选择“配置 CCB 子卡工作模式”，在对话框中选择 CCB 子卡工作模式为 E1 模式，单击“确定”按钮完成。

（8）配置 CBTS I2 与 BSC 的连接关系

然后在机架图 DSMA 板上用鼠标右键单击，在弹出的快捷菜单汇总选择“与 BSC 的连接”，选择 E1/T1 方式，进入“BSC 与 BTS 的连接关系”窗口，根据配置规划 BSC 与 CBTS

I2 连接端口为 E1［3］，左键单击“连接”按钮，如图 6-54 所示。在接下来弹出的“配置 ABPM 参数”按照默认配置，单击“确定”按钮完成配置，机架单板的颜色变为绿色。

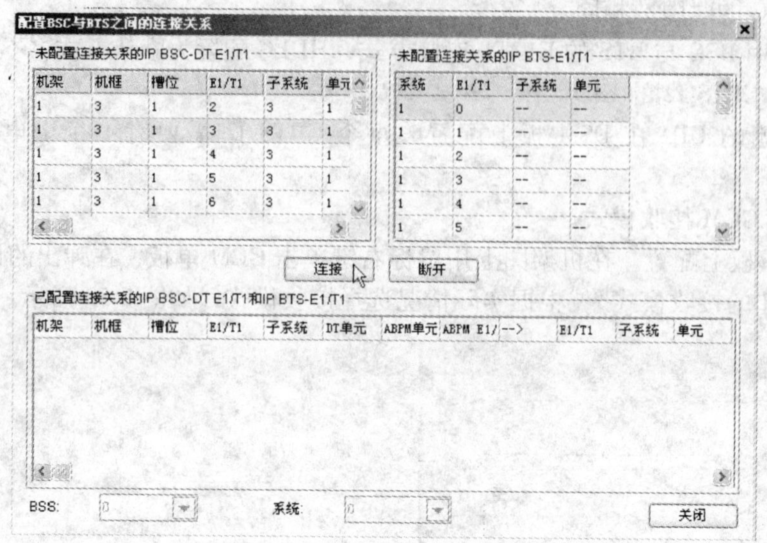

图 6-54　配置 BSC 与 BTS 之间的连接关系示例

2. 无线参数配置

BTS 侧无线参数配置步骤如表 6-11 所示。

表 6-11　BTS 侧无线参数配置步骤

序　号	具体步骤
1	配置 1x/DO 总体参数
2	配置 1x/DO 小区参数
3	配置 1x/DO 载频参数
4	配置 1x/DO 信道参数

（1）配置总体参数和 1x 前向功控参数

如果首次单击配置资源管理树中 CBTS I2 的“无线参数”节点，会弹出提示窗口：本 BTS 的基站总体参数和 1x 前向功控参数尚未配置，单击“确定”按钮进入“总体参数”和“1x 前向功控参数/开关参数”配置界面。这里都采用默认配置，要单击“修改确认”按钮进行保存。在配置小区的无线参数前，要增加小区，才能对每个小区进行配置。本示例中增加 1 个 1x 小区和 1 个 DO 小区。

（2）配置 1x 小区参数

在配置资源管理树 CBTS I2 的“无线参数”节点用鼠标右键单击，选择“增加小区”，选择“1x 小区”，如图 6-55 所示，进入“1x 小区参数”配置界面。

在“小区实体参数”项目中填写小区别名、系统识别码 SID、网络识别 NID、位置区域编码 LAC、小区识别码 CI、Pilot _ PN、Pilot _ PN 增量、频带类别等。其中，SID 和 NID 用来识别某一移动本地网，根据实际规划配置，LAC 用来识别不同的位置区域，CI 用来

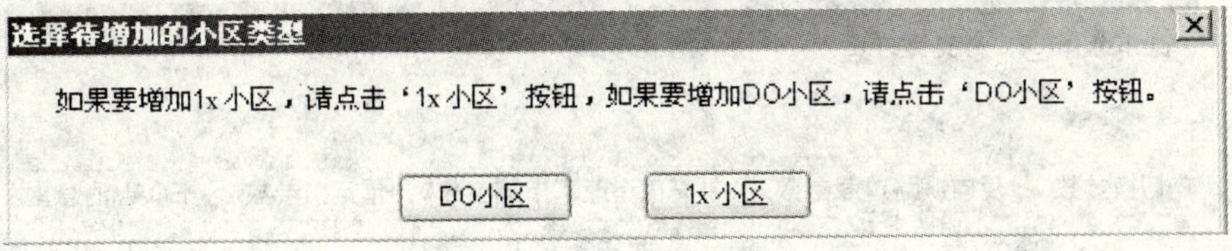

选择待增加的小区类型

如果要增加1x小区，请点击‘1x小区’按钮，如果要增加DO小区，请点击‘DO小区’按钮。

DO小区　1x小区

图 6-55　选择待增加的小区类型

识别不同的小区，相 Pilot _ PN 导频信号伪随机序列偏置指数，用来区分不同基站的信号，每个小区值不同，一般增量为 4。配置结果如图 6-56 所示，单击“修改确认”按钮保存配置。

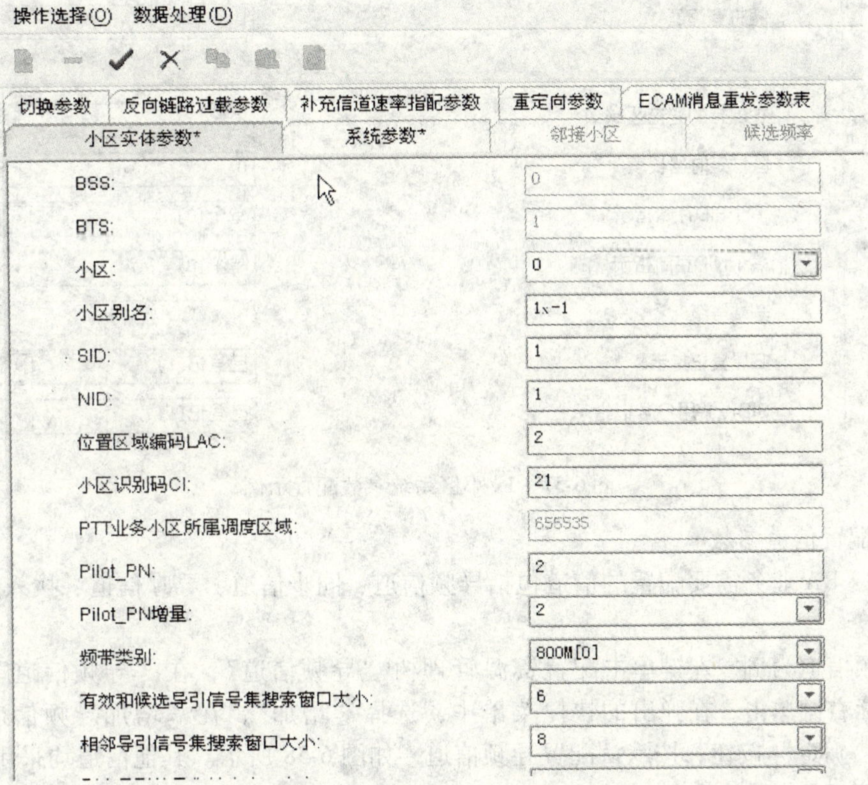

BSS:	0
BTS:	1
小区:	0
小区别名:	1x-1
SID:	1
NID:	1
位置区域编码LAC:	2
小区识别码CI:	21
PTT业务小区所属调度区域:	65535
Pilot_PN:	2
Pilot_PN增量:	2
频带类别:	800M[0]
有效和候选导引信号集搜索窗口大小:	6
相邻导引信号集搜索窗口大小:	8

图 6-56　1x 小区实体参数配置示例

单击“系统参数”项，进入“系统参数”配置界面，填写基站识别码、时差、登记地区等，配置结果要单击“确认修改”按钮，保存配置，结果如图 6-57 所示。

（3）配置载频参数

在配置小区的载频参数之前，要为小区增加载频。用鼠标右键单击配置资源管理树“1x 小区”节点，在弹出的快捷菜单中选择“增加载频”，为该小区增加载频。弹出的“确认”对话框会提示：该操作可能会导致相关信道板或芯片复位，确定要进行该操作吗？单击“是”按钮。进入“1x 载频参数”配置界面，采用默认配置，单击“确认修改”按钮保存配置。

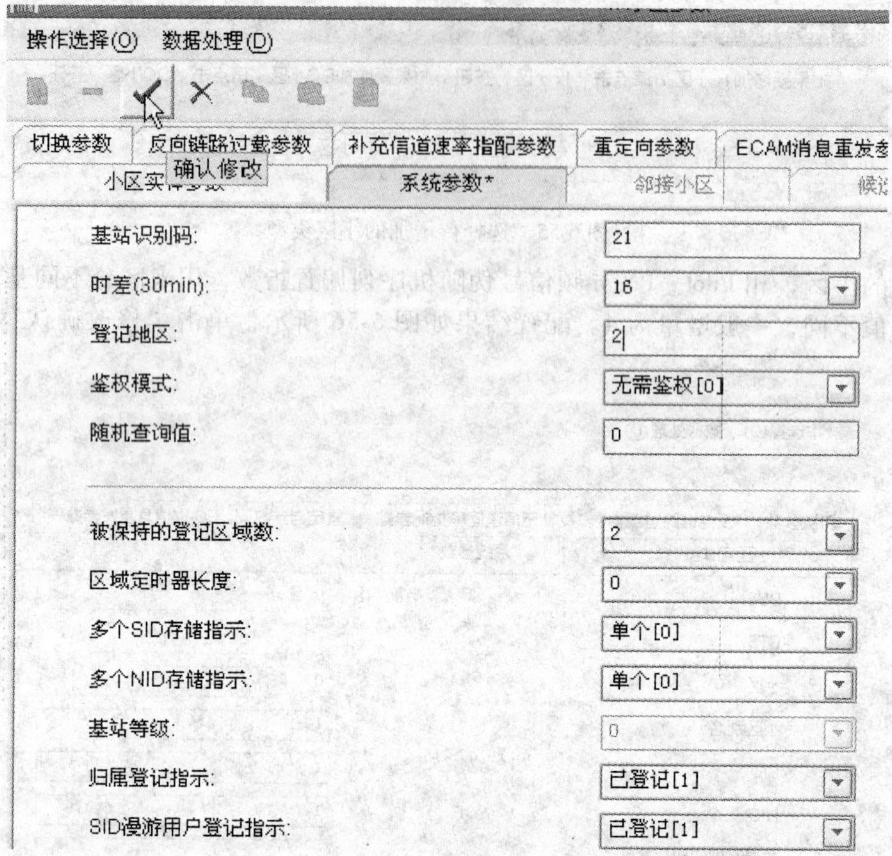

图 6-57　1x 小区系统参数配置示例

（4）配置信道参数

开通 1x RA 业务需要配置的信道包括导频信道、同步信道、寻呼信道、接入信道和快速寻呼信道。

以导频信道为例，左键单击配置资源管理树“导频信道”，在“导频信道”配置界面中，用鼠标右键单击，在弹出的快捷菜单中，选择“增加”，在“增加导频信道”对话框中，单击“确定”按钮，按默认配置导频信道，如图 6-58 所示。其他信道均采用默认设置。

（5）配置 DO 小区参数

在配置资源管理树 CBTS I2 的“无线参数”节点用鼠标右键单击，选择“增加小区”，选择“DO 小区”。如图 6-59 所示，进入“DO 小区参数”配置界面。

在仿真教学软件中，配置资源管理树中自动出现“DO 小区”节点，单击该节点，出现提示语“该小区尚未添加”，单击“确定”按钮，进入“DO 小区参数”配置界面。

在“小区无线参数”项配置界面上输入小区别名、导频信号 PN 偏置、载频频段、小区全局标识、子网掩码长度和颜色码，单击工具栏上的“确认修改”按钮。

【注意】：本例采用仿真教学软件，其中“子网掩码长度和颜色码”项为默认配置。小区别名根据现场实际规划填写；对于导频信号 PN 偏置，不同小区是不同的。一般设偏置增量为 4，如果建立 3 个小区，其导频信号 PN 偏置可分别设为 4、8、12；载频频段也根据实

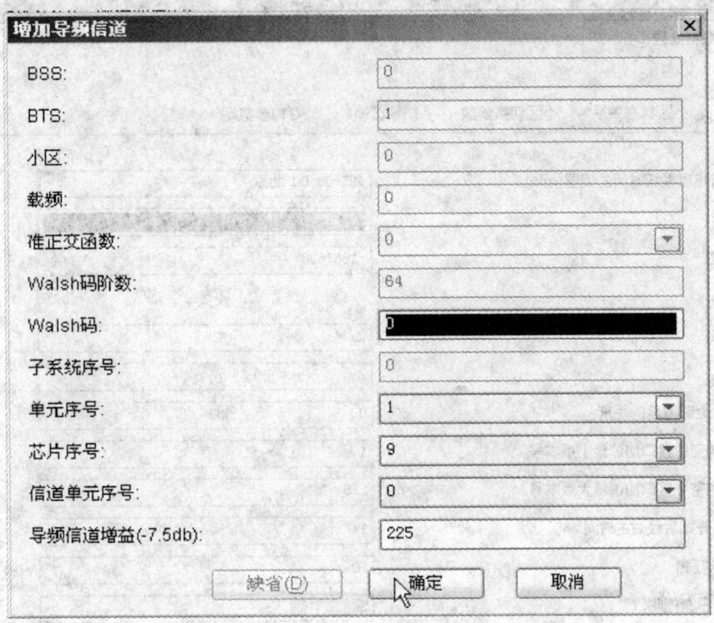

图 6-58 “增加导频信道”对话框

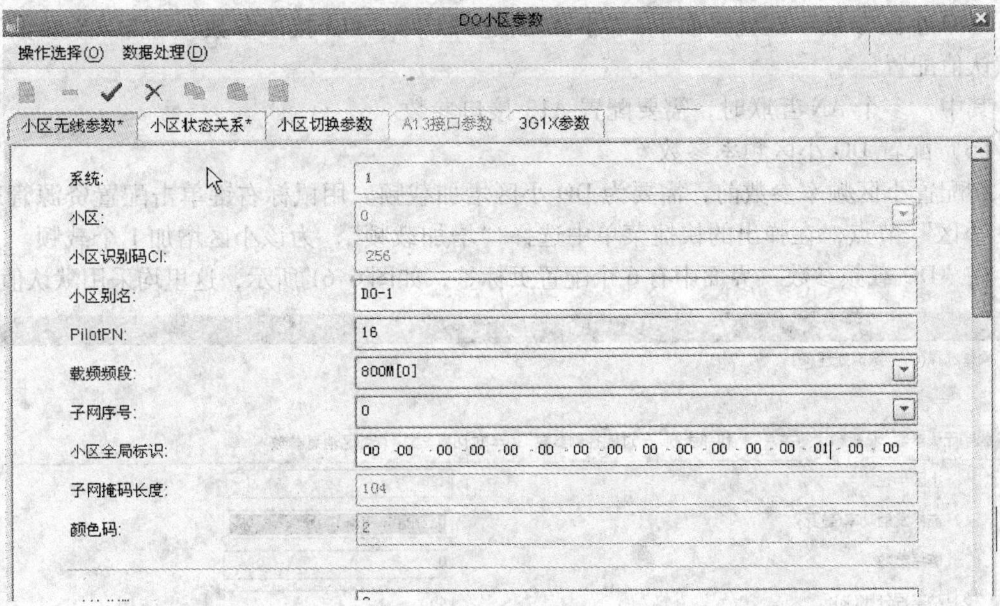

图 6-59 DO 小区参数配置界面

际情况填写；小区全局标识为该小区的 128 位 IPV6 地址，是用来唯一标识该小区的，同一 AN 下各小区全局标识不同。小区全局标识初始值为“00-00-00-00-00-00-00-00-00-00-00-00-00-00-00-01”，可以 1 为增量递增；3 个小区的颜色码必须相同。

在“小区状态关系”项配置界面中，修改当地时间相对系统时间的偏置：GMT＋8:00 北京，其余项均采用默认值配置。单击工具栏“确认修改”按钮完成，如图 6-60 所示。

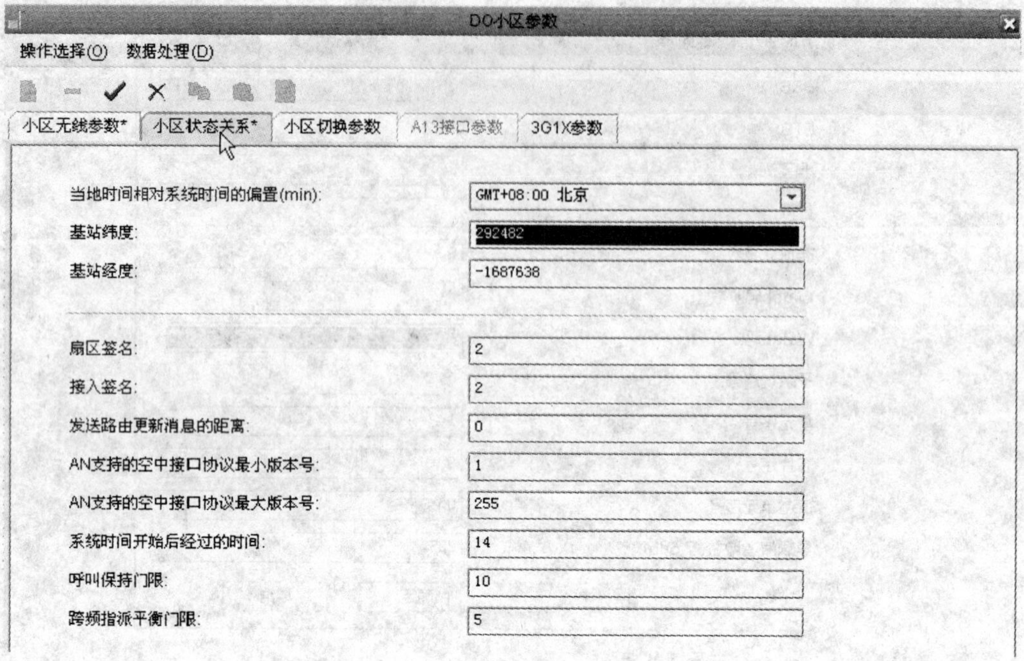

图 6-60　小区状态关系配置示例

“DO 小区参数”配置界面中，“小区切换参数”、“A13 接口参数”、“3G1X 参数”均采用默认值配置。

其中，多个 AN 互联时，需要配置 A13 接口参数。

（6）配置 DO 小区频率参数

在配置小区频率参数前，需要为 DO 小区增加载频。用鼠标右键单击配置资源管理树中“DO 小区”节点，在弹出的快捷菜单中选择“增加载频”，为该小区增加 1 个载频。

在“DO 载频参数”界面中有 6 个配置页标签，如图 6-61 所示，这里均采用默认值配置。

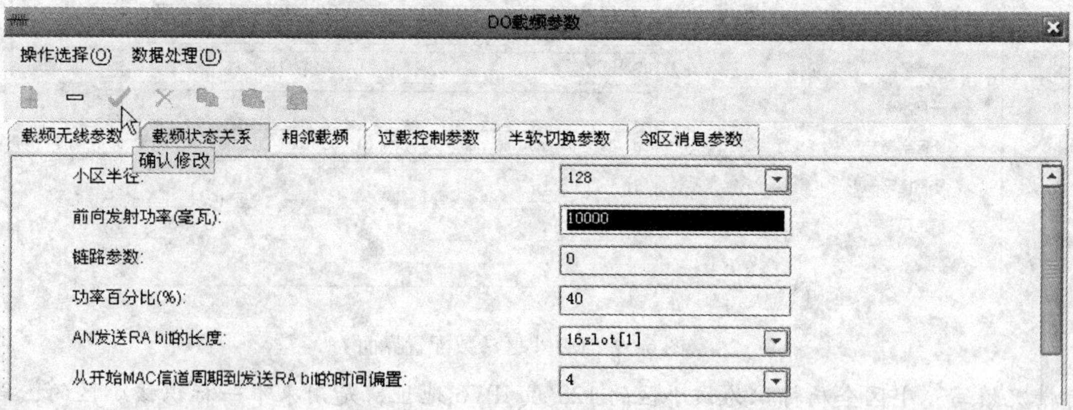

图 6-61　DO 载频参数配置界面

6.4.3　配置数据完整性检查

BSC 和 BTS 的物理、无线和信令参数配置完毕后，需要检查数据完整性，即检查配置树的完整性及各节点数据配置的完整性。

在“配置管理”视图中，选择主菜单“配置功能”之“数据完整性检查”或单击工具栏按钮，系统即进行数据完整性检查，并输出检查报告。

6.4.4 前后台数据同步

数据配置完成后还暂时保存在后台数据库子系统中，只有将后台数据库子系统装载到前台数据库子系统才能使设备按所配置数据运行。

在“配置管理”视图中，用鼠标右键单击配置资源管理树 BSS 节点，选择“数据同步”，弹出“前后台数据同步”对话框，如图 6-62 所示，由于本示例采用仿真教学软件，与实际同步界面有些不同。

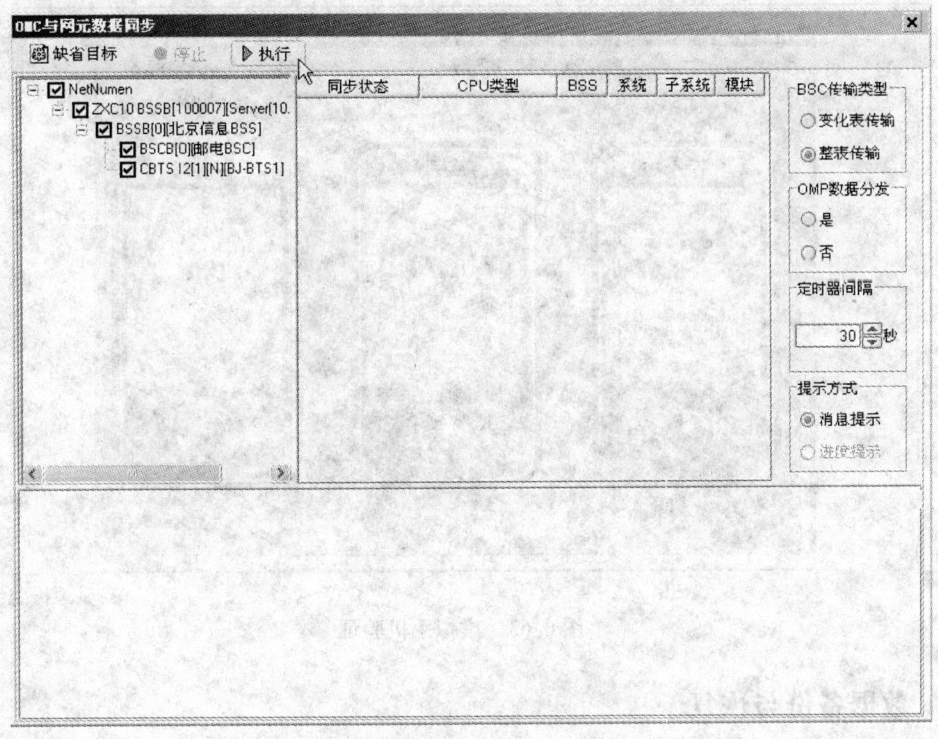

图 6-62 “数据同步”对话框示例

选中对话框左侧树形列表所有目标，在右侧“传输类型”中选择“整表传输”，其他采用默认设置。

单击对话框中工具栏“同步发送”按钮，在确认对话框中单击“确定”按钮完成操作。

观察状态显示区和详细信息显示区，确定同步是否成功，如果不成功，需要根据提示信息，查找分析、排除问题，再重新对失败目标同步。

前后台数据同步成功后，通过 BSC 后台告警、诊断测试、动态数据管理等工具来观察系统是否运行正常。

6.4.5 存盘控制

前台存盘指前台单板将内存中的数据写到 Flash 中，其目的是使下次前台数据库复位后，重新加载 Flash 中的数据。

在“配置管理”视图中，用鼠标右键单击配置资源管理树节点 BSS，选择“启动存盘控制”，弹出“前台数据库启动存盘控制”对话框，选中对话框左侧树形列表终端所有目标，在右侧“存盘控制命令”栏选择相关控制命令，如“主机立即存盘”，单击工具栏“存盘控制发送”按钮，单击“确定”按钮完成操作。

6.4.6 配置验证

配置完成后通过打电话、上传或下载数据确认配置是否正确。

仿真教学软件中，通过拨打“虚拟手机”电话、上网测试，来检验业务是否正常，如图 6-63 所示。

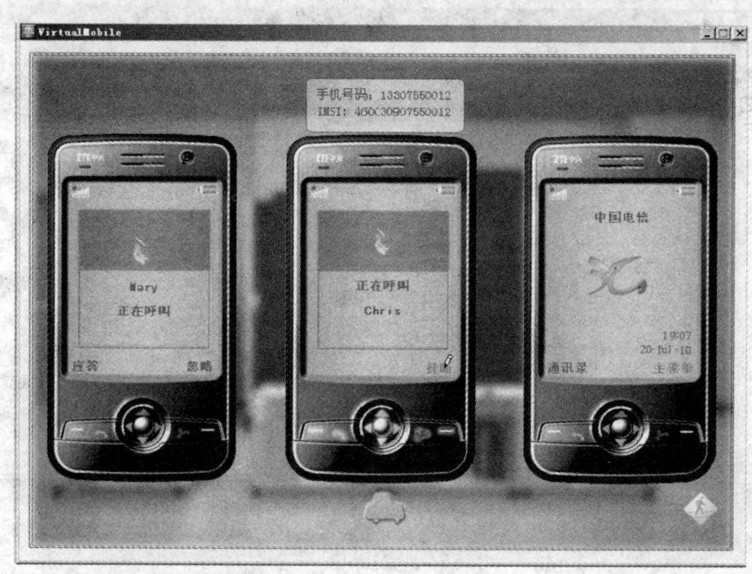

图 6-63 虚拟手机验证

6.4.7 数据备份与恢复

1. 数据备份

确认数据配置成功后，需要将后台数据库中已有的数据进行备份，生成相应的 .SQL 文件。

在“配置管理”视图中，用鼠标右键单击配置资源管理树节点 BSS，选择“数据备份与恢复”，弹出“配置数据备份与恢复”对话框，如图 6-64 所示。单击“备份配置数据”，在弹出的“请输入备份数据存放文件”对话框中选择配置文件保存的路径，并输入 SQL 文件名，单击“确定”按钮备份数据。

2. 数据恢复

在“数据备份与恢复”对话框中，单击“恢复配置数据”，选择以前备份的配置数据文件，完成数据恢复的操作，如图 6-65 所示。

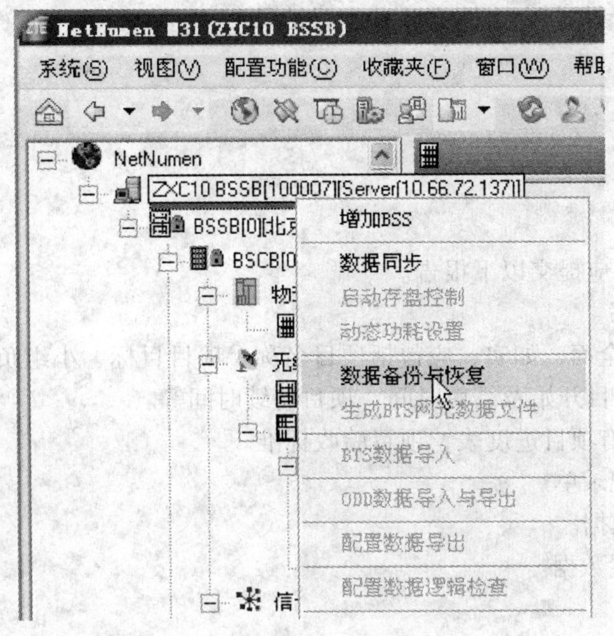

图 6-64 “数据备份与恢复”对话框示例

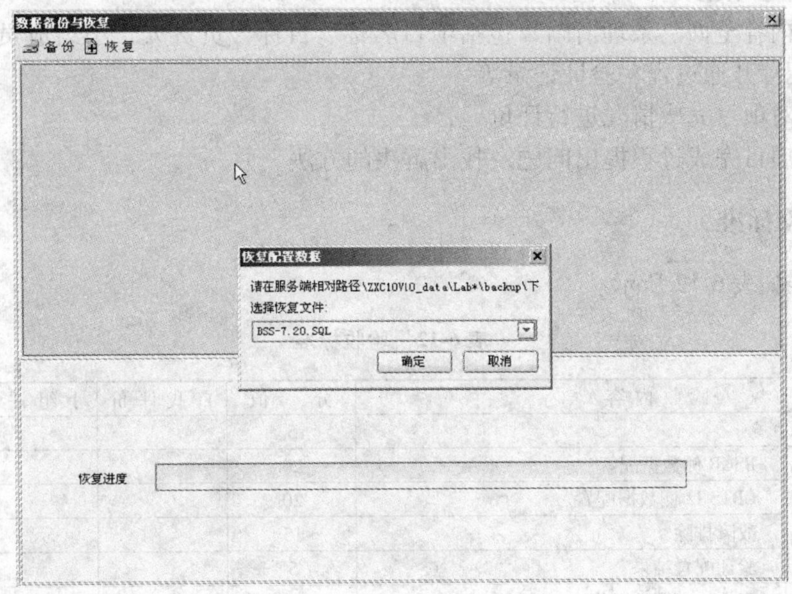

图 6-65 数据恢复操作示例

6.5 任务实施

任务实施需要学生完成以下内容：

1）描述基站建立方法和要求。

2）完成 BSCB 设备的配置。

3）完成 CBTS I2 设备的配置。

4）通过虚拟电话拨打、上网来验证配置结果。

6.6 成果验收

6.6.1 验收方式

项目完成过程中应提交以下报告。

（1）工作计划书

1）计划书内容全面、如实，应包括项目名称、项目目标、小组负责人、小组成员及分工、子任务名称、项目开始及结束时间、项目持续时间等。

2）计划书中附有项目进度表，项目验收标准。

（2）项目工作记录单

1）BSCB 配置数据。

2）CBTS I2 配置数据。

3）故障排除。

4）验证配置结果。

（3）项目总结报告

1）报告内容全面、条理清晰，包括项目名称、目标、负责人、小组成员及分工、用户需求分析、配置开通过程、验证记录等。

2）能够对项目完成情况进行评价。

3）根据项目完成过程提出问题及找出解决的方法。

6.6.2 验收标准

验收标准如表 6-12 所示。

表 6-12 验收标准

验收内容		分值	自我评价	小组评价	教师评价
工作计划		5			
项目工作记录单	BSCB 侧数据配置	20			
	CBTS I2 侧数据配置	20			
	故障排除	15			
	验证配置结果	5			
安全文明生产	安全、文明的操作	4			
	有无违纪和违规现象	3			
	良好的职业操守	3			
学习态度	不迟到，不缺课，不早退	4			
	学习认真，责任心强	3			
	积极参与完成项目	3			
项目总结报告	对项目完成情况进行评价	10			
	提出问题及找出解决的方法	5			
自我，小组，教师评价分别总计得分					
总分					

6.7 思考与练习

1. 归纳 BSS 系统数据配置前需要规划的参数。
2. 简述 1x 业务数据的配置流程。
3. 简述 DO 业务数据的配置流程。

项目 7　鼎桥 TD-SCDMA 基站设备硬件结构

【背景】

本项目将介绍鼎桥通信公司的 TD-SCDMA 基站设备的硬件结构，鼎桥的 NodeB 设备支持多载波技术，以及 8 天线单元的 3 扇区智能天线阵列，同时基站面向未来的紧凑型设计易于平滑升级，支持未来的信号处理技术（例如软件无线电）。它也提供了一个灵活的模块化的结构，该结构由室外天线子系统和室内机柜构成。

鼎桥的 RNC 设备是整个 TD-SCDMA 接入网的中央控制系统。它提供对 NodeB 和其他设备的接口。为保证容错操作，RNC 中的多数关键部分都是双份的。RNC 可以进行无线资源的管理和分配，无线信道和陆地网络信道的映射以及在其控制范围内小区的切换。

【目标】

1）掌握鼎桥 TD-SCDMA 系统 RNC 设备 TRNC810 的硬件结构。

2）掌握鼎桥 TD-SCDMA 系统 NodeB 设备 NodeB610 的硬件结构。

7.1　情境引入

在基站建设过程中，掌握基站的建设方法和要求以及掌握相关设备硬件结构与原理是完成基站建设的基础，掌握上述的内容才能正确地完成基站的硬件安装，完成硬件安装后才可以进一步进行设备的软件配置，最终实现基站设备的安装建设。本项目具体的内容包括鼎桥 TD-SCDMA 系统 RNC 和 NodeB 设备硬件结构。

7.2　任务分析

7.2.1　任务实施条件

1）鼎桥 TD-SCDMA 系统 RNC 设备 TRNC810。

2）鼎桥 TD-SCDMA 系统 NodeB 设备 NodeB610。

3）BAM，维护终端计算机。

7.2.2　任务实施步骤

1）制订工作计划。

2）通过基站建设相关的文档、视频、录像来学习基站建设过程。

3）说明鼎桥 TD-SCDMA 系统 RNC 设备 TRNC810 的硬件结构。

4）说明鼎桥 TD-SCDMA 系统 NodeB 设备 NodeB610 的硬件结构。

5）能够对项目完成情况进行评价。

6）根据项目完成过程提出问题及找出解决的方法。

7）撰写项目总结报告。

7.3 RNC 设备 TRNC810 硬件结构

TRNC810 是鼎桥通信技术有限公司开发的 TD-SCDMA 无线网络控制器（RNC），目前可提供 1，000，000 用户的容量。TRNC810 设计紧凑，功耗低，易于扩展。

7.3.1 TRNC810 的硬件体系结构

1. TRNC810 设备的机柜外观

TRNC810 设备结构紧凑，易于扩展。图 7-1 显示了 RNC 的机柜外观。

2. RNC 机架结构

RNC 机架中包含 RNC 交换插框（RSS）、RNC 业务插框（RBS）、配电盒、局域网交换机、后台管理模块（BAM）服务器。图 7-2 显示了 RNC 的机架配置图。

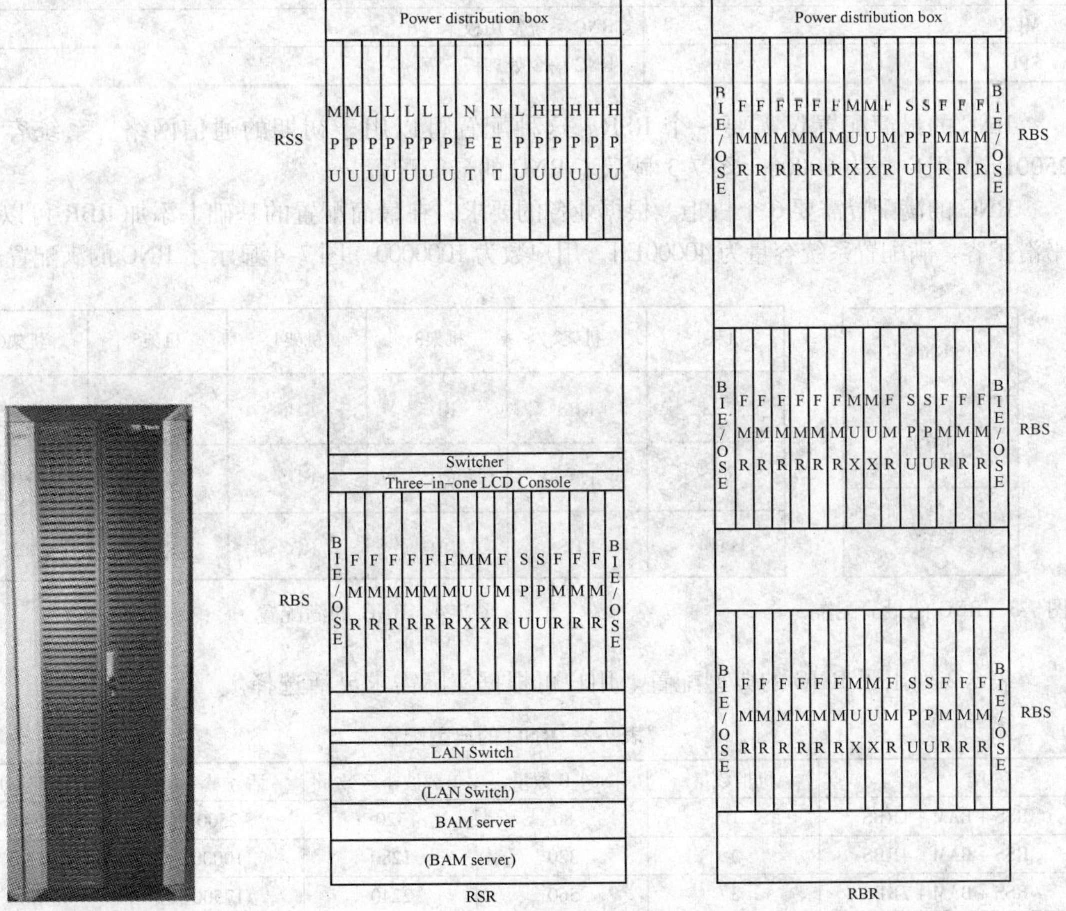

图 7-1　RNC 的机柜外观　　　　图 7-2　RNC 机架配置图

其中，RBR（TD-SCDMA RNC Business Rack）是 TD-SCDMA 无线网络控制器业务机柜，RSR（TD-SCDMA RNC Switch Rack）是 TD-SCDMA 无线网络控制器交换机柜。RSR 可提供单机柜的解决方案。根据容量需求，可在 RSR 的基础上添置最多 5 个 RBR。表 7-1 列出了 RNC 的单板和插框。

表 7-1　RNC 的单板和插框

单板和插框	完整名称
RSS	RNC 交换插框
MPU	RNC 交换模块主处理板
LPU	RNC 线路处理板
NET	RNC 网络交换板
HPU	RNC 高速分组处理板
RBS	RNC 业务插框
BIE	RNC 接口板
OSE	RNC 光接口板
FMR	RNC 无线帧处理板
MUX	RNC 系统复用板
SPU	RNC 信令处理板

RNC 的最简配置仅需要一个 RSR。这种配置可以用于初期的通信网络。系统容量为 2500Erl，用户数为 60000。图 7-3 显示了 RNC 的最简配置。

RNC 的满配置需要 6 个机柜。根据业务的要求，在最简配置的基础上添加 RBR 可以完成平滑扩容。满配置系统容量为 40000Erl，用户数为 1000000。图 7-4 显示了 RNC 的满配置。

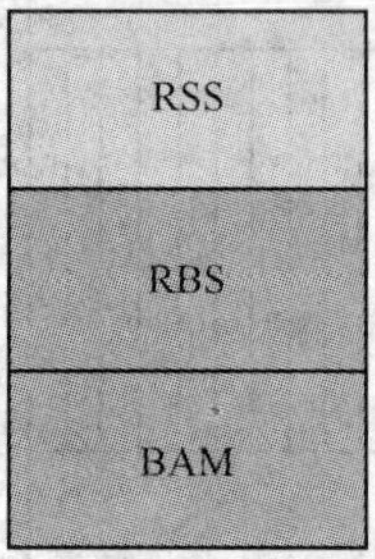

RSS
RBS
BAM

图 7-3　RNC 的最简配置

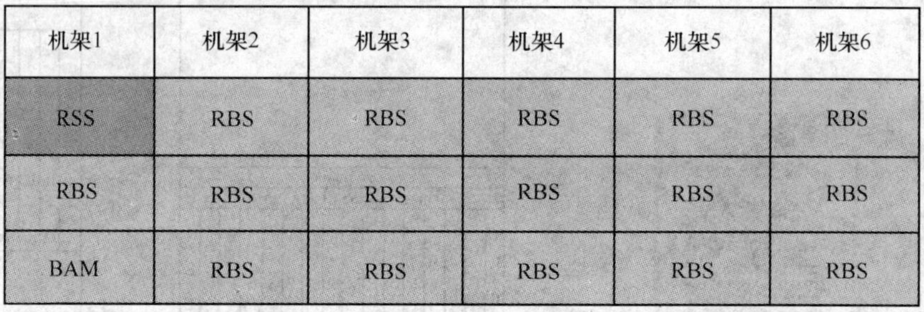

机架1	机架2	机架3	机架4	机架5	机架6
RSS	RBS	RBS	RBS	RBS	RBS
RBS	RBS	RBS	RBS	RBS	RBS
BAM	RBS	RBS	RBS	RBS	RBS

图 7-4　RNC 的满配置

表 7-2 列出了 RNC 的典型配置。用户可根据实际需求灵活选择。

表 7-2　RNC 的典型配置

配　　置	机柜数量	NodeB 数量	单载波小区数量	话务量/Erl	等效语音用户数
RSS + BAM + 1RBS	1	80	320	2500	60000
RSS + BAM + 4RBS	2	320	1280	10000	250000
RSS + BAM + 7RBS	3	560	2240	17500	450000
RSS + BAM + 10RBS	4	800	3200	25000	600000
RSS + BAM + 13RBS	5	1040	4160	32500	800000
RSS + BAM + 16RBS	6	1280	5120	40000	1000000

3. 插框结构

插框结构包括 RSS 插框结构和 RBS 插框结构。图 7-5 显示了 RSS 插框的最简配置。

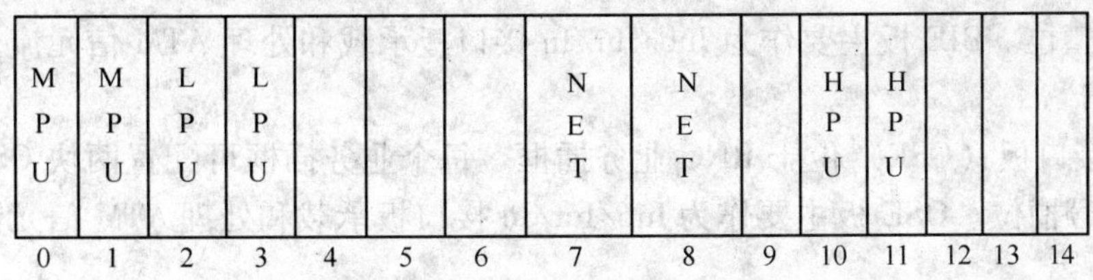

图 7-5　RSS 的最简配置

每个 RSS 配置两块 MPU 和两块 NET。HPU 的数量由 RBS 数量决定，其关系式为：HPU =（RBS/4）向上取整 +1；LPU 的数量由光口数量决定。图 7-6 显示了支持 64 个小区的 RBS 插框的配置。

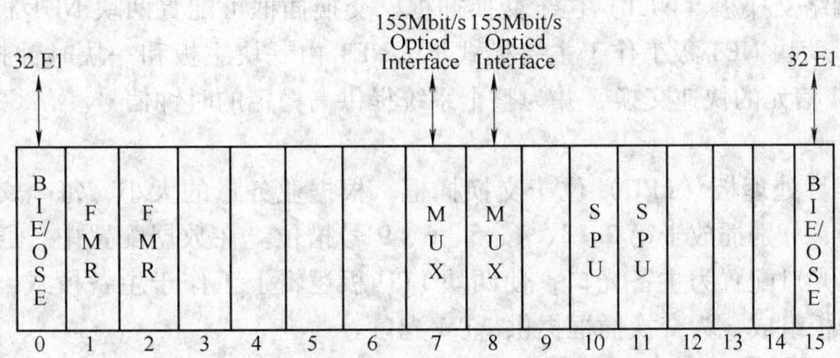

图 7-6　支持 64 个小区的 RBS 插框的配置

每个 RBS 配置了两块 MUX、两块 SPU、两块 BIE/OSE。FMR 的数量取决于载波的数量，一块 FMR 支持 32 个载波。

4. 单板简介

（1）MUX

RNC 系统复用板（MUX）位于 RNC 业务插框（RBS）。每个业务插框可配置两块 MUX 板，固定插在第 7、8 号槽位。两块 MUX 板工作于主备模式下。

MUX 由一块主板和一块光扣板组成，主要执行业务插框的操作维护功能以及 ATM 信元交换功能。MUX 通过光纤与 RNC 交换插框（RSS）的线路处理板（LPU）相连，实现 RBS 与 RSS 之间、或 RBS 与 RBS 之间的通信。

（2）SPU

RNC 信令处理板（SPU）位于 RNC 业务插框。每个业务插框可配置两块 SPU 板，插在第 10 和 11 号槽位，其中一块作为备份板。SPU 主要执行信令处理功能。

（3）FMR

RNC 帧处理板（FMR）位于 RNC 业务插框。根据业务量的大小，每个业务插框最高可配置 10 块 FMR。通常按顺序依次插在第 1、2、3、4、5、6、9、12、13、14 号槽位。FMR

主要处理层二协议。

（4）BIE

RNC 接口板（BIE）位于 RNC 业务插框。每个业务插框可配置两块 BIE 板，通常插在第 0 和 15 号槽位。BIE 板主要作为 Iub/Iur/Iu 接口板承载和处理 ATM 信元流。

（5）OSE

RNC 光接口板（OSE）位于 RNC 业务插框。每个业务插框可配置两块 OSE 板，通常插在第 0 和 15 号槽位。OSE 板主要作为 Iub/Iur/Iu 接口板承载和处理 ATM 信元流或 155Mbit/s STM-1 光接口。

（6）MPU

RNC 的交换模块主处理板（MPU）位于交换插框。交换插框可配置两块 MPU 板，固定插在第 0、1 号槽位。两块 MPU 板工作于主备模式下。MPU 主要执行交换插框的维护、管理、告警处理功能。

（7）NET

RNC 的网络交换板（NET）位于交换插框。交换插框可配置两块 NET 板，固定插在第 7、8 号槽位。两块 NET 板工作于主备模式下。NET 由一块主板和一块时钟扣板组成。NET 主要执行 ATM 信元的快速交换，并为整个系统提供高稳定的时钟信号。

（8）LPU

RNC 的线性处理板（LPU）位于交换插框。根据业务量的大小，每个交换插框最多可配置 6 块 LPU，分别插放于第 2、3、4、5、6、9 号槽位。在数据配置中，通常将不同 LPU 上编号相同的光口配置为主备光口，使两块 LPU 板逻辑上工作于主备模式。LPU 由一块主板和一块光扣板组成，为交换插框提供 ATM 光口。

通常，LPU 可配置两种类型的 STM-1 光扣板。RNC4 路 155Mbit/s ATM 多模光扣板（W4AM）：W4AM 配合多模光纤使用，用于短距离的光传输，有效传输距离达 0.5km。RNC4 路 155Mbit/s ATM 单模光扣板（W4AS）：W4AS 配合单模光纤使用，用于长距离的光传输，有效传输距离达 15km。W4AS 与 W4AM 的光接口都是收发一体的，都使用 MTRJ 光连接器。每块 W4AS/W4AM 提供 4 路全双工的 155Mbit/s 光口。根据需要，LPU 可配置1 ~4 块 W4AS/W4AM，提供 16 路全双工的 155Mbit/s 光口。

此外，在 WLPU 板上还可以配置两种类型的 STM-4 光扣板。W1TM 板（1 路 STM-4ATM 多模光扣板）：W1TM 板用于短距离光传输。W1TS 板（1 路 STM- 4ATM 单模光扣板）：W1TS 板用于长距离光传输。W1TM 和 W1TS 都使用 SC/PC 光连接器。

每块 W1TS/W1TM 提供 1 路全双工的 622Mbit/s 光口。根据需要，LPU 可配置 1 ~4 块 W1TS/W1TM，提供 4 路全双工的 622Mbit/s 光口。

（9）HPU

RNC 的高速分组处理板（HPU）位于交换插框。根据业务量的大小，每个交换插框最多可以配置 5 块 HPU，通常按顺序依次插在第 10、11、12、13、14 号槽位。HPU 主要用于处理 GTP-U 协议。

图 7-7 显示了 TD-SCDMA RNC 硬件系统的逻辑结构。图中单板的定义与作用见 TRNC810 单板简介。

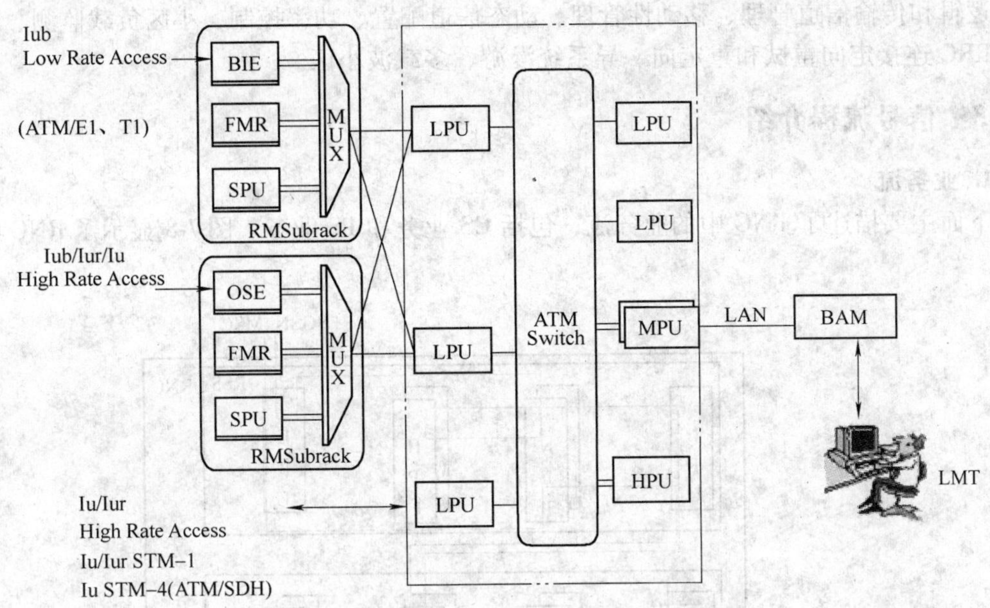

图 7-7　TD-SCDMA RNC 硬件系统的逻辑结构

7.3.2　TRNC810 系统的业务和功能

RNC 支持以下业务和功能：无线承载功能、无线业务功能、RRM 功能。

1. 无线承载功能包括以下几方面

支持各类 QoS 特性业务、支持多种业务类型、支持多种业务速率。

1）无线承载功能支持 4 种 QoS 类型：会话类、流类、交互类、背景类。

2）支持多种业务类型：RNC 无线承载业务分为电路域（CS）承载业务、分组域（PS）承载业务和组合业务。

3）支持多种业务速率：

CS 承载业务支持的业务速率包括 8 种 AMR 语音业务，包括 12. 2kbit/s，10. 2kbit/s，7. 95 kbit/s，7. 4 kbit/s，6. 7 kbit/s，4. 9kbit/s，4. 3kbit/s 和 4. 75kbit/s；5 种透传数据业务，包括 64kbit/s，56kbit/s，33. 6kbit/s，32kbit/s 和 28. 8kbit/s；非透传数据业务，包括 57. 6kbit/s，28. 8kbit/s 和 14. 4kbit/s。

PS 承载业务支持的业务速率包括：8kbit/s 的双向对称 VoIP 语音业务；双向对称或不对称的交互业务，包括 Non-HSDPA&HSDPA：8kbit/s ~2. 8Mbit/；双向对称或不对称的背景类业务，包括 Non-HSDPA&HSDPA：8kbit/s ~2. 8Mbit/s 组合业务；单用户组合业务支持的业务组合，包括 12. 2kbit/s AMR + PS 8kbit/s、12. 2kbit/s AMR + HSDPA 2. 8Mbit/s 各类混合业务。

2. TRNC810 无线业务功能

系统信息广播、寻呼、呼叫的建立和释放、NodeB 的逻辑运行与维护、安全模式控制、PDCP 功能、无线链路监测。

3. RRM 功能

逻辑和传输信道管理、移动性管理、动态信道配置、功率控制、小区负载监测、定位业务、RRC 连接定向重试和重定向、异系统漫游、多载波小区。

7.3.3 信号流程介绍

1. 业务流

下面主要描述了 RNC 中的业务流，包括 CS 业务和 PS 业务。图 7-8 显示了 RNC 中的业务流。

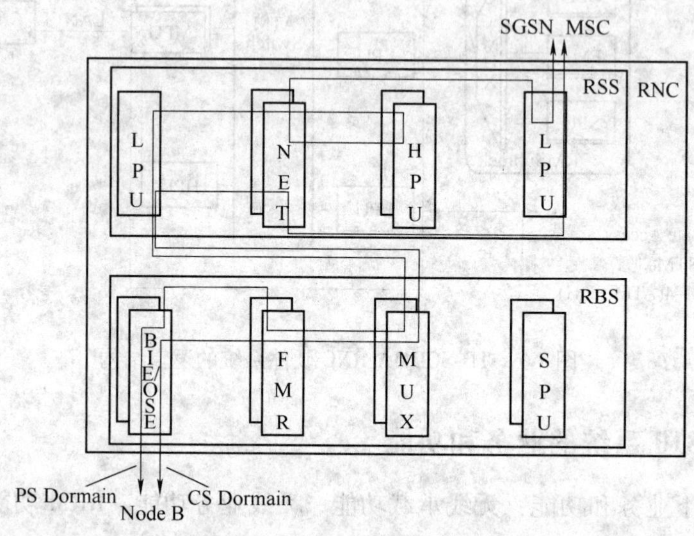

图 7-8 RNC 中的业务流

图 7-8 是一种典型的配置方案，Node B 通过 BIE/OSE 与 RNC 连接，SGSN 和 MSC 通过 LPU 与 RNC 连接。在实际应用中，SGSN、MSC 通过 LPU 与 RNC 连接。

2. 信令信号流

信令信号流包括 RRC 消息流、NBAP 消息流、RNSAP 消息流。图 7-9 显示了 RNC 中的信令信号流。

RRC 消息由 UE 发起，而后通过 NodeB 进入 RNC 中的 BIE/OSE；BIE/OSE 执行 AAL2 交换，经背板总线把 RRC 消息发给 FMR；FMR 执行层 2（L2）协议处理，包括 FP、MDC、MAC、RLC，再发给 SPU。由 RNC 发起的 RRC 消息流方向相反。消息路径为：UE↔Node B↔BIE/OSE↔FMR↔SPU。

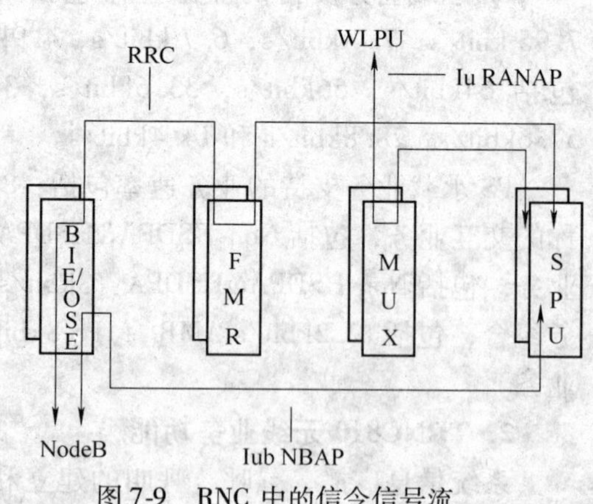

图 7-9 RNC 中的信令信号流

NBAP 消息由 Node B 发起，而后进入 RNC 中的 BIE/OSE；BIE/OSE 执行 ATM 交换，经背板总线把 NBAP 消息发给 SPU。由 RNC 发起的 NBAP 消息流方向相反。消息路径为：NodeB↔

BIE/OSE↔SPU。

RANAP 消息由 CN 发起，而后进入 RNC 中的 LPU；NET 执行交换，把 RANAP 消息发给 LPU；LPU 再发给 MUX，MUX 执行 ATM 交换，发给 SPU。由 RNC 发起的 RANAP 消息流方向相反。消息路径为：CN↔LPU↔NET↔LPU↔MUX↔SPU。

3. CS 业务信号流

图 7-10 显示了 RNC 中的电路交换（CS）业务信号流。

CS 业务信号流：CS 业务数据由 UE 发起，而后通过 NodeB 进入 RNC 中的 BIE/OSE；BIE/OSE 执行 AAL2 交换，经背板总线把 CS 业务信号流发送给 FMR；FMR 执行用户平面协议处理，包括 FP、MDC、MAC、RLC、IUUP，并发送给 MUX；MUX 执行 AAL2 交换，而后经由 RSS 发送给 MSC。

4. PS 业务信号流

图 7-11 显示了 RNC 中的分组交换（PS）业务信号流。

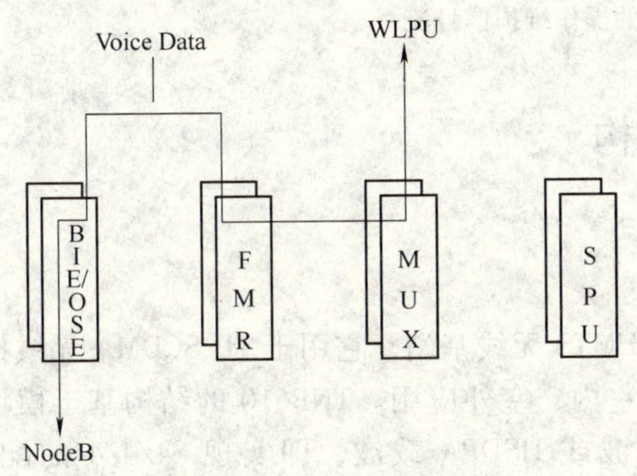

图 7-10　RNC 中的 CS 业务信号流

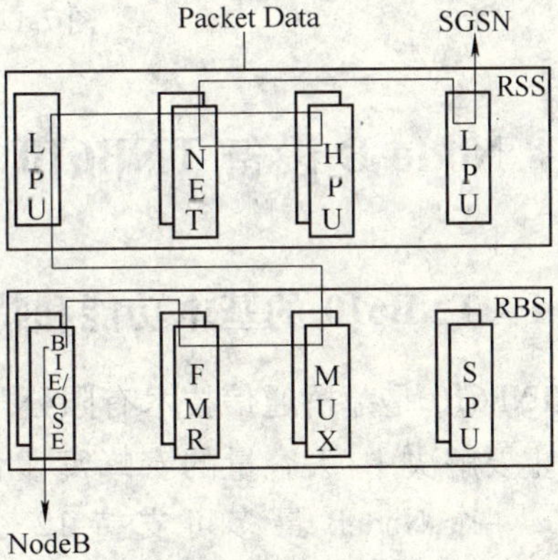

图 7-11　RNC 中的分组交换（PS）业务信号流

PS 业务信号流：PS 业务数据由 UE 发起，而后通过 NodeB 进入 RNC 中的 BIE/OSE；BIE/OSE 执行 AAL2 交换，经背板总线把 PS 业务信号流发送给 FMR；FMR 执行用户平面协议处理，包括 FP、MDC、MAC、RLC、PDCP，并发送给 HPU；HPU 执行 GTPU、UDP、IP、AAL5、ATM 处理，而后发送给 SGSN。

由 SGSN 发起的 PS 业务信号流方向相反。

消息路径为：UE↔NodeB↔BIE/OSE↔FMR↔MUX↔LPU↔NET↔HPU↔NET↔LPU↔SGSN。

5. 操作维护信号流

图 7-12 显示了 RNC 中的操作维护信号流。

由 LMT 发起的命令（如：MML）通过在 LMT 与 BAM 之间以及 BAM 与 MPU 之间的以太网传输到 MPU；经 MPU 路由转发至 MUX。传输网络层的命令将在 MUX 被终止，MUX 用内部消息进行处理（包括 板内消息）。无线网络层的命令将送往 MUX，经 MUX 路由转发至 SPU，最后通过 SPU 转到 FMR 板。

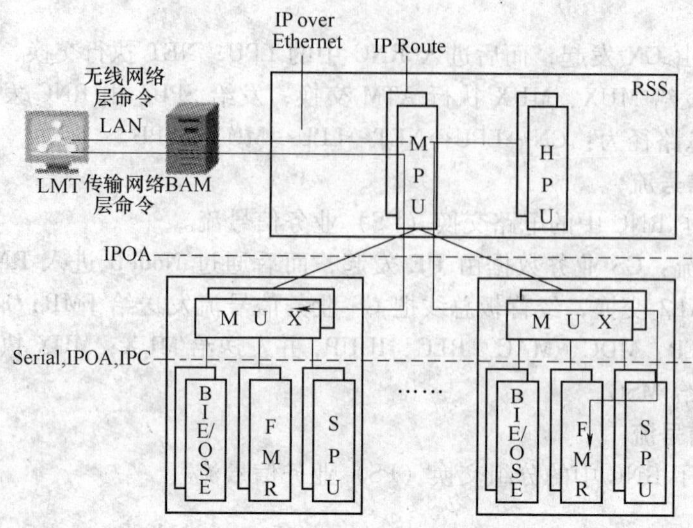

图 7-12 RNC 中的操作维护信号流

7.4 Node B 设备 TNB610 硬件结构

7.4.1 TNB610 的基本功能和特点

TNB610 是鼎桥通信技术有限公司开发的 UMTS 无线基站，它用于 TD-SCDMA 无线接入网。主要解决中/大容量的宏蜂窝覆盖，适合室内、室外应用。TNB610 的结构基于模块化设计。一个 NodeB 最多可支持 12 个普通载波或 HSDPA 载波，即实现 S4/4/4 的配置。TNB610 包括室内机架和室外天线子系统两部分。

TNB610 的主要特性包括如下内容。

1） 大容量：可支持 S4/4/4 配置。

2） 支持 N 频点载波配置。

3） 高灵敏度：接收机灵敏度为 -112dBm。

4） 支持智能天线：包括圆形智能天线和平板智能天线。

5） 支持上下行时隙转换点灵活配置。

6） 支持 8 个 E1 和 2 个 STM-1 Iub 接口，与 RNC 及其他 NodeB 连接。

7） 支持星形和链形连接。

8） 同步传输模式 -1（STM -1） 支持 VC12 和 VC4。

9） 支持 2010 ~2025MHz 的无线频段。

10） 使用 -48V 直流电源供电。

11） 支持高速下行分组接入（HSDPA） 技术。

7.4.2 Node B 610 的技术指标

Node B 610 提供的技术数据有：电气和机械规格、性能、容量、可靠性。

（1）电气和机械规格

表 7-3 给出了 TNB610 室内部分的电气和机械规格。

表 7-3　TNB610 室内部分的电气和机械规格

特　征	TNB610
小区配置（载波数量）	4/4/4
机架体积（长×宽× 高）/mm	600×450×1200
机架重量（满配置）/kg	116
散热	风扇
功耗/W（机架满配置）	最大 870
散热量/BTU/小时（机架满配置）	最大 2971
供电电压/V	DC－48V（±20%）
温度范围/摄氏度	－5～＋45
湿度	<90%

表 7-4 给出了 TNB610 室外部分的电气和机械规格。

表 7-4　TNB610 室外部分的电气和机械规格

特　征	TNB610
功放箱体积（宽×深×高度）/mm	344×444.5×505
功放重量（2 个 SWIPA＋1 个 Y-Box）/kg	32
功耗/W（满配置）	最大 630（1:5 时隙配置）
散热量/BTU/小时（满配置）	最大 1251
供电电压/V	DC－48V（±20%）
温度范围/℃	－45～＋55
湿度（%）	<100%

（2）性能

TNB610 的典型性能值如下，总体特性见表 7-5。

表 7-5　TNB610 的总体特性

总 体 特 性	参　数
无线接入技术	TD-SCDMA
工作频段/MHz	2010～2025
码片速率/Mcps	1.28
载频间隔/MHz	1.6
频率间隔/kHz	200
双工方式	TDD
数据调制方式	QPSK
帧长/ms	10
子帧长/ms	5
TX-RX 频率分隔	不需要
EMC 指标	满足 EN55022 B 类要求

发射机特性见表 7-6。

表 7-6　TNB610 的发射机特性

发射机特性	参　数
最大输出功率	31dBm

接收机特性见表 7-7。

表 7-7　TNB610 的接收机特性

接收机特性	参　数
动态范围	>70dB
灵敏度（12.2kbit/s 话音通路，1 个接收路径，典型值）	-112dBm
阻塞特性（与 GSM 900/1800 共址）	
921 ~ 960MHz	+16dBm
1805 ~ 1880MHz	+16dBm
阻塞特性	
1880 ~ 1920MHz	+16dBm
2010 ~ 2025MHz	-40dBm

（3）可靠性

TNB610 的可靠性取决于其具体配置。环境温度为 25℃时，TNB610 的平均故障间隔时间（MTBF）以 NodeB 系统质量恶化为衡量标准。超过 50% 的扇区故障或超过 50% 的容量不可用时即可判定为系统质量恶化。TNB610 室内基站的预测 MTBF 至少应达到 20 万 h 以上，室内基站系统中断服务时间应小于 3min/年（MTTR 假设为 1h）；室外基站的预测 MTBF 至少应达到 10 万 h 以上，室外基站系统中断服务时间应小于 5min/年。

7.4.3　TNB610 的硬件结构

TNB610 作为宏蜂窝基站，结构紧凑而且易于扩容。

TNB610 包括两个独立的部分，机架和智能天线子系统。TNB610 支持圆形智能天线和覆盖 3 扇区的平板智能天线。

图 7-13 为 TNB610 机架的前视图，机架中的模块包括：核心控制板（CCB）连同 STM-1

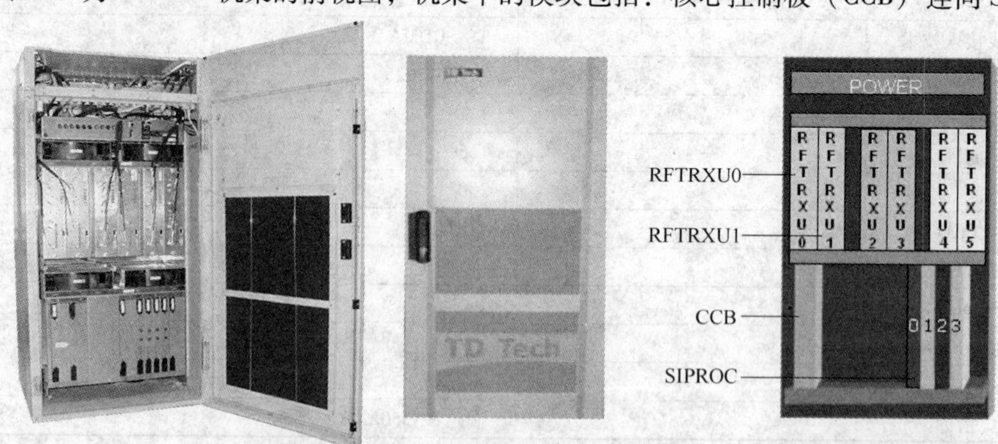

图 7-13　TNB610 机架的前视图

线连接、最多6个信号处理单元（SIPROC）、最多6个射频收发单元（RFTRXU）、全球定位系统（GPS）接收机模块、风扇、告警收集终端（ACT）、提供控制器区域网络（CAN）接口的防雷保护并给转换功率放大器（SWIPA）提供直流电的防雷保护（LIPO）模块、同轴连接的防雷保护模块（PROMO）— PROMO包括校准网络和两个RFTRXU之间的功率分配器、过电压保护单元（OVPT）/IUBCON过电压保护和E1、用于-48V直流连接的主供电单元（MSU）、用于直流配电的DC面板。

对TNB610来说，1个SIPROC最多可以支持3个普通载波，因此要实现S4/4/4的配置共需要4个SIPROC。当支持HSDPA载波时，1个SIPROC可支持两个载波，因此要实现S4/4/4的配置共需要6个SIPROC。

NodeB室外部分包括智能天线子系统和GPS天线。TNB610可以采用两种智能天线子系统，包括圆形智能天线子系统和平板智能天线子系统。

圆形智能天线子系统包括：两套SWIPA和滤波器。包括SWIPA、SWIPA和滤波器上防日晒的保护盖、支架（SWIPA、滤波器和保护盖都安装在此支架上）；1个Y-box；圆形智能天线（8个天线单元和1个校准网络）。

满配情况下平板智能天线子系统包括：6套SWIPA和滤波器。包括：SWIPA、SWIPA和滤波器上防日晒的 保护盖、支架（SWIPA、滤波器和保护盖都安装在此支架上）；3个Y-box；3个平板智能天线（平板天线有8单元和4单元两种类型）。

图7-14显示了平板智能天线子系统。

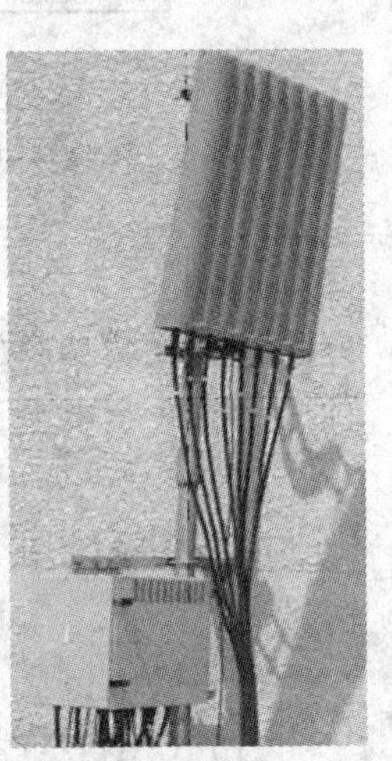

图7-14　平板智能天线子系统

1. 整体硬件架构

图7-15给出了TNB610的硬件架构，各功能模块描述如下。图中单板的定义与作用见TNB610硬件模块介绍。

主要硬件模块包括：

（1）CCB

CCB是TNB610的核心处理器，用来监控NodeB软件下载、终端及所有内部告警。除了O&M（操作维护）功能，CCB还能处理RNC（Iub）与载波单元的信号流程。NodeB通过Iub接口连接到RNC。

CCB支持8个E1和2个STM-1（使用STM-1子板）接口。

系统将支持遵循ITU-TG.707的STM-1，它能将异步传输模式（ATM）映射到VC4和VC12。

CCB采用TCP/IP提供到本地管理终端的接口。

（2）SIPROC

SIPROC用来实现上下行链路的信号处理。TNB610中，信号处理单元部分最多由6个SIPROC模块组成，其中每个SIPROC最多可以处理3个普通载波或2个HSDPA载波。

（3）RFTRXU

RFTRXU负责RF信号和数字IQ数据之间收发双方向的信号处理。在1个扇区，2个RFTRXU模块负责处理1个天线子系统对应的8个天线单元以及校准网络的信号。

RFTRXU支持的频率范围是2010～2025MHz。

（4）SWIPA

SWIPA位于RFTRXU和智能天线阵之间，由上行方向的低噪声放大器（LNA）和下行

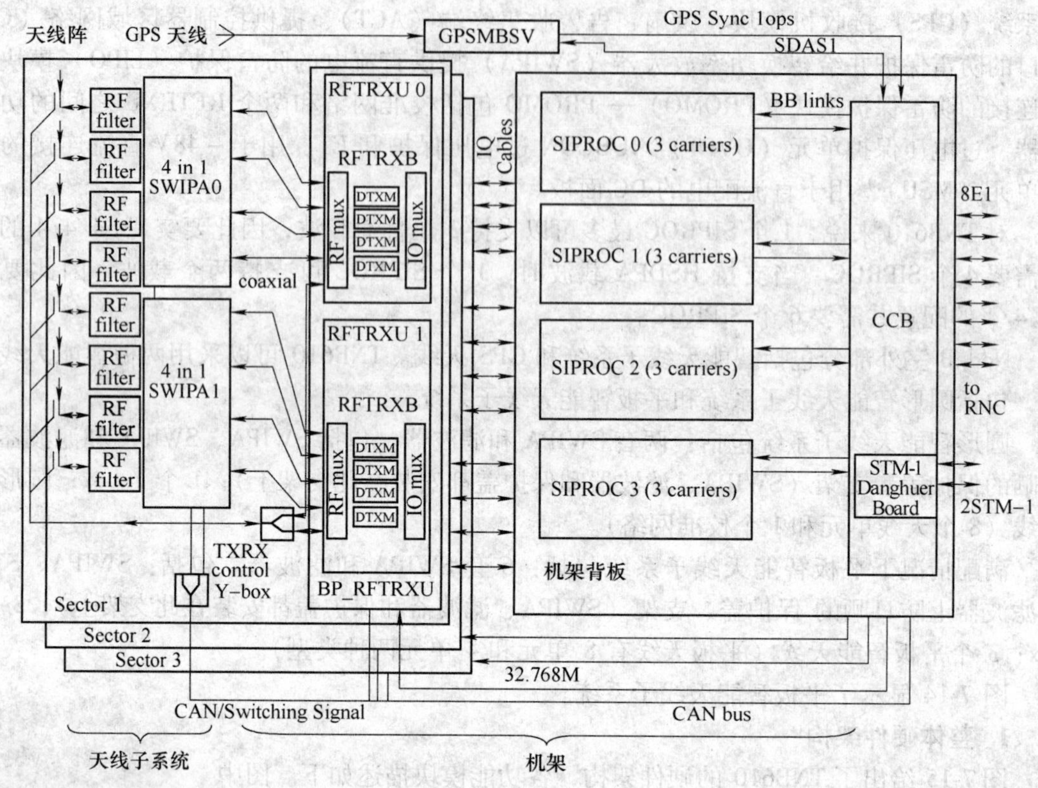

图 7-15　TNB610 的硬件结构

方向的多载波功率放大器（MCPA）组成。它为天线提供所需的射频功率并且将收到的信号预放大到一定电平，以满足 RFTRXU 进一步处理的要求。

（5）GPS

GPS 子系统用于提供将 NodeB 与来自全球定位系统（GPS）卫星的时间信息取得同步的信号。

相关接口包括：

（1）CAN

控制器区域网络（CAN）负责传输非实时数据。其功能是处理告警信息，控制数据和硬件管理对象（HMO）的产品识别数据（PID），并为没有 O&M 总线接口（到核心处理器）的模块提供功能管理对象（FMO）信息。就总线故障管理和故障限制而言，故障容忍 CAN 总线和它的 CAN 协议遵循 ISO11898 标准，在 NodeB 中用做串行告警和命令总线。

（2）BB-Link

每个 SIPROC 和 CCB 之间连接有一个 BB-Link（基带连接）。BB-Link 传送业务数据（CPS 包）、O&M 消息（NRT 包）和 SYNC 信号（主 SYNC/主计数器/时延信息）。

（3）IQ-Link

IQ-Link 用来在 SIPROC 与 RFTRXU 之间交换基带数据。IQ-Link 接口包括两条独立的物理连接：实时命令（RTC）连接和高速串行连接总线（MGT）连接；它们负责传输实时控制命令和实时业务数据。

2. 天线子系统结构

室外智能天线系统的结构包括下列两个部分。

1）天线阵（AA）：圆形天线子系统包括 1 个圆形智能天线，平板天线子系统包括 3 个平板智能天线（满配情况）。对于天线的选择可根据客户的实际需求进行配置。

2）天线功放箱（ASB）：1 个扇区需要配置 1 个 ASB；每个 ASB 包括 2 个 SWIPA、8 个带通滤波器（BPF）和 1 个 Y-box。

AA 单元、ASB 单元和机架由下列线缆连接：

1）8 根低损耗同轴电缆连接每个 Shelter Box 与天线阵。

2）8 根同轴电缆连接每个 Shelter Box 和机架（I. L. <12dB）。

3）1 根控制电缆连接 Shelter Box 与机架，进行供电、CAN 总线控制和接收/发送（RX/TX）转换信号（DC 电源电缆电阻应小于 0. 723Ω）。

4）1 根同轴电缆（对于圆形智能天线子系统）或 3 根同轴电缆（对于平板天线子系统）连接天线阵和机架，用来校准（I. L. <12dB）。

3. 机架和子框配置

这部分描述了 TNB610 Node B 的机架和子框配置。

（1）机架配置：TNB610 最多可支持 12 个载波，配置图如图 7-16 所示。图中单板的定义与作用见 TNB610 硬件模块介绍。

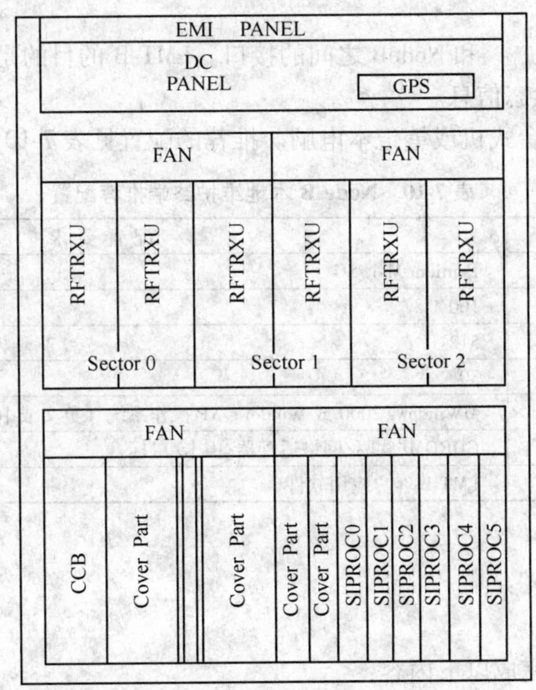

图 7-16　TNB610 Node B 机架配置

（2）子框配置。表 7-8 给出了圆形天线单载波的基本配置。

表 7-8　圆形天线单载波的基本配置

模 块 名	描　述	模块配置数量
CCB	核心控制板	1
RFTRXU	射频收发单元	2
SIPROC	信号处理单元	1
SWIPA	转换功率放大器	2
Antenna	圆形天线	1
Shelter Box（with Y-box）	功放箱（包含 Y-box）	1

表 7-9 给出了平板天线 4/4/4 的机架满配置。

表 7-9　平板天线 4/4/4 机架满配置

模 块 名	描　述	模块配置数量
CCB	核心控制板	1
RFTRXU	射频收发单元	6
SIPROC	信号处理单元	4，6（HSDPA）
SWIPA	转换功率放大器	6
Antenna	平板天线	3
Shelter Box（with Y-box）	功放箱（包含 Y-box）	3

7.4.4　Node B 本地维护终端

连到 Node B 的本地维护终端（LMT）称为 LMT-B。LMT-B 通过以太网 LAN 物理连接到 Node B。

LMT 是操作者（用户）和 NodeB 之间的接口。LMT-B 的目的是方便地实现运行和维护，并提供 Node B 的所有状态信息。

LMT-B 运行可使用台式机或笔记本电脑。推荐的配置见表 7-10。

表 7-10　Node B 本地维护终端推荐配置

名　称	配 置 要 求
CPU	Pentium-M-1.5G
以太网端口/（Mbit/s）	100
内存/MB	512
硬盘/GB	30
操作系统	MWindows 2000 或 Windows XP 操作系统（英文或中文版均可）
外设	CDROM/软驱/网络适配器/声卡/鼠标
应用软件	LMT-B 客户应用软件

7.5　任务实施

任务实施需要学生完成以下内容：

1）描述基站的建设方法和要求。

2）说明 RNC 机柜的内部组成，模块配置。

3）描述 RNC 设备单板结构与功能。

4）描述 NodeB 机柜的内部组成、模块配置、单板结构。

7.6 成果验收

7.6.1 验收方式

项目完成过程中应提交以下报告。

（1）工作计划书

1）计划书内容全面、如实，应包括项目名称、项目目标、小组负责人、小组成员及分工、子任务名称、项目开始及结束时间、项目持续时间等。

2）计划书中附有项目进度表，项目验收标准。

（2）项目工作记录单

1）RNC 设备单板结构与功能。

2）RNC 机柜的内部组成、模块配置。

3）NodeB 机柜的内部组成、模块配置、单板结构。

（3）项目总结报告

1）报告内容全面、条理清晰，包括项目名称、目标、负责人、小组成员及分工、用户需求分析、安装调试过程、测试记录等。

2）能够对项目完成情况进行评价。

3）根据项目完成过程提出问题及找出解决的方法。

7.6.2 验收标准

验收标准如表 7-11 所示。

表 7-11 验收标准

验收内容		分值	自我评价	小组评价	教师评价
工作计划		5			
项目工作记录单	RNC 机柜的内部组成、模块配置	20			
	RNC 设备单板结构与功能	20			
	NodeB 机柜的内部组成、模块配置、单板结构	20			
安全文明生产	安全、文明的操作	4			
	有无违纪和违规现象	3			
	良好的职业操守	3			
学习态度	不迟到，不缺课，不早退	4			
	学习认真，责任心强	3			
	积极参与完成项目	3			
项目总结报告	对项目完成情况进行评价	10			
	提出问题及找出解决的方法	5			
自我，小组，教师评价分别总计得分					
总分					

7.7 思考与练习

1. RNC 的机架中包含哪些主要单板？各单板的功能是什么？

2. 结合设备画出 TRNC810 RNC 的最小配置图。分别说明 RNC 交换子架（RSS）和 RNC 业务子架（RBS）的组成及各组成部分的功能。

3. 画出 TRNC810 的硬件架构，与实际设备结合，说明各功能模块的功能。

4. 简述 TNB610 基站包括哪两个子系统？TNB610 基站的主要特性包括哪些？

5. TNB610 基站室内机架包含哪些模块？各模块功能及组成是什么？

6. TNB610 基站室外部分包含哪些系统？各系统功能及结构是什么？

项目8　鼎桥 TD-SCDMA 基站设备开通配置

【背景】

鼎桥 TD-SCDMA 基站设备开通配置在 LMT（Local Maintenance Terminal）提供的 MML（Man Machine Language）命令输入工具中完成。RNC 设备的数据配置主要包括数据协商、全局参数配置、接口数据配置、小区数据配置、到 NodeB 的透明维护通道配置和小区参数默认配置。其中，数据协商是 RNC 和 NodeB，MSC，SGSN 和其他 RNC 之间的数据协商；全局参数配置介绍 RNC 系统中面向 RNC 的系统参数配置过程；接口数据配置介绍 RNC 系统地面接口（包括 Iub、Iu-CS，Iu-PS 和 Iur 接口）的传输网络层数据配置过程；小区数据配置介绍 RNC 系统建立小区的配置过程。

【目标】

1）能够独立安装 LMT-R 软件系统，掌握 LMT-R 系统操作。

2）能读懂 MML 命令语言，会使用 LMT-R 帮助系统，能够装载脚本文件，能够导出 RNC 运行日志，能够备份数据。

3）能按照业务需求配置全局参数和接口参数，够配置小区数据，开通 TRNC810。

8.1　情境引入

鼎桥 TD-SCDMA 基站设备开通配置项目中，我们通过鼎桥 TD-SCDMA 系统基站设备来学习 RNC 设备开通配置的过程。本项目需要使用 TD-SCDMA 系统 RNC 设备 TRNC810 和 NodeB 设备 NodeB610，使用鼎桥操作维护终端 LMT-R 软件系统，掌握 MML 命令语言，使用 LMT-R 帮助系统，装载脚本文件，导出 RNC 运行日志，备份数据，并使用 MML 命令语言完成系统开通配置。

通过本项目的完成，使学生能初步掌握鼎桥 TD-SCDMA 基站设备的数据配置和开通等过程。

8.2　任务分析

8.2.1　任务实施条件

1）鼎桥 TD-SCDMA 系统 RNC 设备 TRNC810。

2）鼎桥 TD-SCDMA 系统 NodeB 设备 NodeB610。

3）BAM，维护终端计算机。

8.2.2　任务实施步骤

1）制订工作计划。

2）安装 LMT-R 软件系统，描述 LMT-R 系统操作。

3）读懂 MML 命令语言，使用 LMT-R 帮助系统。

4）装载脚本文件，导出 RNC 运行日志，备份数据。

5）描述并通过命令查看 TRNC810 的数据协商过程。

6）按照业务需求配置全局参数和接口参数。

7）配置小区数据，开通 TRNC810。

8）进行项目完成情况的评价，撰写项目总结报告。

8.3 LMT-R 系统概述

RAN 系统操作管理维护包含以下软件：LMT-B（Node-B 本地管理终端）、LMT-R（RNC 本地管理终端）、OMC-R（RAN 运行和维护中心）。

RNC 本地维护终端系统又称为 LMT-R 系统，是用于对 RNC 进行本地操作维护的软件。LMT-R 采用图形界面，内嵌智能 MML 客户端。提供对 RNC 设备的安全管理、配置管理、维护管理、测试管理、故障管理、日志管理。

8.3.1 LMT-R 系统主要功能

1. MML 命令

支持灵活的批处理模式和命令行模式执行人机交互。

1）批处理模式下，用户可以立即或者指定时间执行命令脚本，立即执行模式下可以选择人工干预的方式对错误的命令进行编辑。

2）命令行模式下，用户无需了解命令的语法格式，只需通过在图形界面选择对象/操作并输入相应参数来执行一条命令。

2. 安全管理

系统默认用户为“admin”，系统通过口令和终端锁定保证系统的安全性。

1）用户口令设置：用户口令可以保证系统的安全和维护的灵活性。

2）用户信息保护：当用户长时间未操作时，系统能够自动锁定操作维护台界面；用户也可通过菜单自己锁定界面，通过用户登录密码解锁。

3. 配置管理

LMT-R 提供以下配置管理功能：

1）通过命令切换在线和离线配置方式。

2）支持 BAM 配置数据自动备份和人工备份，提供工具实现数据库备份和恢复功能。

3）配置数据的一致性、完整性检查。

4）配置数据的查询和修改。

4. 维护管理

LMT-R 提供以下维护管理功能。

1）对 RNC 进行各种级别的复位，包括系统复位、机框复位、单板复位、单板子系统复位。

2）闭塞单板控制单板进入“退出服务状态”，便于故障定位。

3）单板状态查询。

4）单板自检和单板诊断测试。

5）单板子系统中 CPU 和内存占用率查询。

6）强制倒换主备单板。

7）无线对象状态查询：可以查询小区、信道、NCP、CCP 的状态。

8）物理链接的维护：支持状态查询和物理链接的环回测试。

9）逻辑链接的维护：SS7 信令链接状态查询，激活或去激活；SAAL 链接状态查询；AAL2 业务信道状态查询，闭塞、解闭，复位；IMA 组、UNI 链接和 IMA 链接状态查询。

10）环回测试功能：关键链路支持 ATM OAM（F4/F5）功能。

11）SS7 信令点维护：包括 OPC、DPC 和 SSN 的状态查询，以及对端信令点的禁止/解禁等。

5. 故障管理

1）告警呈现方式：实时浏览告警信息、浏览详细告警信息、查询告警详细信息、自定义告警的显示颜色、实时打印告警报告。

2）告警处理方式：

告警删除包括历史告警删除和故障告警删除。删除后的告警不会显示在活动告警列表中，系统也支持手工强制清除。

告警屏蔽是系统丢弃被操作员屏蔽了的告警，对于这些告警，系统不做处理。

告警过滤是通过设定告警的属性值（如告警 ID、告警级别）对告警进行过滤，以实现订阅告警的功能。

6. 跟踪管理

通过跟踪接口和信令链路上的消息或者其他消息，可以检查数据配置，排除故障。例如，在设备参数配置好以后，可以通过跟踪消息来检查信令链路是否正常。如果有异常，可以初步定位故障。

7. 其他功能

1）日志功能：操作日志功能可以记录用户的操作命令并将其存储在操作日志中。用户可以浏览和过滤操作日志。

2）在线补丁：在线补丁功能包括删除、确认、激活/去激活、查询补丁状态和版本信息。

8.3.2 LMT-R 运行环境

作为 RNC 操作维护系统的一部分，LMT-R 采用客户端/服务器模式与 BAM 通过局域网（或者广域网）进行通信。维护人员可以在 LMT-R 上实现对设备的操作和维护。图 8-1 显示了 RNC 操作维护系统结构。

RNC 操作维护系统结构其中包含了：

1）FAM（Foreground Administration Module）包括了 RSS 和 RBS，是 RNC 的主机部分。

2）BAM（Back Administration Module）BAM 是 RNC 操作维护系统的控制核心，作为 LMT-R 的服务端。

3）LMT（Local Maintenance Terminal）是操作维护物理实体，通常是 PC 机，可以通过

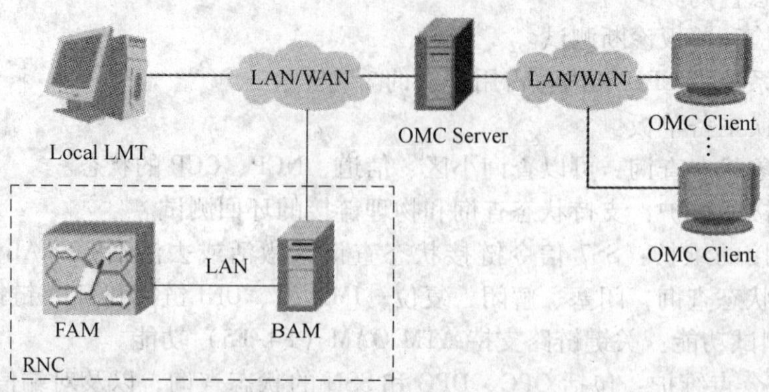

图 8-1　RNC 操作维护系统结构

Intranet 和 Internet 连接 BAM。

4）OMC（Operation and Maintenance Center）Server 是针对 TD-SCDMARAN 系统的集中操作维护系统的服务端，可以通过 Intranet 和 Internet 连接 BAM。

5）OMC Client：是针对 TD-SCDMA RAN 系统的集中操作维护系统的客户端，可以通过 Intranet 和 Internet 连接 OMC Server。

LMT-R 可以安装于 LMT/OMC Client 上通过局域网（或者广域网）与 BAM 进行通信。

8.3.3　LMT-R 图形界面

根据不同的业务需求，LMT-R 提供了以下几类图形界面：操作维护系统、告警管理系统、测试管理系统、TraceViewer 工具、FTP 客户端工具设备面板。LMT-R 启动菜单如图 8-2 所示。

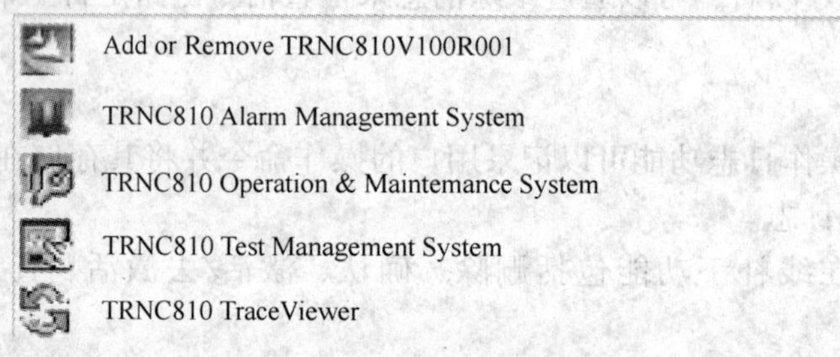

图 8-2　LMT-R 启动菜单

1. 操作维护系统

RNC 操作维护系统使用图形化界面提供以下功能：设备维护、消息跟踪查看实时监控、执行 MML（人机语言）命令、操作日志管理。操作维护系统界面如图 8-3 所示。

2. 测试管理系统

测试管理系统用于测试系统功能和特性。

3. TraceViewer（跟踪查看系统功能）

TraceViewer 用于离线查看跟踪消息。在不与 BAM 连接的状态下，TraceViewer 也可以继续工作。可以直接查看保存在 LMT-R 上的跟踪消息文件。

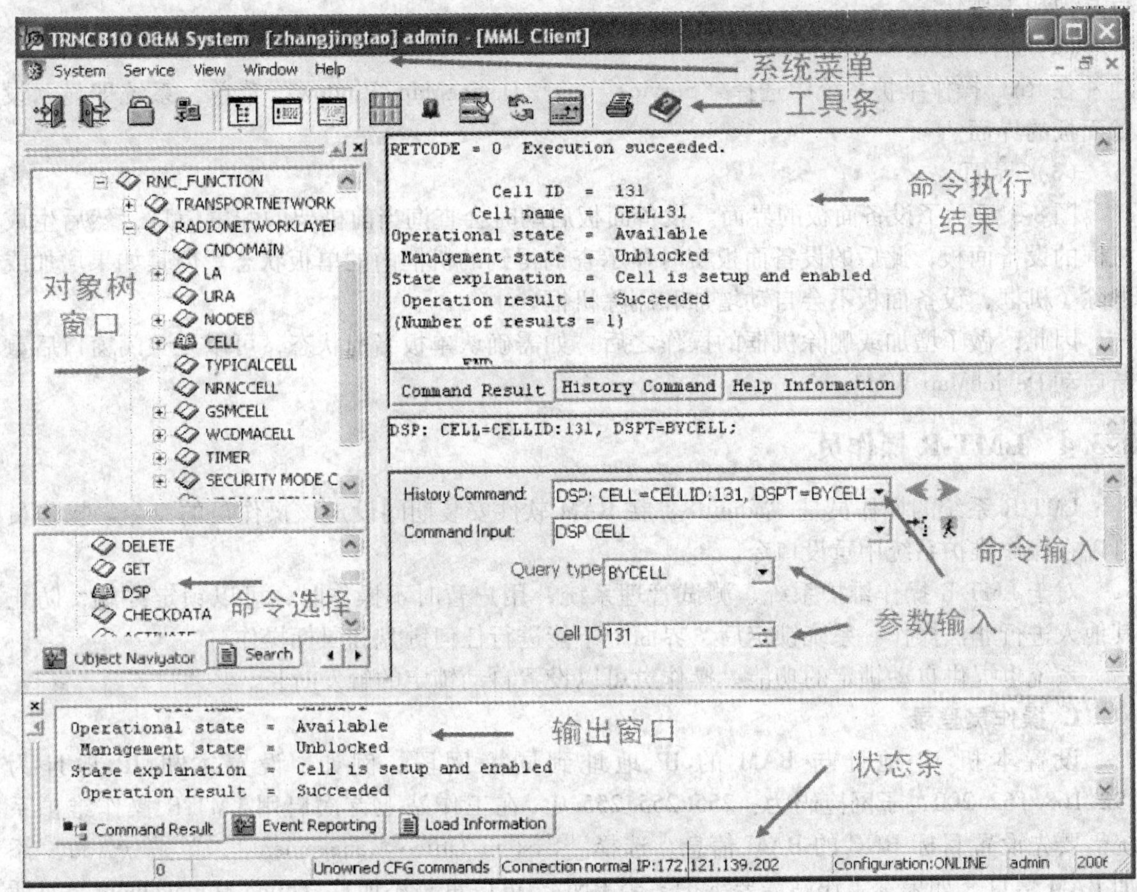

图 8-3　LMT-R 操作界面

4. 告警管理系统

告警管理系统用于处理和查询所有类型的系统警告。

5. FTP 客户端

功能：FTP 客户端用文件传输送协议（FTP）与 BAM 进行通信。

FTP 客户端提供以下功能：与 FTP 服务器建立连接、与 FTP 服务器断开连接、与 FTP 服务器重新建立连接、上传文件至 FTP 服务器、从 FTP 服务器下载文件至本地、设定文件传输模式、浏览本地目录结构、浏览 FTP 服务器目录结构、删除本地文件、删除 FTP 服务器文件。

启动方式：可以用以下 3 种方法中的一种来启动 FTP Client。

1）单击操作维护系统的工具栏图标来启动 FTP 客户端。

2）在 LMT-R 安装目录下“Bin”文件夹下双击“FTPClient. exe”。

3）在 RNC 操作维护系统中选择“Service”→“FTP Client”菜单。

6. 设备面板

（1）功能

RNC 提供多种设备维护模式。除了 MML 命令外，在 RNC 操作维护系统中还提供图形化设备面板。当配置了插框时，可以通过设备面板单板指示灯的颜色察看单板的状态以及进行其他相关操作。

（2）启动方式

在 RNC 操作维护系统中选择“Service”→“DeviceMap Window”菜单，系统即显示设备面板的界面。

（3）界面

图 8-3 显示了设备面板的界面。设备面板启动时会查询当前机架的配置信息，然后生成机框的设备面板，此后的设备面板实时显示查询得到的机框内的单板状态。但是如果增加或删除了机框，设备面板不会自动增加和删除机框。

因此，做了增加或删除机框的操作之后，如需确认单板当前状态，可以先关闭窗口后重新启动 DeviceMap Window。

8.3.4 LMT-R 操作员

LMT-R 系统的操作员是“admin”，在 BAM 软件安装期间设定该操作员的口令。操作员可以在操作维护系统中重设口令。

对于 LMT-R 操作维护系统、测试管理系统，用户暂时不操作时，可以锁定终端，防止其他人进行非法操作。系统锁定后，界面上不能进行任何键盘和鼠标操作。

系统也提供自动锁定的功能。操作员可以设置自动锁定的触发时长。

1. 操作员登录

设置本机 IP 地址与 BAM 的 IP 地址到同一网段。例如，设置本机 IP 地址为 192.168.162.200，子网掩码为：255.255.255.0。在工作站上首次启用 LMT-R 操作维护系统需要先设置目标 RNC 的 BAM 信息，选择［System/Office Management］，单击〈Add〉添加 BAM 信息，如果本工作站需要维护多个 RNC，可以重复添加。“Office Management”对话框如图 8-4 所示，本机 BAM 的 IP 地址设置为 192.168.162.230。

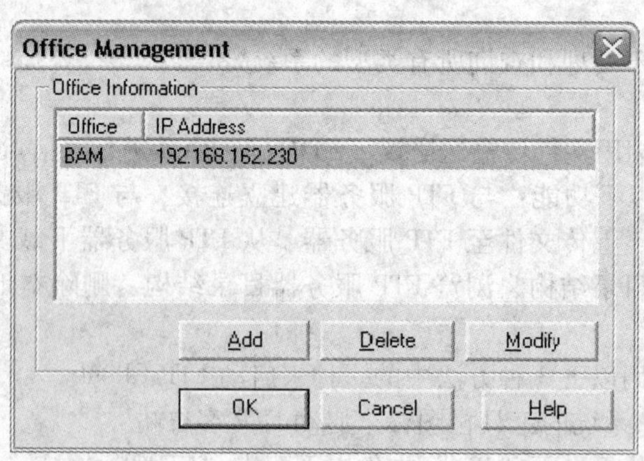

图 8-4 “Office Management”对话框

2. 重设口令

重设口令的操作步骤如下：

1）在 LMT-R 操作维护系统中选择“System”→“Change Password”。

2）在跳出的对话框中输入旧密码和新密码，单击〈OK〉按钮确认。

3）手动锁定终端。

有3种方式手动锁定终端：单击、按下〈F12〉键、选择“System”→“Lock System…”。如果想要解锁终端，在“Please Input Your Password”对话框中输入操作员密码。

4）设定终端自动锁定时间。

选择“System”→“System Configuration”，在弹出的“System Configuration”对话框中输入锁定时间，单击〈OK〉按钮。

8.3.5 LMT-R 帮助系统

LMT-R 系统为以下子系统提供帮助，如表8-1所示。

表8-1 LMT-R 帮助系统

帮助名称	描述	启动方式
操作维护系统帮助	提供界面信息、各种操作维护功能的使用、单板信息	在操作维护系统的界面中，按〈F1〉键，或选择“Help”→“Help Topics”
告警管理系统帮助	提供界面信息、各种告警管理功能的用法、对未修改告警的详细描述、相应的处理建议	在告警管理系统的界面中，按〈F1〉键，或选择“Help”→“Help Topics”
测试管理系统帮助	提供界面信息、各种测试管理功能的用法	在测试管理系统的界面中，按〈F1〉键，或选择“Help”→“Help Topics”
MML 命令帮助	为每条 MML 命令提供功能、注意点、参数和举例	在操作维护系统的 MML 命令界面中，输入一条 MML 命令并按〈Enter〉键后，从“Help Information”查询
FTP 客户端	提供 FTP 功能的用法	在 FTP 客户端的界面中，按〈F1〉键，或选择“Help”→“Help Topics”

8.4 MML 命令操作

1. MML 命令介绍

用户可以通过界面方式或者脚本方式执行 MML 命令。

1）MML 命令的语法格式。

MML 命令的语法格式如下：

Action：NAME = ID：N，Attribute = value，[attribute = value]；

例如，CREATE：RBSRBS = SRN：3，SRNAME = "Subrack3"，WLPUSN = 2，WLPUPN = 2，WXIET = WBIE；

2）MML 命令对象树介绍。

系统通过对象的方式管理各类物理和逻辑资源。通过对象间的关系将各类对象分层组织成对象树。图8-5显示了展开到第三级的对象树。

根节点 Object Navigation 下面的一级节点 RNC 代表 RNC 整个系统的物理和逻辑资源。

节点 RNC 下的两个二级节点：

RNC_EQUIPMENT：代表 RNC 主机的物理资源。包括 RBS 业务插框和 RSS 交换插框以及其下各类单板和端口，例如，MPU 板、HPU 子系统。

RNC_FUNCTION：代表 RNC 的逻辑资源和 BAM。包括传输网络层、无线网络层和其他各类逻辑资源，例如 AAL2 通道、小区、载频。

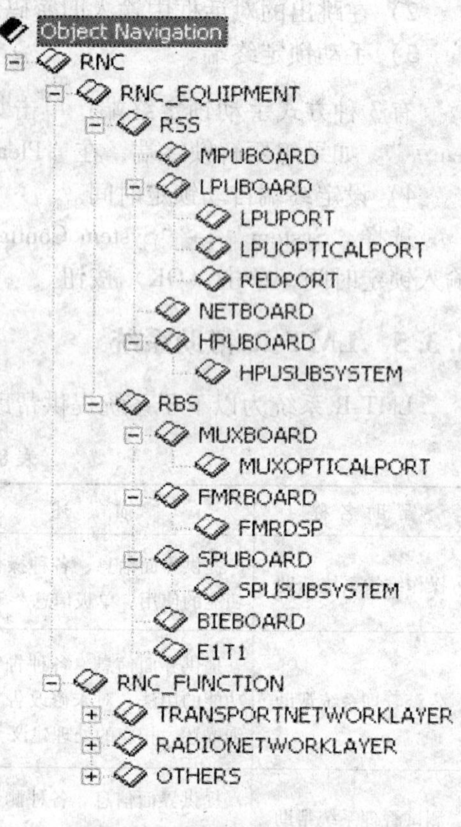

图 8-5 ORNC 设备（RNC_EQUIPMENT）相关树

2. 通过界面方式执行命令

（1）任务描述

用户无需熟悉所有命令以及命令语法格式就可以通过界面方式轻松地执行单条命令。

例如，如果用户想查看 RNC 设备交换框 LPU 板的状态信息，只需在操作维护系统对象导航树中选择“RNC_EQUIPMENT”→“RSS/LPUBOARD”，在出现的动作导航树中选择“DSP”（Display 查看），在参数输入区域输入 LPU 的槽位号即可执行命令查看结果。

（2）操作步骤

在“Object Navigation”中双击相应的对象项，在其区域下的动作导航树中即出现对象适用的动作。关于“Object Navigation”的详细信息。

双击相应的动作项，“Command Input”下拉框中出现命令关键字，系统在参数输入区域显示该命令的参数字段。

参考“Help Information”窗口中的帮助信息设定参数取值。输入命令后按〈F1〉键可以显示命令的相关帮助信息。

单击按钮或者按〈F9〉键执行该命令。

在“Command Result”窗口中查看执行结果。具体操作见图 8-6 鼎桥“TRNC810 O&M System”窗口。

3. 制作命令脚本

（1）概述

可以将若干完整的命令按照一定的顺序组成一个 txt 文本文件（命令脚本）。用户可以通过命令脚本以批处理方式执行 MML 命令。

制作命令脚本的方法有两种。

1）GUI 方式：用户可以录制一系列执行的 MML 命令并将其保存在指定的脚本文件中。

2）文本编辑方式：熟悉命令语法的用户可以使用文本编辑器编辑命令脚本。

（2）GUI 方式

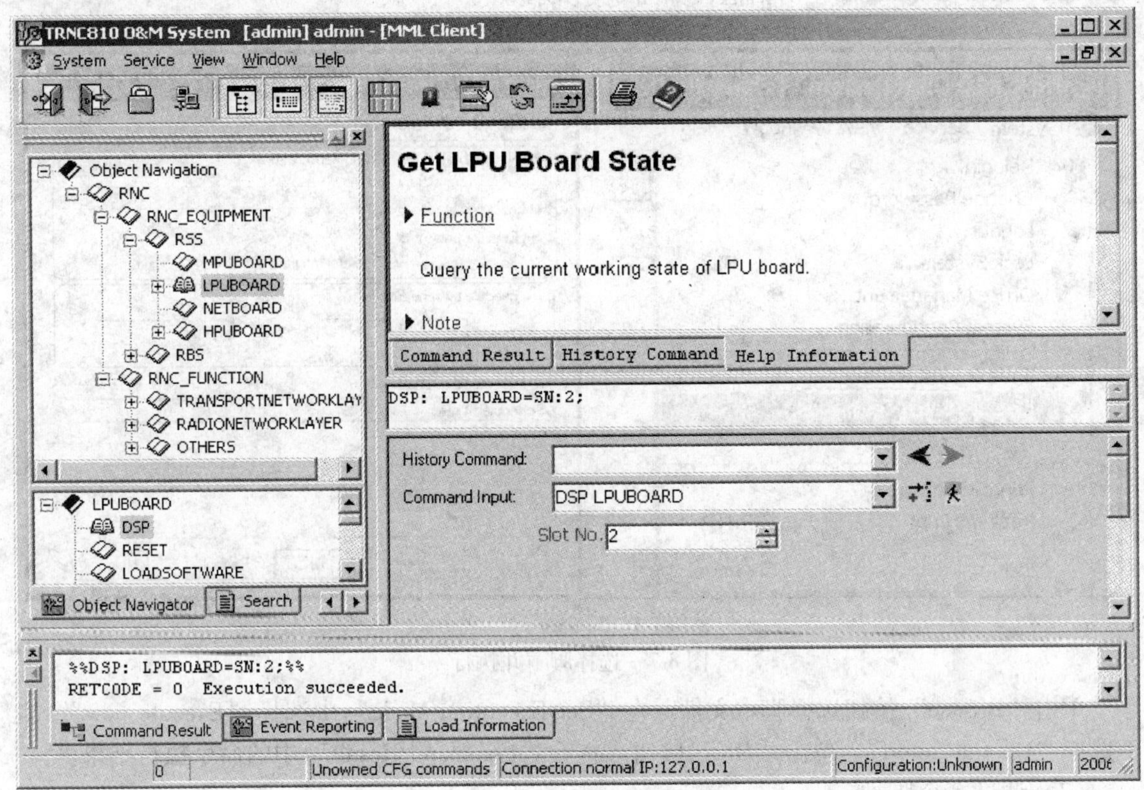

图 8-6 “TRNC810 O&M System” 窗口

选择“System”→“Save Input Commands…”菜单，系统显示“Save InputCommand”对话框。

在对话框中指定脚本文件名和保存路径。

单击“Save”按钮，系统开始顺序录制 MML 命令并将其保存在指定的脚本文件中。

要停止录制 MML 命令，选择“System”→“Stop Saving Commands”。

(3) 文本编辑方式

用户可以使用文本编辑器，如 NotePad 来创建和编辑脚本文件。MML 命令脚本文件是由若干命令按照其执行顺序组成的扩展名为 txt 的文本文件，每条命令占用独立的一行。

4. 执行命令脚本

(1) 概述

用户可以通过 3 种方式执行命令脚本。

1) 立即执行命令脚本：在确保命令脚本正确无误时，可以选择这种方式立即执行脚本。

2) 调试命令脚本：可以选择这种方式编辑并调试脚本。

3) 定时执行命令脚本：在确保命令脚本正确无误时，可以选择这种方式在指定时间执行脚本。

(2) 立即执行命令脚本

选择“System”→“Execute Batch Commands…”或者按〈Ctrl + R〉键。系统显示

“Execute Batch Commands” 对话框，如图 8-7 所示。

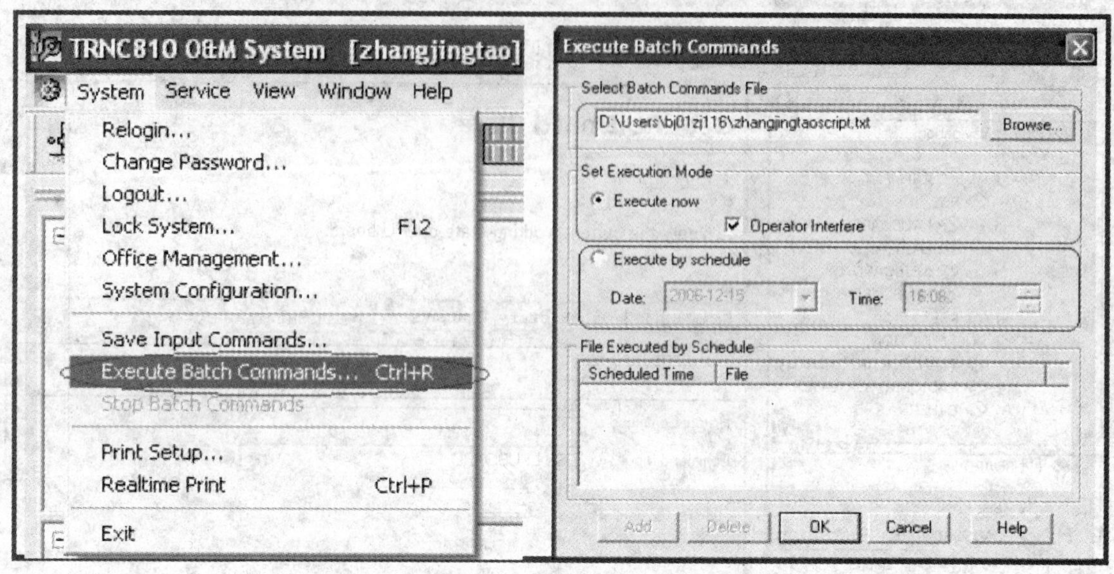

图 8-7　选择脚本并执行

单击“Browse”按钮选择脚本文件。在“Set Execution Mode”中选择“Execute now”，且不选择“OperatorInterf”。单击“OK”按钮。查看“Command Result”中的命令执行结果。

（3）调试命令脚本

选择“System”→“Execute Batch Commands…”或者按〈Ctrl + R〉键。系统显示“Execute Batch Commands”对话框。单击“Browse”按钮选择脚本文件。在“Set Execution Mode”中选择“Execute now”，并选择“OperatorInterf”。单击“OK”按钮。系统显示脚本调试窗口。用户可以在文本框中对命令进行编辑，如图 8-8 所示。

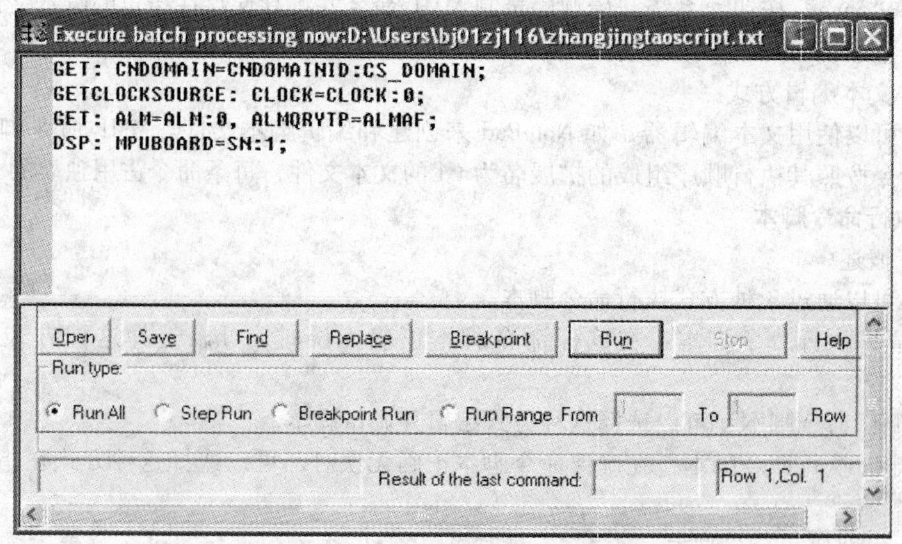

图 8-8　选择单步或全部执行

“Open” 用于打开脚本文件。

“Save” 用于保存命令并且覆盖原脚本文件，请谨慎使用以免破坏脚本文件。

“Find” 和 “Replace” 按钮用于关键字的查找和替换。

“Breakpoint” 用于断点方式下设定断点。

“Run” 开始执行。

“Stop” 停止执行。

“Help” 调用帮助信息。

“Run type” 设置命令脚本运行方式。表 8-2 列出了命令脚本运行方式的说明。

表 8-2　命令脚本运行方式

脚本运行方式	说　明
“Run All”	按照顺序不中断地执行脚本文件中所有命令
“Step Run”	逐条执行脚本文件中的命令
“ Breakpoint Run”	执行脚本文件中命令到断点停止
“Run Range From. . To. . Row”	执行脚本文件中设定行范围中的命令

（4）定时执行命令脚本

1）选择“System” → “Execute Batch Commands…” 或者按〈Ctrl + R〉键。系统显示 “Execute Batch Commands” 对话框。

2）单击“Browse” 按钮选择脚本文件。

3）在“Set Execution Mode” 中选择 “ Executed by schedule” 并选择执行脚本的日期和时间。

4）单击“Add” 按扭添加一个定时任务。

可以重复第2）到4）步添加多个定时任务。

单击“OK” 按钮，系统到时间将自动执行命令脚本。

查看“Command Result” 中的命令执行结果。

8.5　运行日志管理

1. 运行日志管理介绍

系统自动记录所有操作员的 MML 命令操作以及执行结果。

操作员可以在操作维护子系统“Output Window” 的“Command Result” 浏览本地的 MML 命令操作以及详细执行结果或者保存/打印这些信息。也可以查看/导出所有操作员的 MML 命令操作以及执行结果。窗口输出的执行结果最大数量可以通过“MML Client Setting” 中的 Max Output Lines 来设定。用鼠标右键单击“OutputWindow”，选择 setting，弹出“MML Client Setting” 对话框。

2. 保存本地 MML 命令操作日志

1）选择“System” → “System Configuration” 菜单，弹出“System Configuration” 对话框，如图 8-9 所示。

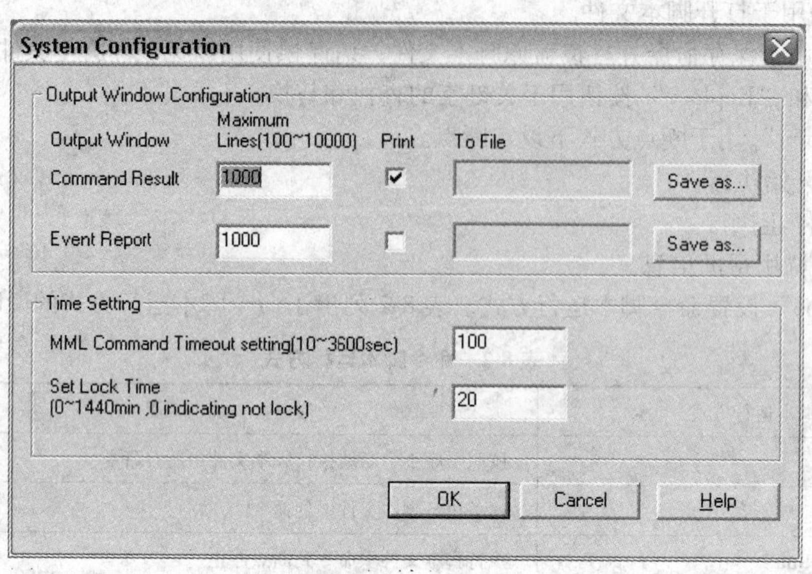

图 8-9 “System Configuration”对话框

2）单击“Command Result”一行中的“Save as”按钮，在弹出的对话框中选择文件夹和文件名，单击“Save”，返回“System Configuration”对话框。

3）单击“OK”按钮，系统开始记录本地 MML 命令操作日志。

4）要结束记录，选择“System”→“System Configuration”菜单，在弹出的“System-Configuration”对话框中，单击“Command Result”一行中的“Stop”。

3. 打印本地 MML 命令操作日志

1）选择“System”→“System Configuration”菜单，弹出“System Configuration”对话框。

2）选中“Command Result”一行中的“Print”复选框。

3）单击“OK”按钮。系统开始通过默认打印机打印本地 MML 命令操作日志。

4. 查询日志

（1）任务描述

授权的操作员可以从 BAM 数据库中查询日志信息。

（2）操作步骤

查询日志，执行以下步骤：

1）用操作员账号登录操作维护系统。

2）在 MML 命令行客户端输入 GETLOG 后按下〈Enter〉键。

3）设定查询条件，如：要查询的操作员、IP 地址、命令、命令所属的功能模块、运行结果、开始时间、结束时间、返回的记录数目。

4）按〈F9〉键执行命令。系统返回满足条件的结果。

5. 导出日志

（1）任务描述

为了从 BAM 数据库中查询日志信息，授权的操作员可以将需要的日志信息导出到一个 . DAT 文件中。

（2）操作步骤

导出日志，执行以下步骤：

1）用操作员账号登录操作维护系统。

2）在 MML 命令行客户端输入 EXPORT LOG 后按下〈Enter〉键。

3）设定过滤条件，如：要查询的操作员、LMT-R 的 IP 地址、开始时间、结束时间。

4）按〈F9〉键执行命令。系统导出满足条件的日志信息。

8.6 数据备份

8.6.1 数据备份与恢复的概念

1. 数据备份的目的

数据备份的目的是备份系统的运行数据，因为当系统运行异常时，可以用这些数据恢复系统。

2. 备份的数据内容

要备份的数据是 BAM 数据库的信息，包括“Alarm”、“BAM”、“Perf”数据库，如表 8-3 所示。

表 8-3 BAM 数据库

数据库	描述	备注
Alarm	告警数据库	所有告警数据都会备份 告警数据包括配置数据和告警报告
BAM	配置数据	所有配置数据都会备份
Perf	性能数据库	仅仅性能配置数据会备份，性能配置数据包括任务、模版、自定义指标数据

3. 备份数据的存储介质

备份的数据被暂时存放在 BAM 的硬盘里。推荐把它们转存在其他存储介质，如 CD 或磁带机，以此保证 BAM 硬盘有 15G 的可用空间，从而可以提高备份数据的安全性。在容量扩充、升级、加载以前，必须要把备份数据转存到其他存储介质。详细标示存储介质并妥善保存。

4. 用主备模式下的数据备份

当系统工作在主备模式下，备用 BAM 服务器内的数据将自动与主服务器内的数据保持同步。在主备模式下，必须进行主 BAM 服务器的数据备份。BAM 数据库的信息可以自动或手动备份。

5. 数据恢复

一旦系统损坏，有必要恢复旧的系统数据，可以使用备份数据进行恢复。

8.6.2 手动备份数据

1. 任务描述

在容量扩充、升级、加载以前，为防止操作失败，必须进行 BAM 数据库的手动备份。

数据将直接备份在 BAM 服务器上。可以用备份命令或者用 BAM 数据备份恢复工具完成手动备份。

2. MML 方式操作步骤

可以用 EXPORTDB BAM 备份同时配置数据、告警数据和性能数据，或者仅仅将配置数据备份为 DAT 文件。

用 EXPORTDB BAM 备份数据，执行以下步骤：

1）在 MML 命令行客户端输入 EXPORTDB BAM 命令后按下〈Enter〉键。

2）设置“Backup Mode”。选项含义如下。

FULL：备份配置数据、告警数据、性能数据。

CFG _ ONLY：仅仅备份配置数据。

3）按〈F9〉执行命令，把数据备份到 BAM 服务器的“〈BAM 安装路径〉”→“FTP”→“RNCDataBackup”→“DBData”路径下，命名为“RNC［RNC ID］-［备份时间］-DB. DAT”，比如：“RNC40-20050708101358-DB. DAT”，“RNC（undefined）-20050803165849-DB. DAT”。

4）在 BAM 服务器上，从上述文件夹内可获取备份文件。

3. 用 BAM 数据备份恢复工具进行的操作步骤

用 BAM 数据备份恢复工具进行手动备份，要执行以下步骤：

1）选择“Start”→“Programs”→“RNC TD-SCDMA RNC BAM/RNC BAM DataBackup and Restore Tool”启动此工具，如图 8-10 所示。

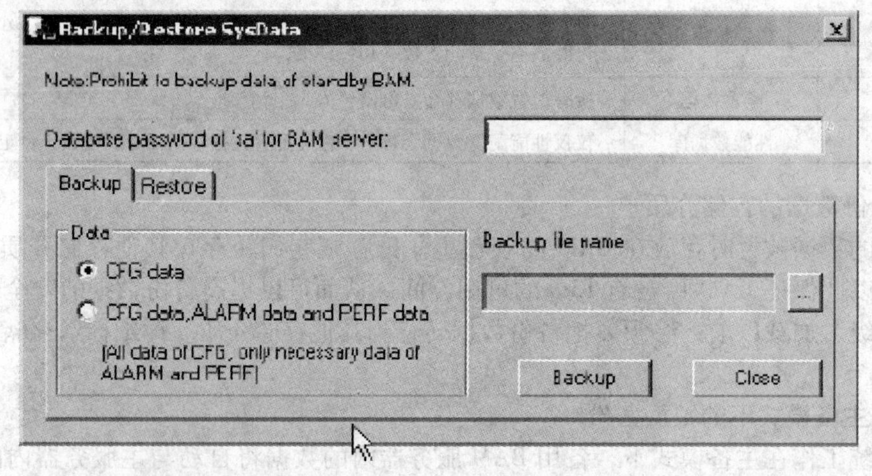

图 8-10 “Backup”对话框

2）在“Database password of‘sa’for BAM server”框中输入用户“sa”的口令。

3）选择“Backup”页签。

4）指定要备份的数据。

5）单击 按钮选择保存备份数据的路径和文件名。

6）单击〈Backup〉按钮，系统开始备份，并显示进度指示条。备份成功，将会有对话框显示。

8.7 RNC 参数配置

RNC 数据配置在 LMT 提供的 MML 命令输入工具中完成。RNC 数据配置主要包括数据协商、全局参数配置、接口数据配置、小区数据配置、IPOA 通道配置、默认参数配置。

1）数据协商：RNC 和 NodeB、RNC、MSC 和 SGSN 之间的数据协商。

2）全局参数配置：配置 RNC 系统中面向 RNC 的系统参数。

3）接口数据配置：RNC 系统接口（包括 Iub、Iu-CS、Iu-PS 接口）的传输网络层数据配置过程。

4）小区数据配置：RNC 系统建立小区的配置过程。

5）IPOA 通道配置：到 NodeB 的透明维护通道配置。

6）默认参数配置：系统有哪些默认参数，配置其初始值。

数据配置状态是指数据配置过程中 MML 命令的执行状态，可以分为在线和离线两种。在系统初始配置或者需要配置大量数据情况下建议使用离线状态。

当系统处于离线状态时，MML 命令只对 BAM 数据库进行设置，这些设置不会立刻发向前台主机 FAM。如果需要使配置在 BAM 中的数据在 FAM 生效，则需要复位前台插框。

当系统处于在线状态时，MML 命令可以同时作用于后台和前台管理模块数据库，配置正确的数据会立即发往前台。MML 命令将对 BAM（Background Administration Module）数据库和主机数据库中的数据进行修改，从而为用户提供了动态配置数据的功能。

在数据配置过程中需要时刻关注系统所处的配置状态，否则可能引起 BAM 和前台数据不一致。可以使用 GET RNC 命令查询当前系统配置处于离线状态还是在线状态。

使用 SETCFGMODE RNC 命令进行配置状态设置。CREATE OPC、DELETE OPC、SET RNC、SET IMAGROUP 命令只能在离线状态下执行。

8.8 TRNC810 数据协商

在数据配置前要进行相关接口的数据协商，过程如图 8-11 所示。

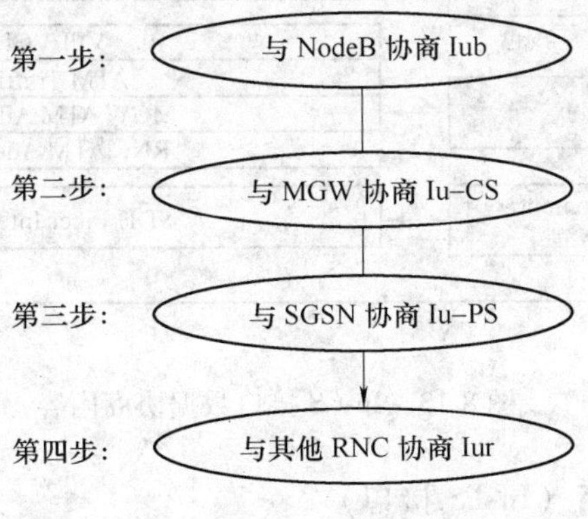

图 8-11　TRNC810 数据协商步骤

1. 与 NodeB 的数据协商（Iub 接口）

Iub 接口数据协商内容如图 8-12 所示。

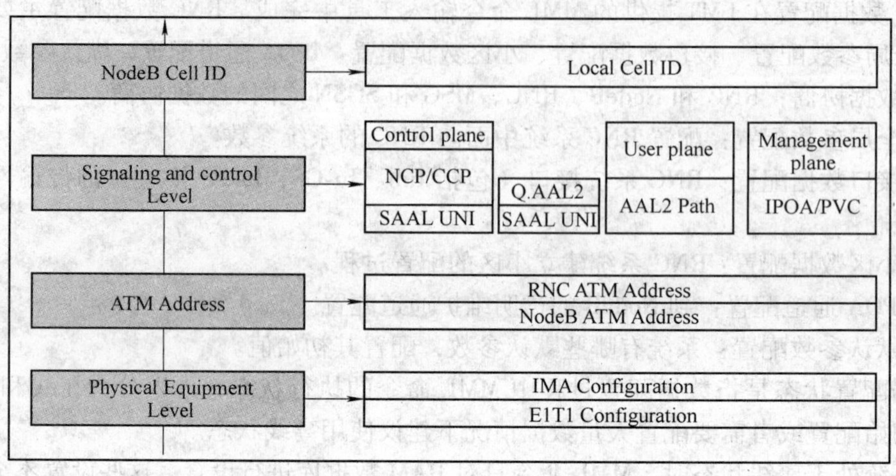

图 8-12　Iub 接口数据协商内容

2. 与 MSC 的数据协商（Iu-CS 接口）

Iu-CS 接口数据协商内容如图 8-13 所示。

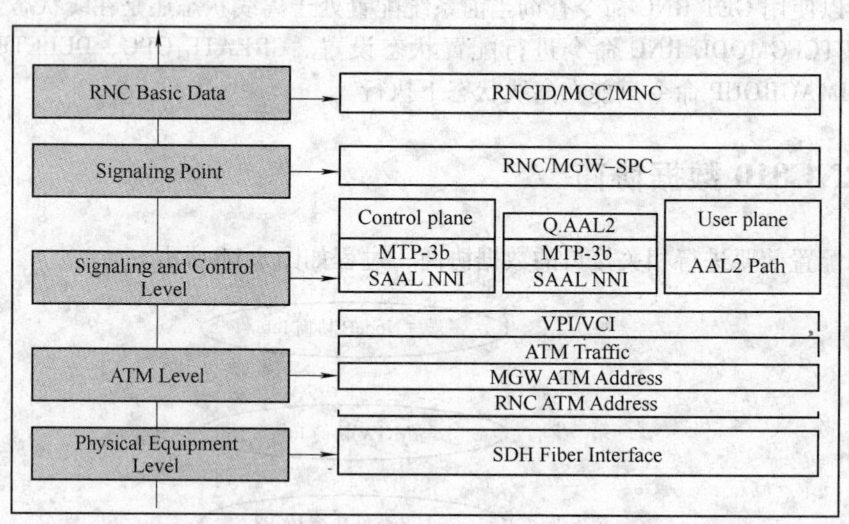

图 8-13　Iu-CS 接口数据协商内容

3. 与 SGSN 的数据协商（Iu-PS 接口）

Iu-PS 接口数据协商内容如图 8-14 所示。

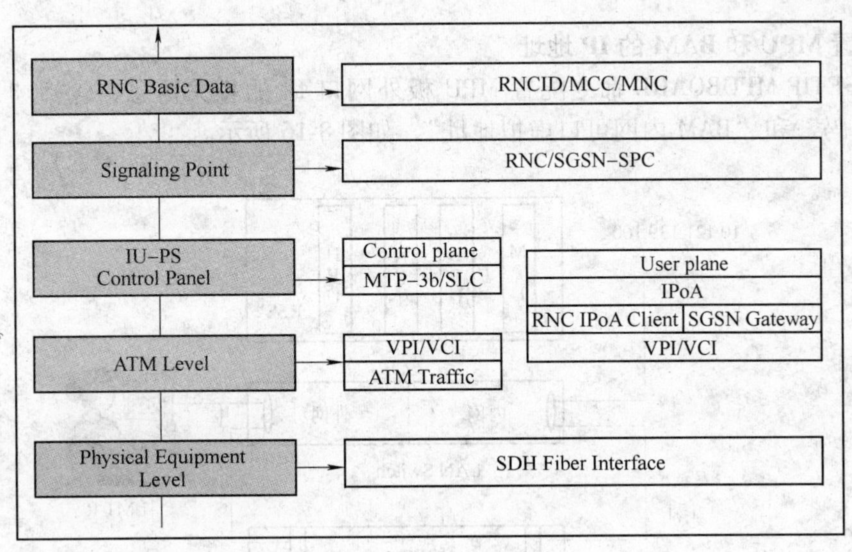

图 8-14　Iu-PS 接口数据协商内容

8.9　全局参数配置

全局参数是指 RNC 中面向整个 RNC 的参数，必须在数据配置开始时配置。配置过程如图 8-15 所示。

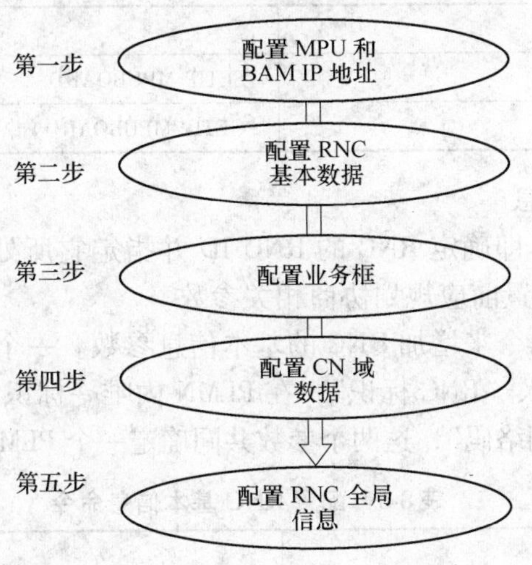

图 8-15　全局参数配置进程

1）MPU 和 BAM 地址 IP 配置。

2）RNC 基本信息配置：配置 RNC 的 RNC 标识、MCC、MNC 基本信息。

3）业务框信息配置。

4）CN 域信息配置。

5）RNC 全局位置信息配置：配置位置区、CS/PS 服务区、路由区、URA 等全局性位置信息。

1. 配置 MPU 和 BAM 的 IP 地址

使用 SETIP MPUBOARD 命令配置 MPU 板外网口 IP 的相关信息，包括“外网口 IP 地址”、“掩码”和“BAM 内网可口虚拟地址”，如图 8-16 所示。

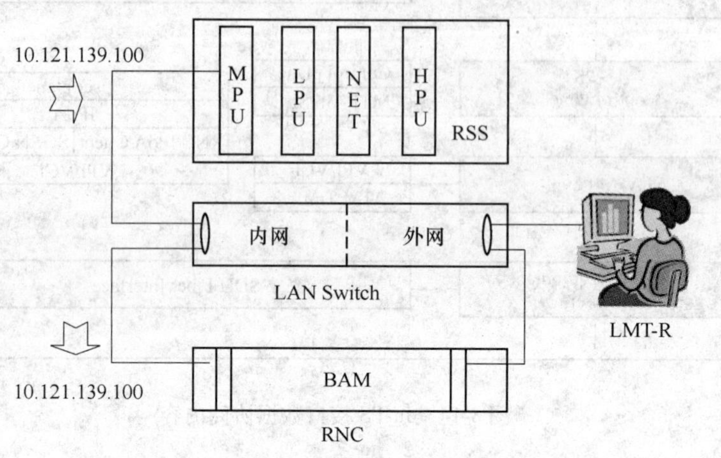

图 8-16　配置 MPU 和 BAM 的 IP 地址

它可以为 MPU 的外网口设置 IP 地址和掩码，将 BAM 的虚拟内部 IP 地址报告给 MPU。相关命令见表 8-4。

表 8-4　配置 MPU 板信息

任　务	命　令
设置 MPU 板 IP 信息	SETIP MPUBOARD
查询 MPU 板 IP 信息	GETIP MPUBOARD

2. 配置 RNC 基本信息

配置 RNC 基本信息，即确定 RNC 的 RNC ID 并指定它所处的 PLMN，从而在全球范围内唯一标识本机 RNC，配置前应规划协商相关参数。

可以执行 SET RNC 命令来增加 RNC 的基本信息参数。一个 RNC 只能属于一个 PLMN。

实际配置时，首先输入“RNC 标识”，在 PLMN 内唯一标识本机 RNC；输入 RNC 所处的“移动国家码”和“移动网络码”，这两个参数共同确定一个 PLMN 区。相关命令见表 8-5。

表 8-5　配置 RNC 基本信息命令

任　务	命　令
增加 RNC 本局基本信息参数	SET RNC
查询 RNC 本局基本信息参数	GET RNC

3. 插框信息配置

这里插框配置指的是配置 TD-SCDMA RNC 业务插框（RBS）。

（1）主备端口的配置

每一个业务插框提供主备 MUX 板，用于连接到 LPU 板的光口。增加业务插框之前必须配置该业务插框所连接的 LPU 光口的主备关系。一般情况下，为了安全起见，连接到主备 MUX 板的光口在物理上处于不同的 LPU 板上，或者同一个 LPU 上的不同光口板上。

使用 CREATE REDPORT 命令增加 LPU 板主备关系，需要指明 [槽位号]、[端口号]、[备份槽位号]、[备份端口号] 以及 [备份类型]。备份类型应该选择 [内部备份方式]。相关命令见表 8-6。

表 8-6 插框信息配置命令

任 务	命 令
增加主备端口	CREATE REDPORT
查询主备端口信息	GET REDPORT
修改备份端口	SET REDPORT
删除主备端口	DELETE REDPORT
获取主备端口信息	DOS REDPORT
倒换主备端口	SWAP REDPORT

（2）RBS 配置

RBS 是 RNC 系统的业务插框，根据业务需求进行配置。每增加一个 RBS 都需要进行 RBS 相关数据的配置。业务插框的框号取值为 1、3～17。RNC 各框的框号规定如表 8 7 所示。

表 8-7 RNC 各框的框号规定

机架 0	机架 1	机架 2	机架 3	机架 4	机架 5
RSS（2）	RBS（5）	RBS（8）	RBS（11）	RBS（14）	RBS（17）
RBS（1）	RBS（4）	RBS（7）	RBS（10）	RBS（13）	RBS（16）
BAM（0）	RBS（3）	RBS（6）	RBS（9）	RBS（12）	RBS（15）

使用 CREATE RBS 增加一个 RBS 框，需要指明所增加 RBS 框的 [框号]；以及该框所连接的 LPU 板的 [LPU 槽位号]、[LPU 端口号]；还需要为该框取一个 [框名]；最后指明 RBS 所用的 [接口板类型]，根据实际物理配置选择 BIE。配置完 RBS 框之后，可以使用 GET RBS 命令查询有关信息。相关命令如表 8-8 所示。

表 8-8 RBS 配置相关命令

任 务	命 令
增加 RBS 框	CREATE RBS
查询 RBS 框信息	GET RBS
删除 RBS 框	DELETE RBS
获取单板状态	DSP MUXBOARD DSP FMRBOARD DSP SPUBOARD DSP BIEBOARD
设定单板为不存在	CLEAR MUXBOARD CLEAR FMRBOARD CLEAR SPUBOARD CLEAR BIEBOARD

4. CN域信息的配置

通过执行CREATE CNDOMAIN命令来设置CN域信息，即设置系统消息类型1（SIB）中的CN非接入层信息。设置之前需要根据"Iu接口数据协商表"和CN协商相关信息并进行配置。

一般情况下，RNC会同时连接CS、PS域，因此需要同时配置两条记录，分别描述CS、PS的CN域信息。配置时，应当首先选择［CN域标识］，若［CN域标识］为"CS_DOMAIN（CS域）"，可以根据需要设置［周期性位置更新定时器］、［附着分离允许指示］、［非连续循环周期长度系数］或采用默认值；若［CN域标识］为"PS_DOMAIN（PS域）"，以根据需要设置［网络运营模式］、［非连续循环周期长度系数］或采用默认值。综上，CS、PS域都应当配置［非连续循环周期长度系数］，用于UE计算CN域的DRX（Discontinuous Reception）周期长度。CS、PS域可以配置不同的DRX周期长度。

［网络运营模式］和联合位置更新有关，根据网络实际情况进行配置。若SGSN与MSC/VLR之间有Gs接口，配置［网络运营模式］为"MODE1（模式Ⅰ）"。若SGSN与MSC/VLR之间无Gs接口，配置［网络运营模式］为"MODE2（模式Ⅱ）"。相关命令见表8-9。

表8-9　CN域信息配置命令

增加CN域信息	CREATE CNDOMAIN
修改CN域信息	SET CNDOMAIN
删除CN域信息	DELETE CNDOMAIN
查询CN域信息	GET CNDOMAIN

5. RNC全局位置信息的配置

主要对RNC所处的网络位置信息进行配置，配置内容包括位置区、路由区、CS/PS服务区、URA区。只有在本节配置过的位置信息内容才可以被RNC中的小区使用。RNC全局位置信息的配置步骤如图8-17所示。

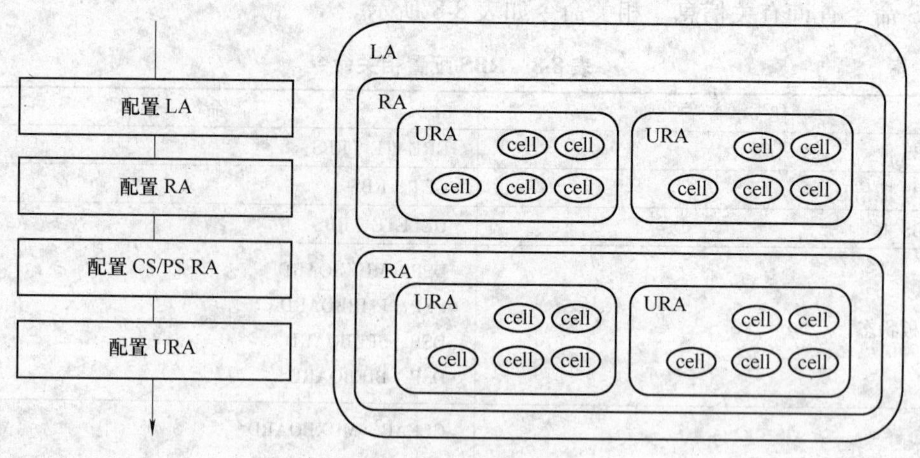

图8-17　RNC全局位置信息的配置

（1）配置位置区

小区所属的位置区范围不能超过 RNC 所属的位置区范围。

必须先使用 CREATE LA 命令增加一个位置区，然后再使用 CREATE RA/CREATE SA/CREATE TYPICALCELL 命令增加属于该位置区的路由区、CS/PS 服务区、小区。

使用 DELETE LA 命令删除某 LAC 之前，必须保证系统中不存在对该位置区信息的引用，如属于该位置区的路由区、服务区、小区等。相关命令见表 8-10。

表 8-10　配置位置区命令

任　　务	命　　令
增加 RNC 的位置区域信息参数	CREATE LA
删除 RNC 的位置区域信息参数	DELETE LA
查询 RNC 的域信息	GET LA
修改 RNC 的位置区域信息参数	SET LA

（2）配置路由区

一个 RNC 可属于多个路由区，一个 RNC 最多可以配置 256 个路由区。必须先使用 CREATE LA 命令增加一个位置区，然后再使用 CREATE RA 命令增加属于该位置区的路由区。使用 OELETE RA 命令删除某路由区之前，必须保证系统中不存在对该路由区数据的引用，即不存在属于该路由区的小区。相关命令见表 8-11。

表 8-11　配置路由区命令

任　　务	命　　令
增加 RNC 的路由区信息参数	CREATE RA
删除 RNC 的路由区信息参数	DELETE RA
查询 RNC 的路由区信息参数	GET RA
修改 RNC 的路由区信息参数	SET RA

（3）配置 CS/PS 服务区

一个 RNC 可以属于多个 CS/PS 服务区，一个 RNC 最多可以配置 65536 个 CS/PS 服务区。必须先使用 CREATE LA 命令增加一个位置区，然后再使用 CREATE SA 命令增加属于该位置区的 CS/PS 服务区。

使用 DELETE SA 命令删除某 CS/PS 的 SAC 之前，必须保证系统中不存在对该 CS/PS 服务区数据的引用，即不存在属于该 CS/PS 服务区的小区。相关命令见表 8-12。

表 8-12　配置 CS/PS 服务区命令

任　　务	命　　令
增加 RNA 的 CS/PS 服务信息参数	CREATE SA
删除 RNA 的 CS/PS 服务信息参数	DELETE SA
查询 RNC 的区域信息	GET SA

（4）配置全局 URA

一个 RNC 可以属于多个 URA，一个 RNC 最多可以配置 65536 个 URA。使用 CREATE

URA 命令增加 URA，使用 DELETE URA 命令删除 URA。相关命令见表 8-13。

表 8-13　配置全局 URA

任　务	命　令
增加 URA	CREATE URA
删除 URA	DELETE URA
查询 URA 区域信息	GET URA

8.10　Iub 接口数据配置

完成 RNC 的设备数据配置之后，可以进行各个逻辑接口的数据配置，包括 Iub 接口配置、Iu-CS 接口配置、Iu-CS 接口配置，接口协议栈都包括传输网络层和无线网络层，通常无线网络层的连接一般通过信令自动建立连接，因此，逻辑接口的配置主要是指传输网络层的配置。

Iub 接口是 RNC 与 NodeB 之间的一个逻辑接口。在配置 Iub 接口时需要配置传输网络层（Transport Network Layer）以下几个方面的数据传输网络层用户面（A 区）、传输网络层控制面（B 区）、传输网络层用户面（C 区）。下层为上层提供服务，A 区、B 区、C 区的配置遵循从下到上的原则。除了 B 区配置必须在 C 区配置之前外，各区域（A 区、B 区、C 区）配置没有严格的先后顺序，例如可以先配 B 区，再配置 A 区。因此 Iub 接口配置顺序一般为：

1）先配置具有共同特征的物理层和 ATM 层。

2）配置 SAAL UNI 层（A 区和 B 区需要配置）。

3）配置 A 区的 SAAL UNI 应用，即 Iub 端口 NCP、CCP。

4）配置 B 区的 SAAL UNI 应用，即 Q. AAL2。

5）配置 C 区用户面承载，即 AAL2PATH。

6）此外，在 RNC 系统中，可以建立一条到 NodeB 的 IP over ATM 的透明路径，用于执行操作与管理功能，也可以根据实际的需要来配置这样的路径。

Iub 接口板类型包括：BIE、提供 ATM over E1/T1 承载，每个接口板提供 32 路 E1/ T1，适用于 E1/T1 传输，出线较多；LPU 提供 ATM over SDH 承载，每个接口板最多可以提供 16 路 STM-1，适用于高速链路传输。

1. 物理层的配置

RNC 系统提供到 NodeB 的 E1/T1 接口（BIE）和 SDH 接口（LPU）。就单个 NodeB 而言，Iub 接口与 Iu 接口相比，其流量较小，因此一般采用流量较小的 BIE 板。

（1）设置 E1 属性

需要指明 E1/T1 链路的［框号］［槽位号］［端口类型］。本例选择 E1 编号为 8。

【实例】：SET：E1T1 = SRN：1/SN：15/LNKN：8，PT = WBIE _ EPORT，LS = SINGLE，LNKT = E1CRC，LNKCODE = HDB3；选择该端口类型下的链路，如果选择“ALL”，表示选择该端口下的所有链路，如果选择“SINGLE”，则需要输入特定的［链路号］。E1/T1 的［链路类型］可以是“E1”、“E1 CRC”、“TIESF”、“TID4”。采用 E1，则可以为：E1 ：E1

双帧；E1 CRC：E1 CRC4 复帧，该值为默认位。如果端口类型是电口，还需要设置［线路编码］，包括采用 E1：HDB3（该值为默认值），AMI。

（2）扰码设置

扰码用于对 E1/T1 线路之上承载的 ATM 信元进行加扰处理，Iub 接口两端的设备对传输层扰码的设置必须一致，默认为加扰码。使用 SET SCRAMBLE E1T1 命令以 E1/T1 链路为单位设置扰码开关，需要指明 E1/T1 链路所在的［框号］、［槽位号］、［端口类型］、［链路号］和［扰码开关］。若干条 E1/T1 如果属于同一个 IMA 组，扰码开关必须一致。端口类型不同对应着不同的单板链路号：如果端口类型为 ALL，表示该接口板的所有链路；对于 BIE 电口，其 E1/T1 链路号为 0 ~ 31；扰码开关设置为 ON 表示对链路加扰，设假为 OFF 表示不加扰。相关命令见表 8-14。

表 8-14　E1/T1 的配置命令

任　务	命　令
设置 E1/T1 链路属性	SET　E1T1
查询 E1/T1 链路属性	GET　E1T1
获取指定 E1/T1 链路的状态	DSP　E1T1
设置 E1/T1 扰码	SETSCRAMBLE　E1T1
查询 E1/T1 扰码	GETSCRAMBLE　E1T1

（3）IMA 配置

IMA（Inverse Multiplexing for ATM，ATM 反向复用）技术是对低速链路的一种复用模式，其原理为：在发送端，把一条传输链路上的高速 ATM 信元流反向复用到多条低速链路上进行传输；在接收端，将多条低速链路上传输过来的信元流重新复接在一起，以恢复成原来的高速信元流。

IMA 配置时，首先使用 CREATE IMAGROUP 增加 IMA 组，然后使用 CREATE IMALINK 向这些 IMA 组件中加入 IMA 链路。相关命令见表 8-15。

表 8-15　IMA 的配置命令

增加 IMA 组	CREATE IMAGROUP
修改 IMA 组	SET IMAGROUP
删除 IMA 组	DELETE IMAGROUP
获取 IMA 组信息	DSP IMAGROUP
查询 IMA 组信息	GET IMAGROUP

使用 CREATE IMAGROUP 命令增加 IMA 组。因为 IMA 组配置在接口板上，需要指明所配置接口板的［框号］和［槽位号］，以及所配置 IMA 组的［IMA 标识］和［IMA 组号］。

［IMA 标识］用于在 WBIE 内唯一标记 IMA 组，在同一个 WBIE 内不能相等。一般情况下，如果 RNC 内不同 WBIE 板的 IMA 组链接到对端相同的接口板，也要求 IMA 标识不同。例如，使用同样的 IMA 组号的两个板接入 Node B 的同一个接口板，此时 Node B 的 IMA 处理模块就需要通过 IMA 标识区分两个 IMA 组。［IMA］组号用于表示所配置的 IMA 组。其他参数选择默认配置即可，包括［激活状态下最少的链路］、［发送帧长］、［IMA 版本］。SET

IMAGROUP 为离线命令，只能在离线状态下执行，如果需要配置生效需要复位有关单板。

【实例】：CREATE：IMAGROUP = SRN：1/SN：15/IMAGRPN：2，IMAID = 2，MINLNKNUM = 1，TXFRAMELEN = D128，IMAVER = VER1.1；

使用 CREATE IMALINK 命令增加 IMA 链路。IMA 链路是在 IMA 组的基础上配置，只有存在 IMA 组，才能向这个 IMA 组中添加 IMA 链路。因此必须先指明 IMA 组所在的［框号］、［槽号］和［IMA 组号］，然后配置所添加的 IMA 链路的［IMA 链路号］。相关命令见表 8-16。

表 8-16　IMA 链路的设置命令

增加 IMA 链路	CREATE IMALINK
删除 IMA 链路	DELETE IMALINK
查询 IMA 链路信息	GET IMALINK
查询 IMA 链路状态	DSP IMALINK

【实例】：在 IMA 组的基础上配置 IMA 链路

CREATE：IMALINK = SRN：1/SN：15/IMAGRPN：2/IMALNKN：8；

2. ATM 层的配置

RNC 和其他设备采用 PVC 连接通信。在 SAAL UNI、AAL2 Path、IPoA 配置时，都需要 ATM PVC 作为底层承载，因此首先需要对 ATM PVC 属性进行配置。

下面介绍配置 ATM 层需要用到的 ATM 的业务类型，包括 CBR、RT-VBR、NRT-VBR、UBR。CBR（Constant Bit Rate）恒定比特率主要特点是没有差错校验，没有流量控制，也没有其他的处理。VBR（Variable Bit Rate）可变比特率分为实时传输（RT-VBR）和非实时传输（NRT-VBR）。RT-VBR 主要用来描述具有可变数据流并且要求严格实时的服务，比如交互式的压缩视频（例如电视会议）。NRT-VBR 用于主要是定时发送的通信场合，在这种场合下，一定数量的延迟及其变化是可以被应用程序所忍受的，如电子邮件。UBR（Unspecifed Bit Rate）未指定比特率的主要特点是对传输不做任何承诺，对拥塞也没有反馈机制，这种类型很适合于发送 IP 数据报。如果发生拥塞，UBR 信元会被丢弃。而且既不给发送者发送反馈，也不给发送者发送放慢速度的要求。

ATM 流量描述含义如表 8-17 所示，在 RNC 中采用该表中参数的组合进行配置，例如 NOCLPNOSCR 表示无 CLP、无 SCR，NOCLPNOSCRCDVT 表示无 CLP、无 SCR、有 CDVT；CLPNOTAGGINGSCR 表示有 CLP、无 TAGGING、有 SCR。对于 RNC 而言，ATM PVC 属性配置主要指对 ATM 流量资源进行配置。配置好 ATM 流量之后，在进行 SAAL、AAL2PATH、IPoA 配置时直接通过［流量索引］引用该流量资源。

表 8-17　ATM 流量描述含义

参　　数	缩写词	含　　义
峰值信元速率	PCR	信元发送的最大速率
平均信元速率	SCR	长时间的平均信元传输速率
最小信元速率	MCR	信元发送的最小速率
容忍的时延抖动	CDTV	最大的可接受的信元抖动（μs）
信元丢失优先级	CLP	网络发生拥塞时，CLP = 1 的信元可丢失，CLP = 0 的信元不丢弃
标签	TAGGING	对于 CLP = 0 违规信元，打标签

使用 CREATE ATMTRAFFIC 添加 ATM 流量资源记录，需要指明［流量索引］，用于标识所添加的流量资源记录；无论选择何种业务类型都需要配置［峰值速率］，用于表明该 PVC 的最大速率；ATM 流量资源的［业务类型］，可以选择 CBR、RTVBR、NRTVBR、UBR 中的一种。

如果选择 CBR，则［流量类型］可以是 NOCLPNOSCR 或 NOCLPNOSCRDTV。如果选择 RTVBR，则［流量类型］可以是 NOCLPNOSCRDTV、CLPNOTAGGINGSCRCDVT、CLPTAGGINGSCRCDVT。如果选择 NRTVBR，则［流量类型］可以是 NOCLPSCR、CLPNOTAGGINGSCR、CLPTAGGINGSCR。如果选择 UBR，则［流量类型］可以是 NOCLPNOSCR、NOCLPNOSCRDTV、CLPNOTAGGINGMCR。

在 Iub 接口一般应配置 3 种流量类型，分别用于 SAAL UNI、AAL2PATH 和 IPoA。相关命令见表 8-18。

表 8-18　ATM 流量的配置命令

任　务	命　令
增加 ATM 流量记录	CREATE　ATMTRAFFIC
删除 ATM 流量记录	DELETE　ATMTRAFFIC
修改 ATM 流量描述	SET　ATMTRAFFIC
查询 ATM 流量描述	GET　ATMTRAFFIC

【实例】：增加 ATM 流量控制项

CREATE：ATMTRAFFIC = TRFX：110，ST = RTVBR，TRFD = NOCLPSCRCDVT，UT = CELL/S，PCR = 100，SCR = 96，MBS = 1000，CDVT = 102400；

【注意】：或者通过查看命令 GET ATMTRAFFIC 选择合适 ATM 流量资源，通过 ATM 流量索引号，进行 AAL 、AAL2PATH、IPoA 等配置。

3. SAAL UNI 的配置

SAAL UNI 同时处于 A 区，B 区，在配置 Iub 接口链路（NCP、CCP）和 Q. AAL2 时，都需要 SAAL 链路，因此必须先配置 SAAL UNI。

RNC 系统实现内部配置自动化，配置数据时，只需配置相关接口板即可。系统采用模块化设计，每一条对外链路由特定的 SPU 子系统控制。实际上 SAAL 链路在 RNC 设备内部终结于其所控制的 SPU 子系统。每个 SPU 子系统控制的 SAAL 链路不能超过 150。

到 Node B 的 SAAL UNI 链路至少需要配置 3 条，1 条用于 NCP、1 条用于 CCP、1 条用于 Q. AAL2。使用 CREATE SAALLINK 命令增加一条 SAAL UNI 链路，需要指明控制该 SAAL 链路的 SPU 子系统的［框号］、［SPU 子系统号］以及［SAAL 链路号］，SPU 子系统对 SAAL 链路号在 0 ~ 149 范围内进行编号。同时需要配置用于承载 SAAL 链路的出 RNC 的 PVC 具体属性。出 RNC 设备的 PVC 可以由各种接口板（BIEI/LPU）提供，首先需要选择［承载的框］，取值为“LOCAL”或“RSS”，“LOCAL”是指由 RBS 框出 PVC，“RSS”是指由 RSS 框出 PVC。

（1）SAAL 链路使用 RBS 承载

如果选择“LOCAL”，则选择 BIE 板出 PVC 的［承载类型］，包括 IMA、UNI 以及对应的［承载的 IMA 组号］、［承载的 UNI 链路号］；然后说明［承载的 VPI］、［承载 VCI］、

［发送流量索引］、［接收流量索引］、［接口类型］。PVC 的 VPI 和 VCI 应该根据该 SAAL 的用途（NCP、CCP、Q. AAL2）和 Node B 具体协商；PVC 发送和接收流量索引直接使用 ATM 层配置中配置的流量索引。［接口类型］应该选择“UNI”。

（2）SAAL 链路使用 RSS 承载

如果选择“RSS”，则应当对出 PVC 的 LPU 板的［承载的槽位号］、［承载的端口号］进行配置，其他与 RBS 功能配置相同。相关命令见表 8-19。

表 8-19　SAAL 链路的配置命令

任　务	命　令
增加 SAAL 链路	CREATE　SAALLINK
删除 SAAL 链路	DELETE　SAALLINK
修改 SAAL 链路的属性	SET　SAALLINK
查询 SAAL 链路配置信息	GET　SAALLINK
获取 SAAL 链路状态	DSP　SAALLINK

【实例】 配置控制面承载 SAAL UNI。

增加 SAAL UNI 链路，在本例中设置 3 条 SAAL，其 SAAL NO 编号为 10、11、12，分别承载 NCP 、CCP、Q. AAL2。VPI、VCI 的分配分别设置为 2/41，2/42，2/43。

配置 SAALLINK 10：

CREATE：SAALLINK = SRN：1/SSN：0/SAALLNKN：10，CARRYSR = LOCAL，CARRYT = IMA，CARRYIMAGRPN = 2，TXTRFX = 110，RXTRFX = 110，SAALLNKT = UNI，CARRYSN = 15，CARRYVPI = 2，CARRYVCI = 41；

配置 SAALLINK 11：

CREATE：SAALLINK = SRN：1/SSN：0/SAALLNKN：10，CARRYSR = LOCAL，CARRYT = IMA，CARRYIMAGRPN = 2，TXTRFX = 110，RXTRFX = 110，SAALLNKT = UNI，CARRYSN = 15，CARRYVPI = 2，CARRYVCI = 42；

配置 SAALLINK 12：

CREATE：SAALLINK = SRN：1/SSN：0/SAALLNKN：10，CARRYSR = LOCAL，CARRYT = IMA，CARRYIMAGRPN = 2，TXTRFX = 110，RXTRFX = 110，SAALLNKT = UNI，CARRYSN = 15，CARRYVPI = 2，CARRYVCI = 43；SAAL Link No 10 设置如图 3-2-15 所示。

4. Iub 端口配置

Iub 端口用于传输 Iub 接口无线网络控制面信息。Iub 端口配置包括 Node B 配置、NCP 配置和 CCP 配置。

（1）Node B 配置

配置 Iub 接口需要物理上连接一个 Node B 设备，因此需要对 Node B 进行配置。使用 CREATE NODE B 命令增加一个 Node B，除了要指明［Node B 名称］外，和增加 SAAL UNI 一样，还需要指明控制该 Node B 的 SPU 子系统的［框号］、［子系统号］。Node B 和其对应的 SAAL 链路（包括 NCP、CCP、Q. AAL2）应配置在同一个 SPU 子系统上。如果查询所配置的 Node B 信息，系统将返回一个包括 Node B 标识在内的有关信息。Node B 标识是系统自动产生用于唯一标识 Node B 的。一个 SPU 子系统最多只能支持 40 个 Node B。相关命令见表 8-20。

表 8-20 Node B 的配置命令

任务	命令
增加 Node B 信息	CREATE NODE B
删除 Node B 信息	DELETE NODE B
查询 Node B 信息	GET NODE B
删除 Node B 所有相关信息	FORCELYDELETE NODE B

【实例】：增加 Node B。

本例添加一个名为“zhang”的 Node B。并且，Node B 和其对应的 SAAL 链路（包括 NCP、CCP、Q. AAL2）应该配置在同一个 SPU 子系统上。

CREATE：NODEB = NODEBNAME："zhang"，SRN = 1，SSN = 0；

（2）NCP 配置

NCP 为 Node B 控制端口，用于传输 Iub 接口的 NBAP 公共过程消息。一个 Node B 只能有一个 NCP，即 NCP 与该 Node B 有着一一对应的关系。使用 CREATE NCP 命令增加 Iub 接口的 NCP 端口，必须指明［NodeB 名称］，同时，必须指明该 NCP 所使用的 SAAL 链路的［SAAL 链路号］。一个 Node B 只能有一个 NCP。相关命令见表 8-21。

表 8-21 NCP 的配置命令

任务	命令
增加 NCP	CREATE NCP
查询 NCP	GET NCP
查询 NCP 状态	DSP NCP
删除 NCP	DELETE NCP

【实例】：CREATE：NCP = NODEBNAME：" zhang"，SAALLNKN = 10。

（3）CCP 配置

CCP 为通信控制端口，用于传输 Iub 接口的 NBAP 专用过程消息。一个 Node B 可以有多条 CCP，即这些 CCP 与 Node B 有着多对一的对应关系。为了提高 CCP 消息传输可靠性，在 SAAL 链路总数允许的前提下（一个 SPU 子系统最多支持 150 条 SAAL 链路），配置两条或者两条以上 CCP，最多为 12 条。

使用 CREATE CCP 命令增加 Iub 接口的 CCP 端口，必须指定［Node B 名称］，该名称在前面进行“NodeB 配置”后已经存在；指明该 CCP 的［端口号］，该端口号在一个 Node B 内进行统一编号；同时，必须指定该 CCP 使用的 SAAL 链路的［SAAL 链路号］。

NCP 的配置与 CCP 的配置不同之处在于：在配置 NCP 时，无需配置端口号；而在配置 CCP 时，由于存在多条 CCP 端口，因此需要对各条 CCP 的［端口号］进行标记，端口号在一个 Node B 内进行编号。相关命令见表 8-22。

表 8-22 CCP 的配置命令

任　务	命　令
增加 CCP	CREATE　CCP
查询 CCP	GET　CCP
查询 CCP 状态	DSP　CCP
删除 CCP	DELETE　CCP

【实例】：增加 CCP。

CREATE：CCP = NODEBNAME："zhang"/PN：0，SAALLNKN = 11。

5. Q. AAL2 配置

Q. AAL2 协议的基本功能是在 RNC 和 Node B 之间建立、释放 AAL2 连接（该 AAL2 连接由 C 区的 ALL2 PATH 提供），这些 AAL2 连接将作为无线网络层用户面的传输载体。

Q. AAL2 用于和 Node B 进行通信，因此需要设置有关 Node B 邻节点属性，比如 Node B 的名称，Q. AAL2 所使用的 SAAL 链路等。

RNC 对所有 Q. AAL2 邻节点采用索引进行编号，图 8-18 是一种从 NodeB 开始到 MSC 结束的编号方法，编号只要求不同邻节点不要重复即可。

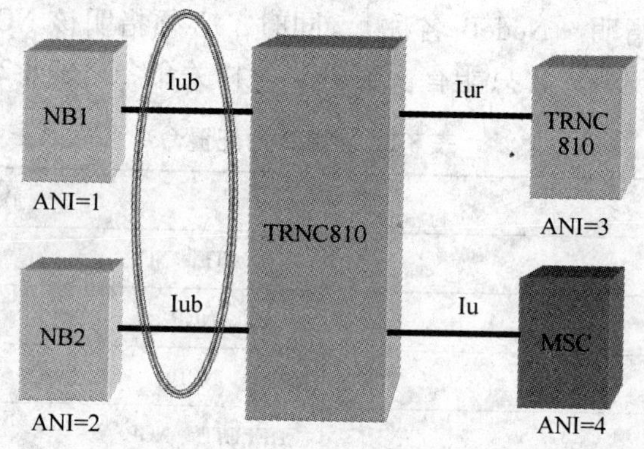

图 8-18　TRNC810 邻节点

使用 CREATE AAL2ADJNODE 命令增加一个 Q. AAL2 邻节点，需要指明该［邻节点标识］，［接口类型］选择“IUB”，指明［Node B 名称］。相关命令见表 8-23。

表 8-23　Q. AAL2 的配置命令

任　务		命　令
Q. AAL2 相邻节点	增加 Q. AAL2 相邻节点	CREATE　AAL2ADJNODE
	修改 Q. AAL2 相邻节点	SET　AAL2ADJNODE
	删除 Q. AAL2 相邻节点	DELETE　AAL2ADJNODE
	查询 Q. AAL2 相邻节点配置信息	GET　AAL2ADJNODE
	获取 Q. AAL2 相邻节点状态	DSP　AAL2ADJNODE

【实例】：增加邻节点 Q. AAL2 邻节点。

CREATE：AAL2ADJNODE = ANI:0，ANT = IUB，NODEBNAME = "zhang"，SAALLNKN = 12；

6. AAL2 PATH 配置

图 8-19 所示 AAL2 PATH 处于 C 区，是无线网络层用户面的传输承载。ALL2 PATH 实际是一条带宽比较大的 PVC，每一条 AAL2 PATH 可以分为 256 个 AAL2 连接的微通道（0 ~ 7 协议保留，业务实际可用的最多为 8 ~ 255）。通信时系统的 Q. AAL2 模块负责 RNC 和 NodeB 之间 AAL2 连接动态建立、释放等过程。AAL2 PATH 配置包括：AAL2 PATH 添加、AAL2 PATH 路由配置。AAL2 PATH 的数量应根据话务模型计算得到。同一个 NodeB 的 AAL2 PATH 可以在该 NodeB 的各个小区内进行链路共享。

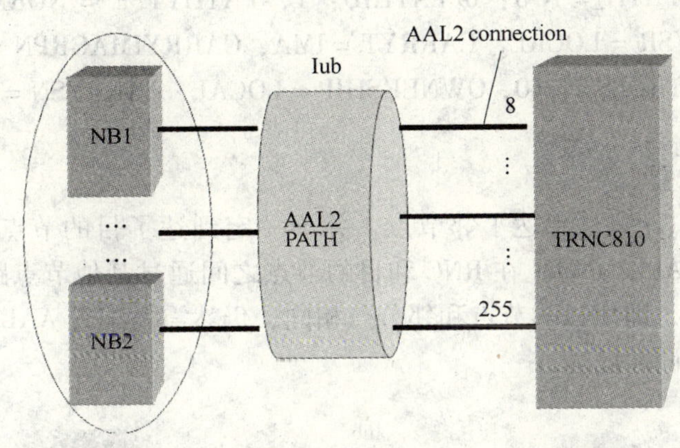

图 8-19　ALL2 PATH 与 AAL2 连接

使用 CREATE AAL2 PATH 命令增加一条 AAL2 PATH。

需要指明 Q. AAL2［邻节点标识］，该索引在 Q. AAL2 邻节点设置中已经存在；同时需要指明用来标识该 ALL2 PATH 的［AAL2 PATH 标识］，该标识可在邻节点内进行编号，需要和对端协商，此外，还要指明该 AAL2 PATH 在 RNC 内的终结单板的槽位号。

Iub 接口的 ALL2 PATH 终结于 BIE 或者 MUX 板，因此［ALL2 PATH 终结的槽位号］应该选择 0、7 或者 15。

最后需要对承载该 ALL2 PATH 的 PVC 属性进行配置。出 RNC 设备的 PVC 可以由各种接口板（BIE/LPU）提供，首先需要选择［承载的框］，取值为“LOCAL”或“RSS”，“LOCAL”是指由 RBS 框出 PVC，“RSS”是指由 RSS 框出 PVC。

（1）ALL2 PATH 使用 WRBS 承载

如果选择“LOCAL”则应当选择 WBIE 板出 PVC 的［承载类型］，包括 IMA 和 UNI，以及对应的［承载的 IMA 组号］、［承载的 UNI 链路号］；然后说明［承载的 VPI］、［承载 VCI］、［发送流量索引］、［接收流量索引］。PVC 的 VPI 和 VCI 应该 NodeB 具体协商；［控制 SPU 的子系统号］是指控制该条 PVC 的 SPU 的子系统号。同时和 NodeB 还要协商［ALL2 PATH 归属］属性。

（2）ALL2 PATH 使用 WRSS 承载

如果选择“RSS”，则应当对出 PVC 的 LPU 板的［承载的槽位号］、［承载的端口号］进行配置，其他与选择“LOCAL”配置相同。相关命令见表 8-24。

表 8-24　AAL2 PATH 的配置命令

任　务		命　令
AAL2 PATH 配置	增加 AAL2 PATH	CREATE　AAL2 PATH
	修改 AAL2 PATH	SET　AAL2 PATH
	删除 AAL2 PATH	DELETE　AAL2 PATH
	查询 AAL2 PATH	GET　AAL2 PATH
	获取 AAL2 PATH 状态	DSP　AAL2 PATH

【实例】：增加邻节点 Q. AAL2 PATH 配置。

CREATE：AAL2PATH = ANI：0/PATHID：1，PATHTYPE = NORMAL，ENDSRN = 1，ENDSN = 15，CARRYSR = LOCAL，CARRYT = IMA，CARRYIMAGRPN = 2，TXTRFX = 110，RXTRFX = 110，CONTROLSSN = 0，OWNERSHIP = LOCAL，CARRYSN = 15，CARRYVPI = 2，CARRYVCI = 44。

7. AAL2 路由配置

增加了 ALL2 PATH 只是到达了邻节点，并不一定到达了目的节点。通过要配置 ALL2 PATH 路由，可以使 ALL2 PATH 在 RNC 和目的节点之间通过其他节点路由到达，如图 8-20 所示。需要说明的是，即使目的节点和邻节点相同，仍然需要配置 AAL2 路由，只是此时的目的节点和邻节点相同而已。

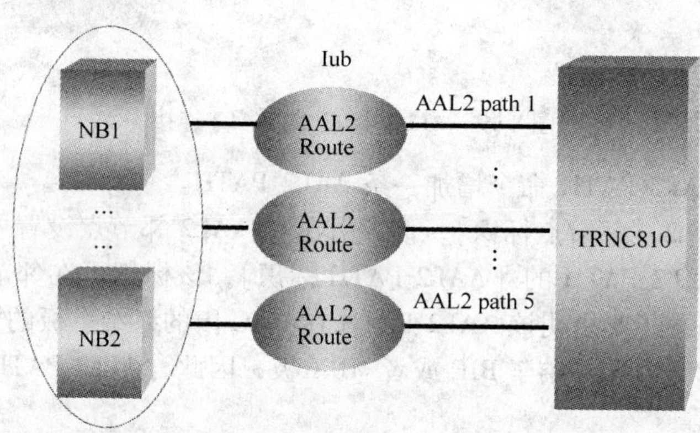

图 8-20　目标节点与邻节点

使用 CREATE AAL2ROUTE 命令增加 ALL2 路由，需要指明［目的 ATM 地址］和［邻节点标识］；同时需要配置到达目的 ATM 地址的［路由索引］，在 RNC 内对所有路由进行编号；还要根据目的节点和邻节点是否相同配置［目的 ATM 地址归属］，如果目的 ATM 地址属于邻节点，则应选择“YES"，否则应选择“NO”。相关命令见表 8-25。

表 8-25　AAL2 路由的配置命令

任　务		命　令
AAL2 路由配置	配置 AAL2 路由	CREATE　AAL2ROUTE
	修改 AAL2 路由	SET　AAL2ROUTE
	删除 AAL2 路由	DELETE　AAL2ROUTE
	查询 AAL2 路由配置信息	GET　AAL2ROUTE

【实例】：增加 AAL2 Route 配置，为 RNC 和目的节点间建立路由。

CREATE：AAL2ROUTE = RTX：1，NSAP = "H'39000000000000000000000000000001000000C"，ANI =0，OWNERSHIP = YES；

8.11 小区数据配置

1. 小区配置步骤

小区配置过程就是通过配置本地小区标识和逻辑小区信息，并通过 Iub 接口的 CELL SETUP 流程在 NodeB 上建立小区并提供业务服务的过程。根据逻辑小区采用的不同配置方法，新建小区有不同的流程如图 8-21 所示。

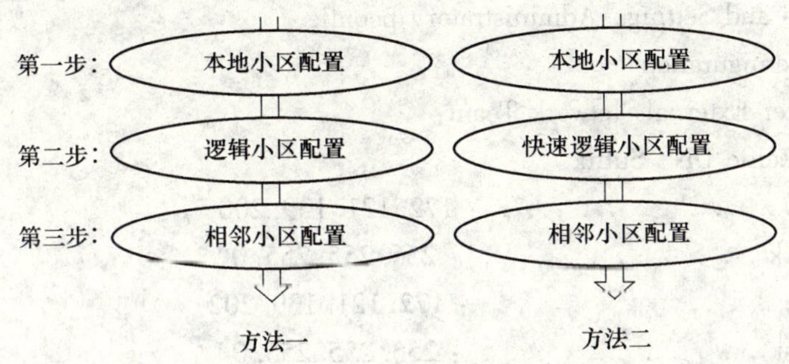

图 8-21　小区数据配置步骤

方法一：按照小区配置流程，为逻辑小区配置基本参数、公共传输信道资源、无线资源管理算法参数等，过程非常繁琐，建议采用快速建小区的方法二。激活小区后，可以根据情况进行邻近小区的配置。

方法二：新建小区采用的是系统的典型配置，小区建立过程比较简单。

2. 小区相关概念

本地小区代表 Node B 中某一小区物理资源的集合，本地小区与 Node B 设备的具体实现方式相关，需要跟 Node B 侧进行协商确定编号。逻辑小区是代表在 RNC 内的小区一个集合，在 RNC 内进行逻辑编号。

通过 Iub 接口在 Node B 上成功建立小区，首先要进行资源核查，通过资源核查过程，Node B 向 RNC 上报 Node B 的所有本地小区状态及能力、所有已建立的小区及其状态等。当 RNC 正确配置逻辑小区的完整数据，为逻辑小区指定的本地小区资源没有被其他逻辑小区占用，并且上报的本地小区物理能力满足逻辑小区配置时，RNC 才能发起 Iub 接口上的小区建立过程。

通过小区建立过程，RNC 向 Node B 下发逻辑小区配置数据，Node B 和 RNC 各自分配相应资源。若 RNC 接收到 SYSTEM INFORMATION UPDATE RESPONSE 消息，表明 Node B 上的小区建立成功并开始进入服务状态。

新建小区前，应以小区为整体统一规划公共物理信道、公共传输信道资源，并为它们分配标识。RNC 为公共物理信道和公共传输信道各提供一套最大规格的满配置方案。

8.12 开通 TRNC810

第 1 步：备份 License，首先找到 License，在 BAM/ftp/ License/下，将 UpdateLicense. exe 文件备份到指定的位置（自己设定的文件夹，因为 BAM 重新安装后，License 就没有了）。

第 2 步：备份脚本，在 LMT 中执行命令：EXPORTMML BAM，得到脚本的位置：

D:\鼎桥 TRNC810\BAM\FTP\RNCDataBackup\CfgMMLScript\

并把脚本文件：RNC12-XX-MML. txt 存储到自己设定的文件夹。

第 3 步：确认 IP 地址：进入 dos 状态，执行：

```
C:\Documents and Settings\Administrator〉ipconfig
Windows IP Configuration
Ethernet adapter External Network Team:
Connection-specific DNS Suffix  . :
    IP Address. . . . . . . . . . . . : 172. 121. 139. 200
    Subnet Mask . . . . . . . . . . . : 255. 255. 255. 0
    IP Address. . . . . . . . . . . . : 172. 121. 139. 202
    Subnet Mask . . . . . . . . . . . : 255. 255. 255. 0
    Default Gateway . . . . . . . . . :
Ethernet adapter Internal Network Team:
    Connection-specific DNS Suffix  . :
    IP Address. . . . . . . . . . . . : 10. 121. 139. 200
    Subnet Mask . . . . . . . . . . . : 255. 255. 255. 0
    IP Address. . . . . . . . . . . . : 10. 121. 139. 202
    Subnet Mask . . . . . . . . . . . : 255. 255. 255. 0
    Default Gateway . . . . . . . . . :
```

第 4 步：格式化 BAM 数据文件，执行命令：RESETDATA BAM。

查看格式化结果：GET RNC

GET LICENSE

可看到 RNC 内各项为：null

LICENSE 内：not support

第 5 步：关闭 LTU-R。

第 6 步：卸载 BAM8.0，通过开始菜单找到卸载程序。

第 7 步：重新安装 BAM8.0，执行 BAM 安装软件中的 setup. exe 文件。这里需要注意安装时的一些参数配置。如软件序列号：鼎桥 TRNC810；所有的密码为 11111111，安装类型选择：单板 BAM，选择手工干预。安装完成后重新启动计算机。可通过右下角 BAM 安装检查，各项都为 started。

第 8 步：启动 LTU-R，设置配置模式为离线模式，设置为 OFFLINE，命令为：SETCFG-MODE。

第9步：设置RNC基本参数，命令为：SET RNC，(12　460　07)。

第10步：激活License，此时需要将UpdateLicense. exe复制在/ftp/ License下。执行的命令为：ACTIVATE LICENSE。

第11步：运行备份的脚本：System----Execute Batch Commands。这个脚本是开始备份的脚本。

第12步：设置配置模式，设置为ON LINE，命令为：SETCFGMODE。

第13步：激活RNC，生成各单板数据文件，命令为：ACTIVATEDATA RNC。

第14步：设置加载数据文件的RSS，RBS模式：

SETLOADCTRL RSS，

SETLOADCTRL：RSS = RSS：0，SYSLOD = FLWF（从BAM加载写到flash上）；

SETLOADCTRL RBS

SETLOADCTRL：RBS = SRN：1，SYSLOD = FLWF；

第15步：复位RNC重起单板，RESET RNC。

RESET：RNC = RNC：0，CONFIRM = Y；

重启顺序：RSS：MPU（先起主、慢起备）-NET-LPU \ HPU

RBS：MUX-FMR \ SPU \ BIE

8.13　任务实施

任务实施需要学生完成以下内容：

1）安装LMT-R软件系统，描述LMT-R系统操作。

2）说明MML命令语言。

3）装载脚本文件，导出RNC运行日志，备份数据。

4）描述并通过命令查看TRNC810的数据协商过程。

5）按照业务需求配置全局参数和接口参数。

6）配置小区数据。

8.14　成果验收

8.14.1　验收方式

项目完成过程中应提交以下报告。

（1）工作计划书

1）计划书内容全面、如实，应包括项目名称、项目目标、小组负责人、小组成员及分工、子任务名称、项目开始及结束时间、项目持续时间等。

2）计划书中附有项目进度表，项目验收标准。

（2）项目工作记录单

1）说明MML命令语言。

2）装载脚本文件，导出RNC运行日志，备份数据。

3）TRNC810 的数据协商。

4）配置全局参数、接口参数和小区参数。

（3）项目总结报告

1）报告内容全面、条理清晰，包括项目名称、目标、负责人、小组成员及分工、用户需求分析、安装调试过程、测试记录等。

2）能够对项目完成情况进行评价。

3）根据项目完成过程提出问题及找出解决的方法。

8.14.2　验收标准

验收标准如表 8-26 所示。

表 8-26　验收标准

<table>
<tr><th colspan="2">验收内容</th><th>分　值</th><th>自我评价</th><th>小组评价</th><th>教师评价</th></tr>
<tr><td colspan="2">工作计划</td><td>5</td><td></td><td></td><td></td></tr>
<tr><td rowspan="4">项目工作记录单</td><td>说明 MML 命令语言</td><td>10</td><td></td><td></td><td></td></tr>
<tr><td>装载脚本文件，导出 RNC 运行日志，备份数据</td><td>10</td><td></td><td></td><td></td></tr>
<tr><td>TRNC810 的数据协商</td><td>15</td><td></td><td></td><td></td></tr>
<tr><td>配置全局参数、接口参数和小区参数</td><td>25</td><td></td><td></td><td></td></tr>
<tr><td rowspan="3">安全文明生产</td><td>安全、文明的操作</td><td>4</td><td></td><td></td><td></td></tr>
<tr><td>有无违纪和违规现象</td><td>3</td><td></td><td></td><td></td></tr>
<tr><td>良好的职业操守</td><td>3</td><td></td><td></td><td></td></tr>
<tr><td rowspan="3">学习态度</td><td>不迟到，不缺课，不早退</td><td>4</td><td></td><td></td><td></td></tr>
<tr><td>学习认真，责任心强</td><td>3</td><td></td><td></td><td></td></tr>
<tr><td>积极参与完成项目</td><td>3</td><td></td><td></td><td></td></tr>
<tr><td rowspan="2">项目总结报告</td><td>对项目完成情况进行评价</td><td>10</td><td></td><td></td><td></td></tr>
<tr><td>提出问题及找出解决的方法</td><td>5</td><td></td><td></td><td></td></tr>
<tr><td colspan="3">自我，小组，教师评价分别总计得分</td><td></td><td></td><td></td></tr>
<tr><td colspan="3">总分</td><td colspan="3"></td></tr>
</table>

8.15　思考与练习

1. 画出 RNC 操作维护系统结构，对各个组成部分进行说明。
2. 简要说明 LMT-R 各组成部分。
3. 写出 MML 命令对象树的定义和结构层次说明。
4. 查找 BIE 板上 Link 使用的 E1 的相关参数。
5. 说明全局参数配置过程。
6. 说明 Iu-b 接口配置过程。

项目 9　基站设备维护

【背景】

在 3G 商用网络建设完成后，系统维护和网络优化是后期的重要任务，维护的目的是保证设备处于最佳运行状态，满足业务运行的需求。要求保证设备的完好，保证设备的电气性能、机械性能、维护技术指标以及各项服务指标符合标准；保证服务区内有良好的通信质量；迅速准确地排除各种通信故障，保证通信畅通；搞好全程全网的协作配合，共同保证联网运行质量；负责新设备、扩容设备的质量把关。本项目主要介绍 3G 基站设备的维护。

【目标】

1）认识基站设备维护的类型和要求。

2）能执行例行维护。

3）能执行应急故障维护。

9.1　情境引入

目前某移动分局的 3G 接入网已经建设完成了，移交给运营商后，要求运营商员工能够进行设备的例行维护，包括日例行维护和周期性例行维护，还要求员工在出现故障时能进行基本的应急故障维护，执行标准的应急故障维护流程，配合设备商员工完成故障处理。

9.2　任务分析

9.2.1　任务实施条件

1）TD-SCDMA 系统 RNC 设备、TD-SCDMA 系统 NodeB 设备、维护终端。

2）测试手机、信令分析仪、误码分析仪。

9.2.2　任务实施步骤

1）读懂项目任务书，明确项目要求，撰写工作计划。

2）认识基站设备维护的类型。

3）能执行例行维护，完成相关记录表。

4）能执行应急故障维护，并进行记录。

5）能够对项目完成情况进行评价。

6）根据项目完成过程对出现的问题及解决的方法撰写项目总结报告。

9.3 知识基础

9.3.1 例行维护

1. 例行维护的目的

例行维护是指日常的周期性维护，其目的是保证设备处于最佳运行状态，满足业务运行的需求。例行维护有以下任务：

1）保证设备的完好，保证设备的电气性能、机械性能、维护技术指标及各项服务指标符合标准。

2）迅速准确地排除各种通信故障，保证通信畅通。

3）确保全程全网的协作配合，共同保证联网运行质量。

2. 维护按照周期长短，可以分为两类

1）日例行维护。

2）周期性例行维护：周期性例行维护分为月维护、季度维护和半年维护。

3. 例行维护表格

例行维护表格按周期性分为《突发性维护记录表》、《日维护记录表》、《月维护记录表》、《季度维护记录表》和《半年维护记录表》，分别列出了不同时期需要维护的项目和维护时需要记录的数据。表 9-1 举例列出了日维护记录表的例表。

表 9-1 日维护记录例表

项 目	维护结果	维 护 人	备 注
查看和处理当前告警	正常□ 异常□		
查看操作日志	正常□ 异常□		
创建和分析日性能报表	完成□ 未完成□		
异常情况及处理步骤：			
系统遗留问题：			
时 间： 年 月 日		局名：	

4. 例行维护注意事项

1）例行维护的人员应该满足以下要求：掌握 TD-SCDMA 系统无线网络的理论基础；通过接入网基站的操作维护培训。

2）维护人员在进行设备操作时应注意下列事项：维护人员在接触设备硬件时应该严格遵守《硬件维护手册》的内容；禁止随意插拔、复位、启动、切换设备的操作行为；禁止随意改动网管数据库数据。

3）通常情况下，系统管理只允许设置一个管理员，网管权限、密码由管理员统一管理。应根据维护人员的级别不同分配不同的操作权限。登录服务器和客户端的密码应该定期更改。

5. 数据维护要求

对于数据维护有如下要求：

1）对于影响小区业务的操作，如数据同步、数据更改等，应选择低话务量时段进行。

2）重要数据修改前必须备份并做好记录，修改后观察一段时间（通常为一周），确认设备运行正常后才能删除备份数据，如果发生异常须及时恢复。

3）各种数据库，特别是性能测量和告警数据库要定时观察，当容量过大时应及时将旧数据备份并删除，防止出现软盘溢出错误。

4）对于占用大量维护网络带宽的操作，应该选择低话务量时段进行。

5）所有数据应定期备份。

6. 日例行维护

日例行维护是指每天必须进行的维护项目。它可以帮助维护人员随时了解设备运行情况，以便及时解决问题。在日维护中发现问题时须详细记录相关故障发生的具体物理位置、详细故障现象和过程，以便及时维护和排除隐患。日例行维护主要包括以下内容；

在告警管理系统中查看故障告警。对未能恢复的告警进行进一步分析处理，重点关注对系统有影响的告警。

在日志浏览系统中查看操作日志。检查异常操作，并作出相应处理。

值班人员应认真记录值班日记，便于出现问题后进行分析和处理，同时也包括交接班记录，做到责任分明。

7. 月例行维护

月例行维护属于周期性例行维护的一种，主要了解设备在过去的一个月内的工作情况，并对出现的故障和问题进行处理。月例行维护主要包括以下内容：

统计过去一个月内的告警频率及次数。

在告警管理界面设置查询条件，包括查询时间、告警对象、告警级别等，进行历史告警查询。

安装正版防病毒软件，每月定期定时进行一次整个计算机的病毒扫描。并及时更新防病毒软件的病毒库。对发现的病毒应及时清除。

8. 季度例行维护

季度例行维护属于周期性例行维护的一种，主要了解设备在过去的一个季度内的工作情况，并对出现的故障和问题进行处理。月例行维护主要包括以下内容：

1）更改运维软件客户端登录密码及维护账户的密码。

2）参照备品备件清单检查备品、备件是否完好。

3）安装正版防病毒软件，每季度定期定时进行一次整个计算机的病毒扫描，并及时更新防病毒软件的病毒库，对发现的病毒应及时清除。

9. 半年例行维护

半年例行维护属于周期性例行维护的一种，主要了解设备在过去的半年中的工作情况，并对出现的故障和问题进行处理。半年例行维护可以分为机房环境检查、主设备运行检查以及配套设备运行状态检查。

9.3.2 应急故障维护

应急故障维护就是在设备出现故障的情况下快速恢复设备的正常运行。故障处理一般包括以下 4 个阶段：故障信息收集、故障原因分析、故障定位和故障排除，应急故障处理流程如下。

1）故障信息的主要来自 OMC 客户端的告警、通知、单板指示灯的状态或直接来自客户的故障申告。

2）故障信息获取后，维护人员对故障原因进行分析，判断各种原因导致故障的概率大小，并作为故障排除顺序的参考。

3）故障原因分析后，维护人员运用各种故障处理的方法，不断地排查非可能故障因素，最终确定故障发生的根本原因。

4）故障定位后，进入故障处理的最后阶段——故障排查，维护人员采用适当的步骤排查故障，恢复系统正常运行。

1. 应急故障处理的常用方法

（1）告警和操作日志查看

告警和操作日志查看是维护人员在遇到故障时最先使用的方法。主要通过网管的告警管理和操作日志查看界面来实现。

通过告警管理界面，可以观察和分析当前告警、历史告警和一般通知等各网元报告的告警信息，及时发现网络运行中的异常情况、定位故障、隔离故障并排除故障。

通过查看用户管理中的操作日志，可以追查系统参数的修改情况，定位相关的责任终端和操作人员，及时发现由于个人操作所引起的故障。

（2）指示灯状态分析法

指示灯状态分析是维护人员在遇到故障时经常使用的方法。它主要通过观察机架各单板面板的指示灯状态，来排除和判断故障位置。该方法要求维护人员熟悉各单板的指示灯状态及含义。

（3）性能分析法

性能分析法主要通过网管的性能管理界面来实现。通过性能管理界面，维护人员可以实现性能管理、信令跟踪。

通过性能管理界面，用户可以创建各种性能测量任务，产生各种性能报表，了解系统的各种性能指标，通过分析这些信息，维护人员可以及时发现网络中的负载分配等情况，及时调整网络参数提高网络性能。通过信令跟踪界面，可以跟踪系统所涉及的信令，方便开局调试和维护过程中查阅各种信令流程，发现信令配合过程中的各种问题。

（4）仪器、仪表分析法

仪器、仪表分析法主要是指在设备维护过程中，维护人员使用测试手机、信令分析仪、误码分析仪等辅助仪器，进行故障分析、故障定位和排除。

（5）插拔法和按压法

最初发现某单板故障时，可以拧开前面板上的固定螺钉，插拔一下单板和外部接口插头，排除因接触不良或处理机异常产生的故障。断电后按压电缆接头的方法，也可以排除因接触不良所产生的故障。

（6）对比法和互换法

对比法是将可能发生故障的单板与系统中处于相似地位的单板（如多模块中的相同槽位的单板）进行比较，例如运行状态、跳线或连接线的比较。通过比较，可以判定单板是否发生了故障。

互换法是将可能发生故障的单板用备件或者是系统中正常运行的其他相同单板替换，根据故障是否消失来判定单板是否确实发生了故障。

（7）隔离法

当系统部分故障时，可以将与其相关的单板或机架分离，判断是否是互相影响造成的故障。

（8）自检法

当系统或单板重新上电时，通过自检来判断故障。一般的单板在重新上电自检时，其面板上指示灯会呈现出一定的规律性闪烁，因此可以依次判断单板是否自身存在问题。

2. 下面以鼎桥 Node B 设备 TNB610 为例具体说明设备的应急故障

1）在运行中通常可以通过以下几种方法来发现 Node B 的故障。

OMC 操作维护中心或 LMT-B 的告警。通过活动告警可以发现和硬件、电源、传输、环境以及 RNC 相关的故障。

单板的指示灯状态。对于每个重要的单板模块都带有指示灯来显示其运行状态，因此可以通过指示灯的情况来判断硬件是否发生故障。

业务状况。有时可根据当前业务状况，如业务突然中断、终端无法接入等，来判断传输或其他故障。

2）鼎桥 Node B 设备 TNB610 应急维护的基本流程如图 9-1 所示。

3）应急维护基本流程说明。

通过 OMC/LMT/指示灯状态检测出故障，获得故障相关的信息，以便进行故障处理。检查网络现行的业务是否受到影响，或无法进行业务，以确认该告警是否对系统造成影响。根据 OMC/LMT 的信息以及对系统业务的影响判定是否有必要进行本地应急维护，对 Node B 进行本地故障清除。

保存相关的工作日志，当运营维护人员根据现象判断需要作出相应的应急维护后，需要对当前的各种 log 文件（包括操作 log、告警 log 等）进行保存。

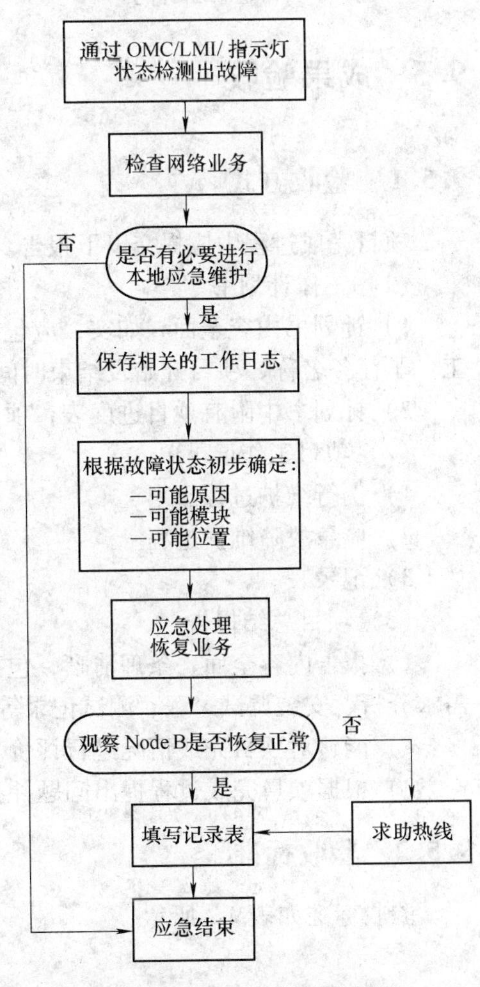

图 9-1　TNB610 应急维护流程图

可根据设备手册所提供的应急处理分析，初步确定故障发生的可能原因，并定位出故障所在。

根据设备手册给出的建议应急处理方案，客户可自行解除故障恢复业务。

观察 Node B 是否恢复正常，可通过观察 OMC/LMT 相关告警，以及各板卡运行状态来判定 Node B 是否已经恢复正常。如果没有，则可根据现象重新判断，换为其他处理方法，或者尽快与设备商联系，请相关的技术支持工程师解决问题。

不管故障是否清除成功，在做完应急处理后将相关的故障/告警信息、日志记录以及所做的相关操作进行保存记录。

9.4 任务实施

任务实施需要学生完成以下内容：

1）能执行例行维护，完成相关记录表。

2）能执行应急故障维护，并进行记录。

3）撰写项目总结报告。

9.5 成果验收

9.5.1 验收方式

项目完成过程中应提交以下报告。

（1）工作计划书

1）计划书内容全面、如实，应包括项目名称、项目目标、小组负责人、小组成员及分工、子任务名称、项目开始及结束时间、项目持续时间等。

2）计划书中附有项目进度表，项目验收标准。

（2）项目工作记录单

1）例行维护过程。

2）应急故障维护过程。

3）记录表。

（3）项目总结报告

1）报告内容全面、条理清晰，包括项目名称、目标、负责人、小组成员及分工、用户需求分析、安装调试过程、测试记录等。

2）能够对项目完成情况进行评价。

3）根据项目完成过程提出问题并找出解决的方法。

9.5.2 验收标准

验收标准如表 9-2 所示。

表 9-2　验收标准

验收内容		分　值	自我评价	小组评价	教师评价
工作计划		5			
项目工作记录单	例行维护过程	30			
	应急故障维护过程	30			
安全文明生产	安全、文明的操作	4			
	有无违纪和违规现象	3			
	良好的职业操守	3			
学习态度	不迟到、不缺课、不早退	4			
	学习认真、责任心强	3			
	积极参与完成项目	3			
项目总结报告	对项目完成情况进行评价	10			
	提出问题并找出解决的方法	5			
自我，小组，教师评价分别总计得分					
总分					

9.6　思考与练习

1. 执行日例行维护，完成表 9-1 的日维护记录例表。
2. 执行应急故障维护，完成表 9-3。

表 9-3　故障处理记录表

故障处理记录表			
站点名称		日期	
值班人		处理人	
故障发生时间		解决时间	
故障类型	□硬件故障 □供电异常故障 □传输异常故障 □环境异常故障 □数据修改故障 □接口板故障 □其他故障		
故障发生可能原因			
详细描述故障信息			
处理方法及结果			

参考文献

［1］李世鹤．TD-SCDMA 第三代移动通信系统标准［M］．北京：人民邮电出版社，2006.
［2］谢显中．TD-SCDMA 第三代移动通信系统技术与实现［M］．北京：电子工业出版社，2004.
［3］孙龙杰．移动通信与终端［M］．2 版．北京：电子工业出版社，2008.
［4］章坚武．移动通信［M］．2 版．西安：西安电子科技大学出版社，2007.
［5］杜庆波．3G 技术与基站工程［M］．北京：人民邮电出版社．2008.
［6］ZXTR RNC TD-SCDMA 无线网络控制器硬件手册［M］．深圳：中兴通讯股份有限公司，2008.
［7］ZXTR NODEB 数据配置手册［M］．深圳：中兴通讯股份有限公司，2009.
［8］TNB610 技术描述手册［M］．北京：鼎桥通信技术有限公司，2007.
［9］TRNC810 技术描述手册［M］．北京：鼎桥通信技术有限公司，2007.
［10］TNB610 LMT-B 操作员指南［M］．北京：鼎桥通信技术有限公司，2007.
［11］TRNC810 LMT-R 操作员指南［M］．北京：鼎桥通信技术有限公司，2007.
［12］ZXC10 BSSB CDMA 2000 基站系统操作手册［M］．深圳：中兴通讯股份有限公司，2009.
［13］ZXC10 CBTS I2 技术手册［M］．深圳：中兴通讯股份有限公司，2009.

精品教材推荐

计算机电路基础

书号：ISBN 978-7-111-35933-3

定价：31.00 元　作者：张志良

推荐简言：

本书内容安排合理、难度适中，有利于教师讲课和学生学习，配有《计算机电路基础学习指导与习题解答》。

高级维修电工实训教程

书号：ISBN 978-7-111-34092-8

定价：29.00 元　作者：张静之

推荐简言：

本书细化操作步骤，配合图片和照片一步一步进行实训操作的分析，说明操作方法；采用理论与实训相结合的一体化形式。

汽车电工电子技术基础

书号：ISBN 978-7-111-34109-3

定价：32.00 元　作者：罗富坤

推荐简言：

本书注重实用技术，突出电工电子基本知识和技能。与现代汽车电子控制技术紧密相连，重难点突出。每一章节实训与理论紧密结合，实训项目设置合理，有助于学生加深理论知识的理解和对基本技能掌握。

单片机应用技术学程

书号：ISBN 978-7-111-33054-7

定价：21.00 元　作者：徐江海

推荐简言：

本书是开展单片机工作过程行动导向教学过程中学生使用的学材，它是根据教学情景划分的工学结合的课程，每个教学情景实施通过几个学习任务实现。

数字平板电视技术

书号：ISBN 978-7-111-33394-4

定价：38.00 元　作者：朱胜泉

推荐简言：

本书全面介绍了平板电视的屏、电视驱动板、电源和软件，提供有习题和实训指导，实训的机型，使学生真正掌握一种液晶电视机的维修方法与技巧，全面和系统介绍了液晶电视机内主要电路板和屏的代换方法，以面对实用性人才为读者对象。

电力电子技术　第 2 版

书号：ISBN 978-7-111-29255-5

定价：26.00 元　作者：周渊深

获奖情况：普通高等教育“十一五”国家级规划教材

推荐简言：本书内容全面，涵盖了理论教学、实践教学等多个教学环节。实践性强，提供了典型电路的仿真和实验波形。体系新颖，提供了与理论分析相对应的仿真实验和实物实验波形，有利于加强学生的感性认识。

精品教材推荐

EDA 技术基础与应用

书号：ISBN 978-7-111-33132-2

定价：32.00 元　作者：郭勇

推荐简言：

本书内容先进，按项目设计的实际步骤进行编排，可操作性强，配备大量实验和项目实训内容，供教师在教学中选用。

电子测量仪器应用

书号：ISBN 978-7-111-33080-6

定价：19.00 元　作者：周友兵

推荐简言：

本书采用“工学结合”的方式，基于工作过程系统化；遵循“行动导向”教学范式；便于实施项目化教学；淡化理论，注重实践；以企业的真实工作任务为授课内容；以职业技能培养为目标

高频电子技术

书号：ISBN 978-7-111-35374-4

定价：31.00 元　作者：郭兵 唐志凌

推荐简言：

本书突出专业知识的实用性、综合性和先进性，通过学习本课程，使读者能迅速掌握高频电子电路的基本工作原理、基本分析方法和基本单元电路以及相关典型技术的应用，具备高频电子电路的设计和测试能力。

单片机技术与应用

书号：ISBN 978-7-111-32301-3

定价：25.00 元　作者：刘松

推荐简言：

本书以制作产品为目标，通过模块项目训练，以实践训练培养学生面向过程的程序的阅读分析能力和编写能力为重点，注重培养学生把技能应用于实践的能力。构建模块化、组合型、进阶式能力训练体系。

Verilog HDL 与 CPLD/FPGA 项目开发教程

书号：ISBN 978-7-111-31365-6

定价：25.00 元　作者：聂章龙

获奖情况：高职高专计算机类优秀教材

推荐简言：

本书内容的选取是以培养从事嵌入式产品设计、开发、综合调试和维护人员所必须的技能为目标，可以掌握 CPLD/FPGA 的基础知识和基本技能，锻炼学生实际运用硬件编程语言进行编程的能力，本书融理论和实践于一体，集教学内容与实验内容于一体。

电子信息技术专业英语

书号：ISBN 978-7-111-32141-5

定价：18.00 元　作者：张福强

推荐简言：

本书突出专业英语的知识体系和技能，有针对性地讲解英语的特点等。再配以适当的原版专业文章对前述的知识和技能进行针对性联系和巩固。实用文体写作给出范文。以附录的形式给出电子信息专业经常会遇到的术语、符号。

检 2